U0195063

海外工程施工与管理实践丛书

科威特中央银行项目管理与关键施工技术

Central Bank Project Management and Critical Construction Technology in Kuwait

杨春森　王力尚　杨　勇　李　彪　姚善发　编著

中国建筑工业出版社

图书在版编目（CIP）数据

科威特中央银行项目管理与关键施工技术/杨春森等
编著. —北京：中国建筑工业出版社，2016.9
（海外工程施工与管理实践丛书）
ISBN 978-7-112-19509-1

Ⅰ. ①科…　Ⅱ. ①杨…　Ⅲ. ①建筑工程-国际承
包工程-工程施工-研究-中国　Ⅳ. ①TU7

中国版本图书馆 CIP 数据核字（2016）第 133833 号

本书主要介绍了科威特中央银行项目管理和关键施工技术，主要内容包括项目管理体
系，商务与合约管理、分包管理、关键施工技术管理等。目的是为把海外极热地区和特殊
社会环境的项目管理实践的经验升华到理论，整理传统施工技术，创新关键施工技术，为
中国国际承包商走向国际区域提供帮助，提高国际承包商的项目管理水平和关键施工技术
水平。本书可供建筑行业从业人员参考。

*　　　*　　　*

责任编辑：李春敏　曾　威
责任设计：李志立
责任校对：王宇枢　关　健

海外工程施工与管理实践丛书
科威特中央银行项目管理与关键施工技术
杨春森　王力尚　杨　勇　李　彪　姚善发　编著
*
中国建筑工业出版社出版、发行（北京海淀三里河路 9 号）
各地新华书店、建筑书店经销
霸州市顺浩图文科技发展有限公司制版
廊坊市海涛印刷有限公司印刷
*
开本：787×1092 毫米　1/16　印张：21½　字数：479 千字
2016 年 12 月第一版　　2016 年 12 月第一次印刷
定价：**70.00** 元
ISBN 978-7-112-19509-1
（29037）

编写委员会

杨春森　杨　勇　李　彪　姚善发　胡志勇　王力尚　郑　岩

曲新刚　李树江　魏　嘉　吴　东　董选民　卢　聪　池　骋

贾　磊　李　焱　余　涛　吴　鸣　田三川　朱建潮　董　伟

马文龙　李　晔　鲍建国　肖绪文　蒋立红　张晶波　于震平

单彩杰　林　冰　臧传田　徐伟涛

序

当前国际工程项目的项目管理要求和施工技术含金量越来越高，已有的项目管理体系和施工技术水平已经不能满足项目的特殊结构组成和新型建筑材料，于是我们力争总结海外极热地区和特殊社会环境的项目管理实践升华到理论，整理传统施工技术，创新关键施工新技术，为中国建筑承包商走向国际提供帮助，提高我国建筑承包商的国际项目工程管理水平和关键施工技术水平。

虽然世界经济和文化交流越来越深入，但随着近期国际石油价格的起伏，国际化的市场竞争压力越来越严峻，特别是在中东这片特殊的阿拉伯国家。在科威特，施工规范标准、自然环境及社会环境都与中国的建筑环境大尽相同，即使是中东其他国家的建筑环境，仍然与科威特不同，这些因素都使我们面临严峻的生存压力。目前，从我们在科威特的很多中国同行的项目经验和结果可以看出，很多中国建筑承包商还不能完全适应海外建筑环境和国际工程项目的复杂性。而我们科威特中央银行项目历经好几年，有先进的国际设计理念、完善的项目管理体系，以及一流的国际施工水准。这个项目的成功实施，成功培养了一批具有国际化视野的项目管理人员，为类似项目提供了宝贵的国际项目管理经验与关键施工技术。同时，也为中国建筑承包商找到了一条适合自己发展的道路。

中建中东有限责任公司科威特代表处已经成功经营了多年，虽然还需要进一步完善项目管理程序，但已经熟悉科威特当地的项目管理特殊程序及当地特殊关键施工技术。在当地竞争激烈的市场环境中，取得了一定的成绩。科威特中央银行项目管理与关键施工技术应运而生，内容包括科威特项目管理体系、商务与合约管理、分包及供应商管理、极热地区关键施工技术等几大部分。

"中国建筑"在"十三五"战略规划中认真贯彻"五化"、"三大"市场、"一裁短、两消灭、三集中"等重大举措，适应市场化、现代化、国际化新形势，按照十八届五中全会提出的"创新、协调、绿色、开放、共享"的发展理念，积极进行战略谋划，将中国建筑打造为"行业排头、央企一流"的典型。在国际工程承包领域，2020 年海外业务营业收入目标为公司整体营业收入 10%，年均增速 16%。海外房建施工、基础设施施工、投资收入占比为"5：3：2"。继续保持中国建筑先后在国际项目工程的合同额、营业收入、利润总额三项指标始终保持中国对外承包企业榜首地位。同时，"中国建筑"在推进"国际化"的企业进程和举措时，愿意实实在在地与中国同行企业共享自己的经验和教训，以及一些科技成果，特编著本书。由于时间有限，比较仓促，不足之处，敬请各位同行、专家批评指正，非常感谢！

前　　言

科威特中央银行新办公楼，位于科威特市中心，北面朝向阿拉伯海湾，周围与首相府等政府部门和国家大清真寺为邻，地理位置十分重要。该建筑的创意来自于科威特传统行业——航运贸易的帆船造型，寓意着科威特中央银行所代表的科威特国民经济一帆风顺，蓬勃发展。作为科威特国家标志性建筑，在中东地区影响较大。本项目采用目前国际流行的运营模式，这与国内有很大不同。本项目业主为科威特中央银行，在项目实际运营中，业主不直接参与项目实施过程，而是通过项目管理公司参与项目运营。设计方仅对项目进行建筑和结构的整体设计，需要承包方进行深化设计，对于设计方的错误和纰漏，承包方需要有能力辨识和提出。

本书的主要内容包括第一章项目总述，主要介绍了项目整体情况。第二章项目管理与技术管理，主要介绍了项目管理的程序、步骤与方法。第三章商务与合约管理，主要介绍了合同管理、材料、分包管理、月进度请款等。第四章施工技术，着重介绍了项目施工过程中所使用的各种先进施工技术。第五章主要阐述了项目经济效益与社会效益。

编写本书的目的，首先是对科威特中央银行项目管理的一个总结提炼和技术沉淀。其次，在"一带一路"的背景下，有越来越多的建筑企业走出去，希望本书能够给类似的项目提供大批可借鉴的经验与技术。科威特中央银行大楼像一艘即将乘风破浪的大船，已经屹然耸立在科威特海湾沿岸。由于其新颖独特的建筑造型以及施工过程中优良的质量控制，在中东地区受到普遍关注，已成为科威特国家的标志性建筑，其建筑图案已经被印在了科威特国家货币上，并且获得了2015年中东地区年度工程奖（Big Project ME Award for Project of the Year 2015），这是对本项目最大的肯定和认可。

项目的顺利进行，离不开中建总公司的正确指导，也离不开项目部全体人员的共同努力。在项目实施期间，我们经历过让人汗流浃背的酷热天气，经历过飞沙走石的沙尘暴，经历过克难攻坚的辛苦，也经历过千米之外的恐怖袭击，但这些困难都没有阻挡项目部全体人员前进的脚步。面对种种艰难，项目部取得了一系列的科技成果，这些成果的取得更加提升了中建的市场声誉和形象，也必将更进一步提升中建的市场开拓竞争能力。

本书在编写过程中得到了中建科威特代表处、中建中东有限责任公司、中建股份海外事业部以及中建总公司相关领导和同事的大力协助与支持，在此一并表示感谢。由于时间仓促，加上编者的水平有限，本书的不足之处在所难免，希望同行、专家和广大读者给予批评指正。

王力雷

杨春森简介

 杨春森，1964 年出生于北京市，工民建学士。高级工程师，一级建造师。

1997 年任中建总公司科技部副处长；

2002 年任中建海外部高级经理、总经理助理、副总经理；

2008 年任中国建筑工程总公司科威特中央银行项目项目经理，中建驻科威特代表处总代表；

2009 年度中国建筑股份有限公司优秀党员；

2010 年当选为首届驻科威特中资企业协会会长；

2013 年任中建中东公司副总经理。

工作领域涉及海内外超大型项目技术管理，海外市场开拓及项目实施管理，大型项目合作谈判，海外区域公司运营管理。先后主持了中建系统技术开发和推广、负责了中建科威特、沙特、巴基斯坦、蒙古、中亚地区、利比亚及赤道几内亚等海外市场的开拓工作；主持了科威特中央银行项目的跟踪、投标及全过程施工管理，负责了科威特境内多个项目的投标洽谈和具体实施管理工作。

现任中建中东公司副总经理兼中建股份科威特代表处总经理，任职科威特大学城附属设施项目总监，负责科威特区域公司的经营管理。所属团队荣获"2010 年度中国建筑先进集体"称号及"2014 年度中建中东公司优秀管理团队"称号。

王力尚简介

王力尚，高级工程师，国家一级建造师，英国皇家资深建造师，1971年3月生，安徽省萧县人，中共党员。1994年毕业于青岛理工大学工民建专业本科，2003年毕业于清华大学土木水利学院土木工程专业硕士，2014年美国霍特国际商学院工商管理硕士（EMBA）。现社会兼职：中国建造师协会会员、英国皇家建造师资深会员（FCIOB）、中国建筑学会工程建设学术委员会会员、中国建筑绿色建筑与节能专业委员会会员、中国建筑BIM学术委员会会员。

1994年至今，先后任职现场施工技术员、现场经理、项目总工、项目经理、部门经理、公司副总工等。2009年"国际工程总承包RFI编制管理方法"等4项工法获得中建海外一等奖、二等奖工法，2009年获得中建海外科技优秀成果一等奖，2010年获得第20届北京市优秀青年工程师奖励，2011年获得第3届全国优秀建造师，2011年获得中建总公司优秀施工组织设计二等奖，2012年第7届全国优秀项目管理成果一等奖，2012年"燥热临海地区桩基负极保护施工工法"获得中建总公司省部级工法，2013年"阿联酋超高层液压式建筑保护屏施工工法"获得中建总公司省部级工法等奖励。

主要专长：公司技术管理、项目管理、施工技术与质量、课题研究，国际工程技术管理的创新与思路，国际项目工程的深化设计与RFI编制管理，国际EPC项目总承包与项目管理，价值工程在国际EPC项目中的应用，翻模施工技术在构筑物中的应用，钢管高强混凝土结构研究，大跨度异型网架滑移施工技术，群塔施工技术等。出版论著4部，专利4项，已在《建筑结构》、《工业建筑》、《施工技术》、《混凝土》、《建筑科技》、《建造师》等期刊发表论文80余篇。

杨 勇 简 介

杨勇，1963年出生于陕西渭南。工业与民用建筑专业学士学位，高级工程师，一级建造师。

2008年担任中建科威特中央银行项目技术负责人。

工作经历：长期从事大型工程项目技术管理工作。曾先后担任北京轻型汽车制造厂新址工程，西客站供热厂工程，北京建工学院商贸楼工程，阳光、远洋、亿城等多个房地产开发项目的技术负责人。

现任中建股份科威特代表处总工程师，兼任科威特大学城附属设施项目技术经理，负责中建科威特境内项目的技术、安全、质量管理工作。所属团队荣获"2010年度中国建筑先进集体"称号及"2014年度中建中东公司优秀管理团队"称号。

李 彪 简 介

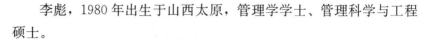

李彪，1980年出生于山西太原，管理学学士、管理科学与工程硕士。

2009年度中国建筑股份有限公司海外经营管理综合奖"先进个人"；

2011年任中国建筑工程总公司科威特中央银行项目副经理；

2013年任中建股份科威特代表处副总代表。

工作经历：外资项目合同管理，海外超大型项目投标，国际工程项目商务合同管理，融投资项目洽商，大型商务合同谈判，海外超大型项目联营体合作管理。曾任职中建股份海外事业部合约估算部，参与了巴哈马大型海岛度假村项目投标、科威特中央银行项目全过程施工管理，以及科威特国民银行项目、科威特国防部兵工厂项目、科威特大学城附属设施项目等多个项目的投标和中标实施工作。

现任中建股份科威特代表处副总经理，负责科威特地区市场开拓、总体商务合约管理和境内在施项目的管理工作。所属团队荣获"2010年度中国建筑先进集体"称号及"2014年度中建中东公司优秀管理团队"称号。

姚善发简介

姚善发，1972 年出生于湖北京山。重庆建筑大学毕业、工学学士。高级工程师、注册造价师、一级建造师。

2008 年～2014 年期间任项目总工程师。

2011 年，获得 2010～2011 年度中建股份海外部优秀职员；

2010 年，项目班子成员之一，项目班子于 2010 年荣获"2009 年度'中国建筑股份有限公司海外经营管理综合奖'优秀团队奖"。

工作经历：

有丰富的国内外超高层建筑施工经验。在任职科威特中央银行项目总工程师期间，负责项目日常技术工作及科技成果研发及总结工作。

熟悉英美标准，组织编制了各项施工方案并解决了以下技术难题：金库螺旋钢筋施工、自密实混凝土施工、超重钢构件吊装、防爆炸式幕墙、擦窗机布置等技术难题。

多年的国外阅历，具有国际项目总承包管理能力，熟悉英美施工标准及合同规范。熟悉 FIDIC 条款下的总承包项目管理，擅长国际项目的总分包管理、计划管理、分包报批、材料报批、进度管理等。

目　　录

11

第 1 章 项目总述

1.1 立项背景

科威特中央银行新办公楼，位于科威特市中心，北面朝向阿拉伯海湾，周围与首相府等政府部门和国家大清真寺为邻，地理位置十分重要。该建筑的创意来自于科威特传统行业——航运贸易的帆船造型，寓意着科威特中央银行所代表的科威特国民经济一帆风顺，蓬勃发展。作为科威特国家标志性建筑，在中东地区影响较大。

科威特中央银行新办公楼项目的业主是科威特中央银行，中建股份于 2008 年 4 月与业主签订总承包合同，总合同额约为 4.02 亿美元。作为中建股份重返科威特市场后一个具有里程碑意义的项目，项目总承包方负责完成主体结构、内部装饰、机电安装、室外景观等作业。

面对此类国外项目，承包商不仅要有丰富的深化设计理念、完善的项目管理体系，还需要有丰富的各类专业知识和一流的施工水准。本项目采用目前国际流行的运营模式，这与国内有很大不同。本项目业主为科威特中央银行，在项目实际运营中，业主不直接参与项目实施过程，而是通过项目管理公司参与项目运营。设计方仅对项目进行建筑和结构的整体设计，需要承包方进行深化设计，对于设计方的错误和纰漏，承包方需要有能力辨识和提出。本项目的实施，能成功培养出一批具有国际化视野的项目管理人员，扩充中建的人才体系，也能为类似项目提供大批可借鉴的经验与技术。

国际建筑市场的科技含量越来越高，已有的施工体系不能满足花样百出的建筑外形和独特的结构形式，面对各种新颖的建筑外观和新型材料，为了尽快成为世界顶级建筑地产承包商，需要进行此类项目来提高科技实力和技术水平。

本工程作为结构复杂的设计建造一体化工程，在整个项目实施的过程中，针对工程特点、难点和新技术，采用"理论＋实践"的客观方法，动员广大中建员工，经过卓越努力和精心施工，成功实现项目的顺利实施。

1.2 工程概况

科威特中央银行是一座彰显高超艺术水准的地标建筑，以船为理念设计的外形与科威特的古老文化遥相呼应，建筑和结构形式复杂多样，使得施工中存在大量的设计与技术难点。

本项目总建筑面积 163464m²，占地面积 25872m²，总建筑高度 238.5m。采用大面积筏板基础，裙楼为钢筋混凝土结构，主体为非规则钢筋混凝土核心筒与外侧钢框架组合而成的混合体系超高层结构。塔楼标准层平面呈三角形，建筑面积逐层递减，两直角边为钢筋混凝土剪力墙，斜边采用逐渐内收的斜向交叉巨型钢管混凝土肋柱形成斜交网格，楼面为钢结构与混凝土复合楼板。

图 1.2-1　科威特中央银行效果图

建筑包含地下 3 层、裙楼 6 层、塔楼 47 层，功能涵盖金库区、停车场（部分兼用人防）、银行业务区、博物馆、舞厅、报告厅及办公区等。预计到 2035 年建筑内的职员将达到 1800 人，同时停车场可以容纳大约 1300 辆机动车。

这座建筑的地下部分包括停车场、人防、金库、机械设备房以及相关的银行服务设备等，这些场所有序地分布在三层地下室中，并且由一套集成的安防系统监控。

1.2.1　地理位置

科威特国土面积 17818km²，位于阿拉伯湾（波斯湾）西北岸，与沙特阿拉伯和伊拉克相邻，同伊朗隔海相望。海岸线长 290km。有布比延、法拉卡等 9 个岛屿，水域面积 5625km²。绝大部分国土为沙漠，地势较平坦，境内无山川、河流和湖泊，地下淡水贫乏。

科威特城是科威特的首都。科威特中央银行新总部大楼位于海湾大道西侧，毗邻 Sief Palace 以及 Mosque Yaseen。

1.2.2　自然地理环境

科威特位于波斯湾西北岸，属于典型的热带沙漠气候，气候恶劣。陆地面积约 1.8 万

图 1.2-2 项目所处位置

km^2，西部和北部分别与伊拉克和沙特接壤，东部临海并与伊朗隔海相望，最大的岛屿——布比延岛位于著名的底格里斯河入海口的咽喉位置，整个科威特国土挡在了伊拉克和波斯湾之间，成为伊拉克进出波斯湾的必经之地，常被誉为阿拉伯半岛的东北窗口。每年 5～10 月份，日平均气温在 40℃ 左右，白天极端温度达 50℃ 以上，在阳光直射情况下，地表温度可超过 60℃。在夏季受不同风向影响，空气湿度变化明显，当风向从南侧吹来时，空气干燥；风向从北侧吹来时，空气潮湿，湿度在 60％ 以上。常年降雨量集中在每年的 12 月至第二年 3 月份，平均降雨量 2mm，最大降雨量不超过 10mm，雨量稀少。科威特中央银行新总部大楼项目位于海边，常年受盐雾、台风的影响较大，工程所用钢材被腐蚀的速度大大加快。

1.2.3 风俗习惯

科威特地处阿拉伯世界，伊斯兰教为国教，居民中 95％ 信奉伊斯兰教，其中约 70％ 属逊尼派，30％ 属什叶派。阿拉伯语为官方语言，但由于外籍人员众多，因此也通用英语。

伊斯兰教法渗透在社会生活的各个方面，并影响着人们的日常生活。为尊重当地习俗，每年斋月期间政府等公共部门大多实行半天制，工作效率严重降低，这对项目正常进行有着重要的影响。

1.2.4 资源、物质供求

在 1930 年代之前，科威特原本是一个炎热干旱的荒漠小国，近 3 万的居民大多贫穷，仅仅依靠打渔、游牧和贸易为生，且极少有外来人到此居住；直到沙漠下大量油气田的发现，才迅速吸引了众多外国投资者和开发商的目光，将从未有过的繁荣带到了这块土地，源源不断的原油途经波斯湾运往世界各地，换回了各种的大宗产品，富裕了众多科威特居民。目前科威特已探明的原油储量约千亿桶，居世界第四位，原油日产量已达到 300 万桶以上，成为世界第六大石油出口国。原油贸易贡献了 95％以上的政府财政收入，使科威特成为世界上最富有、人均财富最高的国家之一。

科威特人口约 382 万，其中科威特公民约 121 万，占总人口的 31.6％；外籍侨民约 261 万，占 68.4％，外籍人员大部分为来自其他阿拉伯国家或印度、巴基斯坦、孟加拉、泰国、菲律宾等南亚和东南亚国家的外来劳工，这些外籍工人效率和技术水平低下。

1.2.5　工程主体

本项目主体结构为非规则钢筋混凝土核心筒与外侧钢框架组合而成的混合体系超高层结构。核心筒非闭合形式，而是呈 90°伸出两翼，并有楼梯间在末端。北侧钢框架为钢管混凝土斜肋柱，通过双向倾斜交叉成网状，与水平面成 81.92°。此二者竖向受力结构通过楼层板相连，楼层水平结构为钢梁、压型钢板、混凝土组成的复合楼板。

在塔楼 5～7 层悬挑出巨型桁架结构（内浇混凝土，强度等级为 K800），为报告厅的主要结构。主桁架长 52.90m，宽 19.09m，高 10.10m，前、后分别悬挑 25.45m 和 10.25m；支座桁架长 31.35m，宽 17.70m，高 10.24m。由于斜肋柱与楼面梁的传力结构被悬挑结构打断，因此在 7 层设计 42 号杆件，来承担 7 层以上的荷载，并通过桁架结构及其支撑体系将荷载向下传递。42 号杆件作为主桁架的一部分，又是塔楼主体结构的重要构件，主要由截面 900mm×800mm×30mm×60mm 的箱形杆件构成，总重达 561t。

塔楼北侧网状交叉斜肋柱采取外露的形式，暴露于北侧玻璃幕墙之外，北侧玻璃幕墙为单元式玻璃幕墙，20 层以下具有防爆特性。塔楼东南侧与西南侧钢筋混凝土核心墙外侧为开放式干挂石材，采用背栓式固定，通过石材四个螺栓、挂件、龙骨与墙体相连。东南侧与西南侧顶部为双层呼吸式玻璃幕墙，中间为由智能系统控制的半透明石材百叶，根据天气情况全自动控制百叶开合角度。

地下室包含一座人工金库和一座全自动金库，金库为双墙、双顶结构，构件中加入螺旋钢筋，大大提高金库防爆、防盗特性。

塔楼办公区全部采用架空地板，并配以世界先进的板下通风技术，利用下部送风、上部回风的形式，解决热交换不足，提高舒适度。

裙楼六层全部用作员工车库，楼层板全部为密肋板，最大限度保证楼层净跨度和净空。

1.2.6　塔楼外观

塔楼的外观呈三棱台样式，配合裙房建筑，整栋建筑以船为概念模型。北侧外露式斜肋柱网配合单元式玻璃幕,东南与西南侧以及裙楼全部采用开放式干挂石材幕墙系统,塔楼顶部为呼吸式玻璃幕墙,结构形式多变,该方案考虑到了在科威特常年高强度的日照和高温的室外环境下,既保证室内正常自然采光与视景效果,又能同时回避室外强光、高温高热及高噪声,从室外立面看,高端大气。

图 1.2-3　塔楼外观

图 1.2-4　塔楼北立面

图 1.2-5　主入口大厅

图 1.2-6　主入口大厅半透明石材幕墙

1.2.7 主入口大厅

主入口大厅为门式桁架，跨度 21.9m，顶标高 30.398～36.257m，主要为直径 200mm 的钢管杆件，总重达 350t。外饰开放式石材和单元式玻璃幕墙，造型十分独特。

主入口大厅内有大面积半透明石材幕墙，面积约 2500m²，以价格昂贵的大块天然缟玛瑙原石为主要材料，配以复杂的造型和光照，使整个 Concourse 区域更显高档大气。半透明幕墙以三角形为单元，一正一反交替拼接成折叠波浪状，构成一个折面整体，具有极强的立体感和层次感。

第 2 章　项目管理与技术管理

2.1　项目管理

科威特中央银行项目的管理体系为欧美规范下的设计-施工总承包体系，中建作为总承包方，下有 KN、ALICO、KEI 等各项专业分包，上有监理顾问公司和项目管理公司。

在该体系中，业主并不直接参与项目日常运营，而是通过向项目管理公司派驻项目代表的形式来管理项目，而项目管理公司的主要任务是协调业主、顾问公司与总承包方的关系，确保项目能够顺利进行。

顾问公司一般由建筑设计方与科威特当地监理公司组成，主要负责审核总承包方的深化设计。在项目运行过程中，总承包所采用的施工方法、材料、设备等一切与项目有直接关联的东西，都要上报顾问公司，经过顾问公司同意后方可采用。

关于施工中的质量缺陷、与设计不符等问题，顾问公司有权提出 JSI、NCR 来要求总承包方进行整改，无法完成整改的部分会经过评估后扣除承包方应得的部分工程款项。

在本项目中，业主、监理、承包方以及各分包之间的彼此沟通尽可能以书信的形式进行，方便日后查阅，同时也是记录项目进程的重要文件。

2.1.1　会议

项目各方参与者最有效的沟通是进行会议，会议根据举行的目的分为若干种，其中有各方均参与的大型会议，也有只需各专业相关人员参与的专业会议，在项目实施过程中会进行以下五种会议，但不限制于：

1. 施工前会议

在项目动员期进行和承包方进驻现场之前，用于发布项目管理手册和项目相关人员的资质要求。

2. 现场进度会议

在项目正式开始之后，隔周举行一次，用于讨论现场进度和解决影响工程进度的问题。

3. 协调会议

原则上隔周举行一次，不排除根据现场条件或者在工程师代表的要求下进行。用于讨论并解决总承包与分包之间协调问题。

7

4. 特别会议

针对项目现场出现的特别情况，业主或者工程师代表或者总承包都有权发起此类会议。

5. 现场安全会议

隔周举行，针对现场出现的安全情况。

需要指出的是，无论监理工程师是否出席会议，每场会议都应形成纸质的会议纪要，并上报监理。这也是记录项目进程的重要文件。

2.1.2 施工顺序

承包方的施工顺序遵循以下原则：

（1）承包方上报进度计划、施工方案、材料设备表等。

（2）承包方上报控制日志。

（3）承包方上报材料和施工图。

（4）工程师或者工程师代表批准。

（5）预定、制造、运输批准的材料。

（6）材料到场。

（7）施工与安装。

（8）验收。

（9）测试、试运行、清场。

（10）完工。

2.1.3 提交资料

承包方上报监理的资料大致分为合同要求和现场施工要求两种，并且需要经过监理批准后，方可用于该项目。

合同要求的资料包括但不限：进度计划表、组织架构、现场平面布置图、专业分包资格报批。

进度计划表是根据关键线路技术编制而成，国际工程中一般使用 P6 软件编制，与国内工程不同的是，该类工程的进度计划表包含资源、人力以及费用加载。随着工程的进行，进度计划表及时更新，资源、劳动力、费用都是动态变化，当某项作业出现延迟时，可调整进度计划以确保里程碑节点按时完工。除此之外，因为进度计划表包含费用加载，所以当申请工程进度款结算时，这也是业主与监理参考的重要文件之一。

组织架构表是项目部的组织架构，包含整个项目上到项目经理下到绘图员的所有直接参与人员。组织架构表根据部门职责大致可以分为：技术部、现场施工、商务部、机电部、现场协调、采购、计划部、质量保证、安保、资料管理等，各部门由各专业经理或工程师负责，并归于项目经理领导。

现场平面布置图包含现场办公室、塔吊布置图、现场水电、材料加工堆放场地等。

各专业分包的资格报批是指在总包使用某项专业分包时必须首先上报监理，由监理审核分包的资质，只有监理同意后才能进场施工。

现场施工要求的资料包括但不限制于：施工图（建筑、结构、机电等）、材料设备报批、样板报批、各项控制日志。

施工图包含建筑、结构、机电等，在国际工程中，业主与监理方往往只会提供一份不甚详细的图纸，这份图纸称为合同图，一般只用于招标阶段的工程量计算和理解设计意图，由于缺少详细信息或者出现错误，该份图纸不能直接用于现场施工。承包方应当根据合同图进行深化设计，提交用于施工的图纸，待监理审批同意后，才能按图施工。

材料设备表是本项工程中所使用的各项材料与设备，由承包方根据合同、清单、规范等合同文件，上报给监理审批的可能使用的材料。需要指出的是，由于本项目是总价合同，再加上图纸、清单、规范中的相关信息十分明确，材料的选择具有很大的限制性，如果能使用一种既符合监理要求又满足工程要求的替代材料，同时价钱又合理，这无疑能大大增加承包方的利润。

2.1.4　技术澄清

承包方对设计图纸有疑问的地方，应当向顾问公司发出 RFI，用于技术澄清，请工程师确认设计。一般来说，在不影响建筑安全的情况下，顾问公司不会对设计做出变更，当承包方只是为了方便施工提出设计变更时，顾问公司往往会拒绝。

当然，如果业主想要在某处进行设计变更时，会通过顾问公司发出设计变更，此类变更引起的工程款项的增加由业主负责。

2.1.5　验收、交付

顺着项目的实施，针对项目施工存在质量缺陷和不符合设计的问题，顾问公司会发出 JSI、NCR 命令总承包进行整改。如果无法完成整改，则会对承包方应得的工程款项进行扣减。此类问题，应当尽早发现、尽快解决。

2.2　技　术　管　理

科威特中央银行新总部大楼项目作为中东科威特国家的地标性建筑，本工程结构造型与众不同，设计上无成熟的经验可以参考，在实施过程中需要不断开拓创新。

本项目结构形式复杂且特点多，新材料、新技术、新工艺应用多，为大型公用建筑结构施工集新、难为一体的代表性建筑。由此，中建总公司科威特中央银行项目部在海外事业部的大力支持下，在工程初始就制订了详细的技术研究和解决策划，通过实施过程中成立课题攻关小组和质量管理小组等措施，积累各项设计、施工技术数据，以备在每项关键技术施工完成后及时提炼其中的施工技术和管理手段精华，形成一整套关于本工程关键技术的综合应用与研究成果，从理论和实践的角度为后续类似的大型公用建筑建设提供示范作用和思维方法。

为使本成果的应用和研究成果具有先进性和适用性，为国内大型复杂的公用建筑施工提供示范和借鉴作用，我们在进行科威特中央银行新总部大楼项目主要技术开发与应用过程中，采用的主要方法为：

1. 设计-建造一体化工程的结构优化解决方法

针对项目设计、施工难度大，通过设计施工的动态控制和反馈，随着本工程结构的进行，实时对各部件受力进行分析，在确保结构物安全稳定的前提下节约了成本、方便了现场施工。

2. 针对项目中各关键技术进行针对性分析和研究

针对本工程设计造型新颖、结构形式复杂、新材料应用多、新型结构体系设计建造难度大、新技术应用多、工程量大、专业配合性强等特点，本工程项目部设置了科学合理的组织架构，针对工程中遇到的重点难点和关键技术，均成立了专门的科技攻关小组，在施工前期进行了充分的分析和调研，在施工过程中精心分析和管理，并形成了翔实而宝贵的技术总结和相关数据。

3. 科学的技术管理工作

针对当今建筑工程施工普遍存在的质量通病、建造成本较高等问题，项目部对设计部门和工程技术部门统一协调管理，针对项目结构优化、施工进度、工程质量和效益分析进行了综合分析和总结。

第3章 商务与合约管理

3.1 月进度请款

当前的国际工程承包市场中项目业主基于其"买方"的优势地位往往倾向于选择与承包商签署固定总价合同来将拟实施的工程项目发包出去，从而便于将项目实施阶段的绝大部分风险转嫁给中标承包商。在此类合同条件下，承包商的月进度请款工作较为复杂，整个请款文件的编制必须完整、有效、反映项目实际进度并遵守合同相关约定，这便成为承包商合约岗位计量工程师（Quantity Surveyor，简称 Q. S）的一项极其重要职责。

3.1.1 月进度请款的重要性

1. 合同约定的权利和义务

承包商的月进度请款是其在项目合同约定下的一项权益，同时也是一项应尽义务；它是承包商获取业主合同款支付的重要依据文件，也是履行其月度报告需提交的一份书面文本。如，FIDIC-92 版红皮书第 60.1 款就规定"承包人应当在每个月结束后向工程师提交月报表一式六份，每份报表均应由承包人代表（该代表经工程师按合同第 15.1 款批准）签字。月报表的格式由工程师规定，月报表中应表明承包人认为自己直到该月底已有权得到的各方面金额"。

2. 承包商现金流的重要保障

承包商的月进度请款是保障其项目实施阶段现金流的重要举措，是确保其按照合同约定按期回收已完工程价款的必要程序，是其完成对供应商、分包商、己方管理人员等各项日常支付的资金来源和管控依据。月进度请款的延误将会直接导致承包商的资金断链，使其无法正常履行合同，如因业主原因导致的请款延误将会促使承包商依据 FIDIC-92 版红皮书第 69.4 款"承包人暂停施工的权利"中的有关规定暂缓、暂停施工，直至终止合同的履行。

3. 项目预结算的审核依据

承包商的月进度请款要求项目 QS 进行仔细计量，据实反映项目的月度完成情况。其核算文件除用于递交工程师和业主完成进度款支付外，还将作为承包商内部财务部门预算审核、盈亏平衡分析，以及落实分供商支付的依据，同时也是承包商内部各式报表、报告文件的基础数据来源。

3.1.2　总价合同月进度请款的主要方式

总价合同下预付款和最终支付款的申请基本与一般的单价合同一致，而在月进度请款方式方面则有着明显的特点。基于"总价合同总价优先"的原则，总价合同的请款往往是通过计算合同工程量清单中各条目完成百分比乘以该项总价并逐项汇总的方式来计算最终的产值，其具体操作中主要有以下几种常用的请款方式：

1. 按照项目月实际进度请款

通常的总价合同约定承包商应当在每个月结束后向工程师提交月度请款报表，其中包括承包商在该月内完成的永久工程的价值，工程量清单中列明的承包商设备、临时工程、计日工等其他细目，为永久工程所采购的到场材料价值，以及其他应调整和应得的款项。承包商在此条款约定下应当充分与工程师进行沟通，对工程师要求的月报表格式有个充分的认识，提供足够详细的月产值完成计算书和证明材料。

2. 按照费用加载（Cost Loading）的进度计划请款

通常，国际工程中都会在开工初期就要求承包商递交一份详细的 Primavera 格式的施工进度计划（CPM Schedule）。在此进度计划获得工程师的批准后，承包商需将该项目的工程量清单及价格表中的固定总价参照进度计划中的作业描述和要求进行相应的费用拆分或合并，完成整个合同总价在该进度计划中的费用加载。经过费用加载的施工进度计划（Cost Loaded Programme）将会参照项目施工实际情况在各月进行相应地更新，每月完成的产值情况也就可以相应地从费用加载后的施工进度计划中导出，这种导出的产值将被用来作为承包商月进度请款的依据。此种请款方式在费用加载初期的拆分或合并工作量颇大（有的大型项目进度计划拥有数万条作业、数万项工程量清单项），要求承包商的合约商务人员非常深入地熟悉各项作业和工程量清单内容，但在随后的请款工作中将会省却繁杂的工程量计算书和各种产值证明附件，保证了产值请款额度与现场施工进度完成比例的一致性，大大提高了施工期间月请款工作的效率。

3. 按照合同约定的里程碑请款

总价合同的典型特点就是在排除各种变更和特殊费用调整的情况下，合同总价保持固定，业主和工程师都不会像对待单价合同下承包商每月完成工程量的计算书一样进行严格的核算，转而通常采取各项请款总价的控制。相应的，这就产生了一种里程碑式的请款方式，业主与承包商在合同中就项目实施全过程的若干个典型阶段性目标进行约定，在不同的阶段性目标达成后向承包商支付相应比例的金额，而未达到此类阶段性目标情况下的月进度请款（可以不必附加复杂的计算书和证明附件）将可以不必提交或仅仅作为承包商和业主每月内部核算提供的参考信息。

4. 综合的请款方式

一些供应加安装为主的项目或是以 EPC（设计-采购-施工）、DB（设计-建造）承包模式实施的工程，其合同实施过程中都有着明显的阶段性划分，而整个项目的实施工期又较长。为便于承包商尽快地回笼资金，保证各阶段性目标的履行，通常此类项目的合同中会约定里程碑附加月进度请款的方式来要求承包商的请款工作。如，材料或设备到场、项目设计完成之后一次性请付一笔费用，随后的安装、项目施工阶段的请款工作将按照月进度请款据实操作。

3.1.3 请款计量的前期工作

工程项目的月进度请款是合约岗位计量工程师的一项极其重要的日常工作，而值得一提的是，在总价合同下实际上大量的请款计量工作都可以在项目初期甚至投标阶段就准备完成：由于在实际的总价合同月度请款中可以不必详细计算出各清单项本月完成的具体工程量，往往仅反映出一个实际完成的百分比即可汇总当月的请款数额。因此，在项目初期就可以有针对性地将工程量清单中的各项金额按照现场楼层区块或施工流水段（最好是与进度计划中的楼层区块或施工流水段划分一致）进行分项细化，将每一个清单项的金额都相应地分解到各区块中，这样在后期的月进度请款工作中仅仅关注各区块完成百分比就可以直接汇总该清单项的完成额度，进而汇总当月总请款金额。

这里也就对承包商的内部计量管理规范性提出了较高的要求，即倘若承包商在其投标阶段就将合同清单工程量详细地进行了分区块的核算，那么此类计算书文本就完全可以用于随后的进度计划费用加载，甚至于项目实施阶段的月进度请款当中去，避免了大量的重复工作，从而把更多的精力投入到校核之中。

3.2 请款常见问题及解决方法

总价合同月进度请款工作看似简单、程序化很强，但在实际操作中却包含着许多值得研究和应对的问题，合约岗位人员对项目合同条款的深入理解和合理解读则是保障请款工作顺利开展的关键。笔者根据近几年参与部分国内项目和国际工程请款工作的经验，将以下几类典型的请款问题分别展开详细的讨论。

3.2.1 一次性请款条目

针对工程项目中一次性请款条目，承包商在完成此类工作（通常耗用工期较短）的实施后，通过必要的工程师验收程序即可在当月的进度请款中全额将该条目下金额计入请款文件。此类请款条目通常可以是工程现场的接管及各标段间交接，项目保险的办理与递交，相关规范和法律文件的提供，临时办公设施（维护和易耗品除外）的提供，地勘或其他检测报告的提供等，它们共同的特点就是独立立项，实施周期较短，一旦完成递交和批复即宣示该部分工作的履行，并无后期维护（或维护工作单独列项的）和保养的职责。

3.2.2 与工期相关的请款条目及计量方法

国内大型项目和绝大部分国际工程中都有很多与施工工期密切相关的请款条目，这类条目所涉及的工作任务及成本支出通常都较为均匀地（或基本可以认为是平均地）分摊在指定的工期范围内。按照通用的计量规则（如"英国建筑工程标准计量规则 SMM7"中 A 类：基本设施费用/总则），此类条目在计量原则方面通常是比照工期完成情况进行计算的。

此类请款条目通常包括：职员及劳务人员费用、现场安防、施工过程的图像影像记录、例会材料准备、分供商交界面协调、文档材料的编制和提交、试验检测及报告、临时设施维护和保修、现场用水用电及办公易耗品、办公设备维护及其他维护保养工作等。在具体请款工作中，则有以下几种常见问题和处理方法：

1. 按期施工

在按期施工的情况下，此类请款条目从相关作业的实际开工月份开始计算请款，直至工期届满完成全额请款工作，在此，笔者根据计量实践中的操作经验就表 3.2-1 中所列的几种不同条目都给出了相应处理方法。

请款计量方法   表 3.2-1

序号	类　别	请款计量方法	备　注
1	按日计算成本支出，持续整个项目实施工期范围内的条目	作业完成百分比＝作业已实施天数/合同工期总天数	参照大小月的实际天数累计
2	按月计算成本支出，持续整个项目实施工期范围内的条目	作业完成百分比＝作业已实施月数/合同工期总月数	逐月累计
3	按日计算成本支出，有单独的实施作业工期的条目	作业完成百分比＝作业已实施天数/作业计划总天数	如降水、基坑支护以及具有单独工期的变更作业
4	供应加维护作业条目	作业完成百分比＝物资设备供应价值/该条目总额＋（已维护天数/累计要求维护总天数）×物资设备维护价值/该条目总额	因工程完工交付后仍有大量工作，往往累计要求维护的总天数会超过合同工期

以上四类情况中，仅第 4 类"物资设备供应价值/该条目总额"的确定具有一定的主观性，承包商应当在开工初期的月进度请款中根据物资设备的特点和实际价值与工程师进行协商，此比例的认定关系着承包商能否尽快大额地收回相应部分工作的成本花费。

2. 工期延误

工期发生变动，特别是在发生延误状况的情况下，此类请款条目的计量往往会在工程师的要求下进行适当的调整。其中，当工期延误是由业主或其他非承包商原因导致时，工期往往会以变更的形式进行顺延，承包商将视具体情况获得相应的补偿，该部分请款则会以该单项变更的履行进度单独请款（参见上述表 3.2-1 中第 3 类）；当工期延误是由承包商自身原因导致时，业主会参考工程师的意见对原合同工期内的此类条目适当延长付款周期（理由在于，总价合同条件下此类条目的费用是固定的，而且需要分摊到整个项目最终的完工工期中间去），从而保证业主和工程师在原合同工期届满之后仍能以控制此类条目付款的方式，保障承包商弥补自我延误过失，继续履行相关合同义务。实际操作中会有如下几种类别和处理方法（表 3.2-2）。

类别和处理方法 表 3.2-2

序号	类　别	计量方法（a）	计量方法（b）
1	按日计算成本支出,持续整个项目实施工期范围内的条目	作业完成百分比＝(作业已实施天数－延误天数)/原合同工期总天数	作业完成百分比＝作业已实施天数/(原合同工期总天数＋延误天数)
2	按月计算成本支出,持续整个项目实施工期范围内的条目	作业完成百分比＝(作业已实施月数－延误月数)/原合同工期总月数	作业完成百分比＝作业已实施月数/(原合同工期总月数＋延误月数)
3	按日计算成本支出,有单独的实施作业工期的条目	作业完成百分比＝(作业已实施天数－作业延误天数)/作业计划总天数	作业完成百分比＝作业已实施天数/(作业计划总天数＋作业延误天数)
4	供应加维护作业条目	作业完成百分比＝物资设备供应价值/该条目总额＋［(已维护天数－延误天数)/原累计要求维护总天数］×物资设备维护价值/该条目总额	作业完成百分比＝物资设备供应价值/该条目总额＋［已维护天数/(原累计要求维护总天数＋延误天数)］×物资设备维护价值/该条目总额

在以上这种情况下,（a）、（b）两种计算方法都有可能会被工程师或业主提出,倘若承包商自身造成的延误已经由各方确认,那么承包商所能伸张的就是尽可能采用一种对现金流影响较小的计量方法,如推荐选用以上方法（b）;当然,承包商也可据理力争,一方面针对自身造成的延误积极采取切实可行的赶工措施降低影响,从而避免发生原合同到期后大量的误期赔偿金或罚款;另一方面,根据具体合同条款的约定,针对工程师和业主认定的延误天数和此种延长付款周期的做法提出质疑,通常业主会在考虑承包商已完成保留金暂扣额度和履约保函额度的情况下,免除对承包商此类额外的付款延滞。

3. 竣工后或是保修期开始

在项目完工交验,保修期（通常合同约定为 2 年）正式随之开始,这也是承包商部分作业开始的触发点。通常从此时开始至保修期结束期间承包商仍将有待完成相关的项目现场清理,人员物资的退场,必要的维护和修补工作等。此类条目往往所占的额度较小,倘若进行每月额度摊销的话,数额上微乎其微,除非承包商与业主另有单独的特殊科目维护合同,正常情况下这类尾款都会在保修期结束后与保留金一起一次性申请结算完成。

3.2.3　百分比正常请款及计量

在国内外项目的实施中,除以上 3.2.1 和 3.2.2 所述的请款条目,总价合同清单中占绝大部分条目的请款都是通过计算当期累计完成量对比合同量的比例计算出来的,各条目的总价与该比例的乘积即为至该期末相应作业的累计完成产值。在实际操作中则有以下三种类别和处理方式。

1. 采用清单工程量为计算基数的条目请款及计量

对于该类清单条目,简单而言就是在计算当月累计完成百分比时采用原合同清单中的

15

工程量作为计算比例的基数，以实际完成工程量对比相应清单中的工程量作为反映该条目进展情况的方法（表 3.2-3）。

条目请款及计量示例一

表 3.2-3

合同:科威特中央银行新办公楼项目							监理:HOK/PACE		
合同标段:第 2 标段							承包方:中建总公司		

卷号:03-混凝土,清单页码:Ⅲ-4/3-2,ITEM K

150mm 厚混凝土板-混凝土完成量

31-01-2011

序号	坐标	长度	宽度	厚度	面积（m²）	体积（m³）	总量完成比例（%）	钢筋用量（0.0386tt/m²）
A	访客停车区"C"							
1	H-J/2″-3′	6.040	9.750	0.150	58.89			
2	F-G/2″-3′	5.600	8.400	0.150	47.04			
3	A-B/2″-4′	13.280	8.550	0.150	113.54			
B	职员停车区"D"							
1	18&19/cc″-e 之间	11.600	2.750	0.150	31.90			
清单总量:575m²					251.37		43.72%	2.765

截至 2011 年 1 月 31 日，150mm 厚混凝土板在访客停车场（即 C 区）和职员停车场（即 D 区）累计完成工程量 251.37m²，原合同清单量为 575m²，计算完成百分比为 43.72%。

此类请款主要针对条目对应的清单量与实际量基本一致（特别是以"个数"、"套数"计算，可以精确计数的条目），以此请款不会带来总额上的明显偏差；同时，在相应条目的作业实施初期，实际工程总量还未能完成细致核算时，也可以仅计算已完部位实际工程量暂时对比原清单总量为基数进行请款。

2. 超清单量条目的请款及计量

总价合同下工程量清单中的工程量和单价通常都是仅供参考而已，实际工程量则需要承包商进行仔细的核算，对于所有超量的条目要在投标阶段就将其实际成本费用反映到相关的单价或总价中。因而，超清单量条目在实际请款中为了据实反应此类作业的进展情况和实际完成产值情况就需要有针对性的工程量分解计算：

表 3.2-4 就是为了计算截至 2010 年 8 月底钢结构某条目实际完成量对比实际总工程量的比例，将该条目下各组成构件的单位重量分别进行了实际测算，由此可见，当期完成工程量（53465kg）已经远超过 BOQ 清单量（43312kg）据此计算产值完成百分比将得出不合理的进度情况反映（123%），正确的方法应当是以实际完成量对比实际总量取得合理的百分比（80.58%）用于进度请款。

超清单量条目请教及计量二　　　　　　　　　　表 3.2-4

| 合同:科威特中央银行新办公楼项目 | 监理:HOK/PACE |
| 合同标段:第 2 标段 | 承包方:中建总公司 |

卷号:05-金属

章节:05120-钢结构

31-08-2010

清单项	预制钢构件类型	清单量	实际工程量（kg）	完成量	总重(kg)	超清单完成（%）	实际完成比例（%）
5-1-G-Ⅰ	S3-1		12865	1	12865		
	S3-2		7038	1	7038		
	S3-3		6892	1	6892		
	S3-4		12531	1	12531		
	S3-5		5890		0		
	合计		45216		39326		59.27%
5-1-G-Ⅱ	S5						
	S5-1		3420	1	3420		
	S5-2		10719	1	10719		
	S5-3		3569				
	S5-4		3422				
	合计		21130		14139		21.31%
总计		43312	66346	6	53.465	<u>123%</u>	80.58%

　　而从另一个角度，承包商也可以参照下表中的方式将某 180mm 厚混凝土楼板的 BOQ 清单总量（1419.48m²）依据实际工程量在各部位楼层的细化分解情况（该表 D 列数据），参照实际量的权重（1419.48/1448.60＝97.99%）重新分配各部位清单量（表中 C 列数据），从而据此计算产值完成比例（987.07/1419.48＝69.54%）用于请款（表 3.2-5）。

条目请款及计量示例三　　　　　　　　　　表 3.2-5

| 合同:科威特中央银行新办公楼项目 | 监理:HOK/PACE |
| 合同标段:第 2 标段 | 承包方:中建总公司 |

卷号:03-混凝土,清单页码:Ⅲ-4/3-3,ITEM T

180mm 厚混凝土板-混凝土完成量

30-04-2011

序号	楼层/标高	清单量（m²）	实际工程量（m²）	完成量比例（%）	完成量（m²）	总量完成比例(%)	钢筋用量（0.0386Tons/m²）
1	1 层（＋13.90）	125.12	127.69	100%	125.12		
2	1M2 层（＋19.20）	125.12	127.69	100%	125.12		
3	2 层（＋23.40）	125.12	127.69	100%	125.12		

序号	楼层/标高	清单量 （m²）	实际工程量 （m²）	完成量比例 （%）	完成量 （m²）	总量完成 比例（%）	钢筋用量 （0.0386Tons/m²）
4	2M层（+33.00）	55.75	56.89	100%	55.75		
5	3层（+37.60）	123.55	126.08	100%	123.55		
6	4层（+42.20）	123.55	126.08	100%	123.55		
7	5层（+46.80）	123.55	126.08	100%	123.55		
8	6层（+51.40）	123.55	126.08	100%	123.55		
9	7层（+56.00）	123.55	126.08	50%	61.770		
10	8层（+60.60）	123.55	126.08	0%	0		
11	9层（+65.20）	123.55	126.08	0%	0		
12	10层（+69.80）	123.55	126.08	0%	0		
总计		1419.48	1448.60		987.07	69.54%	38.101

以上两表中体现出来的产值完成百分比的计算方法均能够据实反映出对应条目的产值完成情况，但是在该类作业的实施初期往往会导致较大量的计算工作，承包商的计量工程师可以视情况暂时选用3.3.1所述的计量方法，利用相对较高的百分比请款额度，加快初始阶段范围内该类条目下工程款的回收。

3. 未达清单工程量条目的请款及计量

与超量条目对应的就是未达清单工程量的条目，针对此类作业倘若按照3.3.1所述的方法计量的话将会带来实际完成情况的一定偏差，从而降低当期理应完成的请款额度。因此，承包商的计量工程师应当尽快完成此类条目的实际量核算，在对应工作完成后采用表3.2-5中的表述方法，将该条目下的款项全部完成请款上报。

当然，如果因局部原因导致该条目未能全部完成时，最好利用2中所述计量方法，计算该类条目的实际工程总量，重新据实分配各部位权重，从而保证一个合理的请款百分比。

条目请款及计量示例三   表3.2-6

合同:科威特中央银行新办公楼项目	监理:HOK/PACE
合同标段:第2标段	承包方:中建总公司

卷号:03-混凝土,清单页码:Ⅲ-4/3-3,ITEM B

保护-混凝土完成量

30-04-2011

序号	坐标	长度	宽度	深度	个数	混凝土体积 （m³）	总量完成 比例（%）	钢筋用量 （0.0386tt/m²）
I	B2层							
A	变电站							
1	11kV	30.50	0.225	0.25	2	3.43		

续表

序号	坐标	长度	宽度	深度	个数	混凝土体积（m³）	总量完成比例（%）	钢筋用量（0.0386tt/m²）	
2	L. T. trench	10.80	0.200	0.20	2	0.86			
3	L. T. trench	29.47	0.200	0.20	1	1.18			
4	L. T. trench	19.370	0.200	0.20	1	0.77			
5	L. T. trench	30.76	0.340	0.20	1	1.41			
	清单总量	42				7.25	17.26	1.044	
注：后面再没有混凝土保护工程，这部分工作已经全部完成。							100	6.048	

3.3　材料预付款请款以及常见问题

FIDIC 合同通常都有约定，用于永久工程部分的材料在到场经验收合格后可以按其价值在月进度请款中申报材料预付款。如科威特中央银行（CBK）项目合同 60.1 条约定"被用于永久工程部分的货物和材料，在到场和验收合格后其 80% 的价值可以用于承包商的月度请款申报。货物和材料的价值将选用其采购价格和合同单价分析表中对应材料费较低者"。

3.3.1　请款的前提条件

材料预付款的请付可以从很大程度上缓解承包商的现金流状况，特别是当承包商月进度产值较低而合同中又约定了最低支付款额度的项目，及时获取大额的材料预付款能够保障良好的后勤供应并减轻承包商的信贷压力。然而，顺利地获取材料预付款支付则要求承包商做好以下几点：

（1）确保到场材料的样品已经获得工程师和业主的批复；

（2）具有合同认可的项目堆场，确保材料出入库管理及安防措施的完整；

（3）到场货物和材料具备齐全的出厂单据、运输清关手续文件，并将材料到场单据及时递交工程师，完成到场验收；

（4）统计到场材料的数量，并参照合同 60.1 条和单价分析表给出材料预付款计算的单价依据；

（5）统计计算期内各种材料使用、消耗量，比照到场各种材料总量计算出材料盈余；

（6）编制材料预付款申请汇总清单（表 3.3-1）。

19

材料预付款申请汇总清单   表 3.3-1

合同:科威特中央银行新办公楼项目	监理:HOK/PACE
合同标段:第 2 标段	承包方:中建总公司

到场材料汇总

中期付款申请单-23(2011 年 2 月 28 日)

序号	款项	单位	到场材料			材料使用			剩余材料	单价	费用
			上月到场累计	本月到场	合计	上月使用累计	本月使用	合计			
1	耦合器		147159		147159	136959	3149	140108	7051	1.572	11084.172
2	防火材料	袋	8640	3456	12096	9522	1523	11045	1051	20	21020
3	防火涂料	桶	1300		1300	241	144	385	915	218.562	199984.230
4	保温板	m²	1059.06		1059.06	211.812		211.81	847.248	1.755	1486.920
5	预制水磨石踏步和踢步	个	3740		3740	178.110	324.76	502.87	3237.130	12.250	39654.843
	现场材料总计										273230.165

3.3.2　常见问题及解决方法

材料预付款的申请在具体操作中可能会遇到以下几类问题,笔者参照实际实施中的经验给出以下情况的解决方法:

(1)现场区域局限,无法满足大批材料的堆放储存:承包商应当争取局部施工作业尽快完成,利用已完建筑部分空间储存材料;当项目要求更大量材料堆放时,则需要承包商在现场周边寻求合适的租赁场地堆放材料,在获得业主方认可后可以作为合同约定的材料堆场便于请款。

(2)材料进场统计及使用消耗的计量:进场材料统计要严格依据"进场材料单"中批复的数量,并参照 BOQ 中的要求将数量转换成清单工程量的同一单位体系下;材料使用的消耗应严格依据已完工程量进行统计,钢筋、涂料等大规模耗材要给出一个标准的折算依据,便于每月计量。

(3)材料提前进场:承包商应当鼓励自己的采购部门和各专业分包商尽早将用于项目的专业材料运抵项目堆场以便于提前请款促进项目资金回收,特别是项目有最低支付款额限制时,往往很大部分的额度是需要靠材料款配合现场产值情况来达成的。

(4)进场材料超过清单量部分的处理:总价合同在未受到变更影响的情况下,工程师不会批复承包商对超出原清单量工作的申诉,实际到场材料已经超过清单量的情况下工程师往往会对差额不予支付,此时需要承包商尽可能地复核材料使用情况(核查材料采购和使用摊销情况），并积极争取业主许可将此类材料暂时支付以备后继的变更增加工作。

（5）为变更准备的材料请款：业主变更正式下发后承包商应当对原有材料及时安排追加供货，并对新增材料尽快获得批复后下订单，这样可以加速变更额度范围内材料预付款的请付工作。

（6）分批分部进场材料的请款：对于成套的大型机具设备（如电梯、供水灌溉系统、发电机设备等）分批分部位进场时，考虑到整体到货、安装的周期较长，承包商的 Q.S 应当对到场的部分设备进行材料价格的细化拆分，通过与该部分材料供应发票价值的对比，参照合同 60.1 条仍可提前进行材料款的请付。

3.3.3　其他请款相关材料

1. 应扣款项

请款额度汇总后承包商的 Q.S 还需参照当月完成的累计产值情况对应扣款项进行审核计算，其中主要包括合同约定的保留金、预付款回扣、工程师参与验收的加班费以及其他合同赋予业主有权进行的扣款。

2. 请款附属文件

请款文件除具备完整的支付证书和工程量清单统计表以外，还需附加如上 3.1、3.2、3.3 章节中所提及的各清单项完成情况计算书以及必要的参考图纸或草图说明、批复的现场验收单或单据编号，以及材料进场及使用统计表、批复的材料到场验收单及其附件等。

3. 最低支付款额的限制

对于合同中约定了最低支付款额的项目，在开工初期作业实施较少、产值偏低且大宗材料尚未采购，在临近交工前期多数作业已经完成且盈余材料基本耗尽，这对于项目月进度请付款目标的达成将是非常困难的，承包商在此情况下需要尽力向业主申请，争取业主认可参考项目实际请款给予支付款额度宽限，避免付款周期过于拖延。

3.4　分包合同管理

在成熟的海外建筑市场中，各种规模的专业分包公司屡见不鲜，且其专业面覆盖相对完善，多数此类企业的员工专业技能熟练，专业机具、设备齐全，有着成熟的专业施工方案和相关材料的采购供货体系。国际大型工程承包公司则通常拥有大量的项目管理人员，在实施具体的海外项目时，往往会将局部或绝大部分的施工任务以专业分包合同交由当地或在当地有经营业务的专业公司实施，自身则主要从事项目管理工作，从而有利于大型工程建设企业走向高端，中小企业步入专业化。项目实施中的各专业分包合同便成了这一背景下，连接总、分包之间法律关系的纽带，成为总包对业主进行总包合同履约、转嫁总包合同风险的一个必要保证。

3.4.1　海外项目分包合同的组成

1. 分包合同编制的一般性原则

（1）分包工作内容的适用性

分包合同的内容要体现出对分包工作内容的适用性：合同中约定的内容要明确相应分包的工作范围，要有体现针对该分包工作的专业性条款，同时还需对其关联工作面的搭接配合提出明确要求。

（2）分包价格的竞争性

分包合同中的价格要体现出竞争性：一方面，签约单位的价格对比其他各家报价要有竞争性；另一方面，签约单位的价格对比总包合同中对应条目价格要有竞争性。

（3）总包合同责任、风险的有效转嫁

分包合同的条款要体现出总包合同中对相应专业分包工作的要求（质量、安全、支付、规范、进度等方面），要明确分包单位在其工作范围内应承担的相关职责，并根据"风险交由最容易掌控它的一方来承担"的原则，将总包合同项下总包单位对业主承担的履约风险，合理地通过分包合同分配到各专业分包单位中去。

（4）对总包方的维护和免责（信誉的维护、处罚条款约定、免责条款等）

分包合同中应体现出对总包方自身权益的维护，针对分包单位在实施过程中的违约行为、违反当地法律法规的行为，应保证总包方的正当权益不受此类行为的损害，分包合同中应明确总包向分包就此类损害的理赔权利。

2. 分包合同的组成

基于以上分包合同的编制原则，一般来讲，一份完整的海外项目分包合同，通常应当由以下几个部分组成：

（1）合同协议书

以简明的内容明确分包合同的主要工作范围，合同的签订和生效日期，分包合同额以及整个分包合同的所有组成部分等。

（2）通用条件

大型的国际工程承包商内部一般都会有一套完整的分包合同标准文本，用来构成其与分包单位签约的通用合同条件，这是总包单位对自己以往分包管理和项目实施经验的总结，能够得到公司内部法律与合约部门专家的认可，采用起来也方便有效；当然也有总包商直接采用国际上通用的分包合同文本，如 ICE 分包合同条件、JCT 分包合同条件、FIDIC 分包合同条件等。

（3）专用条件

主要结合具体分包工作和项目实际，针对通用条件中的约定进行相应的修改和补充，其中主要体现了与分包单位在合同谈判过程中形成的各种共识。

（4）总包合同相关文件

为了有效转嫁总包合同风险，明确对分包工作的具体要求，分包合同中必须充分地引述总包合同中的相关条款，将总包合同的规范要求、图纸要求及业主的其他澄清文件都作为分包合同的附件或有效组成部分。

（5）价格表 BOQ

利用总包合同 BOQ 清单，对比相应的条目和单价，针对分包工作内容编制相应的分包价格清单，明确工程量计算规则。

（6）分包工程进度计划

依据批准的总包进度计划，为分包工程的开始到完工设定里程碑，并明确相关工作的搭接要求，确定分包具体实施中的详细进度计划。

（7）其他

如分包单位针对签署人的授权文件，分包商保函/担保标准格式，质保证书格式，以及其他可能构成分包合同的正式文件等。

3.4.2　海外项目分包合同要点剖析

1. 合同意向书（LOI）或备忘录

意向书，英文 Letter of Intent，顾名思义，就是表达签署合同意向的文本，反映的往往是总、分包合同洽商过程中所达成的共同意愿。合同意向书原则上还不算是正式的合同文本，但它却是形成最终分包合同的重要依据，意向书中必须要明确的往往是分包合同中最重要的条款，如分包合同工作范围、最终分包合同价格、支付条件等。特别要指出的是，意向书由总包方起草向分包发出，而要求分包必须确认签字返回才正式生效；而意向书往往在分包获得业主和工程师正式批复之前签署，还不能完全肯定收到意向书的一方会正式得到总包方的合同，此类意向书的生效往往还会明确几大前提条件：如分包单位的正式批复，所供材料的批复，分包商提交相应的保函、担保，而此意向书将随着签署正式的分包合同而失效。

2. 分包合同工作范围的描述

分包合同中对工作范围的描述是一大重点，也往往是专用条款中的开篇之笔。文字描述可以通过引用总包合同中相应的规范、合同条款、BOQ 清单、图纸来点明分包合同所涵盖的专业工作内容，但是通常都会多加一句话 "The Works of this Subcontract includes，but not by way of limination"，将其他还可能归属在该分包项下职责不排除出去，保证合同严密，特别是针对其他专业分包间的协调配合工作，还必须在合同中单独提出来。

3. 分包合同价格

分包合同的价格在专用条件中仅体现一个合同总价，具体细则是通过附件 BOQ 清单体现的，其中如果有暂定金项的话总包单位一定要单独在合同清单中指出来。合同中应当强调分包单位是通过仔细研究对应项目分包工作、合同规范和图纸，在明确自身工作范围基础上给出的合理报价，报价已经包含了分包商履行其分包合同内工作将会发生的所有费用。

4. 分包合同的计价方式

分包合同中必须明确计价方式，是固定总价包干、综合单价，还是其他方式，这都将直接决定相应的付款程序安排。计价方式的确定原则上应该参照总包合同，总包合同总价固定则相应的分包合同也应固定总价，这样可以更充分地利用分包单位来分担总包方的部分履约风险；然而对于一些特殊的分包，如，劳务分包、零星用工、市政清理等，无论总包合同如何，还是比较适用单价合同按工计价。

5. 支付货币及汇率

通常总包合同中汇率的风险都是由总包方自行承担，分包合同的支付货币如果直接参照总包合同的支付币种，既方便又能减少部分汇率风险。然而，实际情况中部分业主会选择当地货币（或考虑部分当地货币加部分硬通货），而不是全部支付硬通货。这种情况下总包单位应尽可能地对当地主要分包商采用同样的支付币种和比例，而对于部分项目所在国以外的分包商，无法迫使对方接受此类付款条件的话，即便采用硬通货支付，对于币种间折算汇率则应该在签约之前明确，尽可能保持固定不变。

6. 分包材料和图纸及其批复

分包单位在获得业主和工程师的批准后，下一步就是由分包商提交其拟采用的施工材料和施工所需的图纸。分包合同中对于材料和图纸的报批应明确规定，相关责任要充分落实到分包商。特别应该指出的是，分包材料应当依照规范指定，相关需提供的样品、第三方监督检测、检测和实验报告等责任和费用均由分包单位承担。分包商还需对自己所提交的材料和图纸及时反馈工程师提出的技术问题，避免对总包工期造成不利的影响。

7. 保函

分包合同中对保函的要求一般会在附件中给出一套固定的格式，大部分采用总包合同保函中的主要条款，要求见索即付，并且最终的保函文本必须事先得到总包方认可才能正式开具提交；保函的提交时间也往往严格要求，履约保函通常会要求在授予分包中标通知书或意向书后 15 天以内提交，而预付款保函则应于分包合同签约后正式提交；各类保函的额度也有明确的要求，都是分包合同额的一定比例，一般履约保函不低于分包合同额的 10%，预付款保函大约占合同额的 10%。

8. 保险

绝大多数海外项目，总包方都会按照与业主方合同的要求购买工程一切险、第三方责任险等保险，将项目现场范围内所有相关方都囊括在承保范围内，分包商原则上不需要再进行重复保险。但是，分包合同中就此项还应点明以下三点：

对总包方承保范围以外的保险，分包商应当自行负责（如，项目现场以外地方的分包材料、机械设备的装卸和运输）；

对总包方投保费用，可以按照分包合同额折算一定比例，从分包合同中扣回；

对于总包保险承保范围内发生的事故，分包商必须第一时间向总包汇报详细情况协助保险理赔。

9. 总包所提供的机械、材料和现场设施

总包方通常会免费向各专业分包提供许多现场设施，便于统一管理也便于降低分包方的成本，如，塔吊、施工电梯、发电供电设备、施工用水和饮用水等，分包商应当遵从总包方的总体调配并对总包方提供的物资、材料合理有效利用，如有浪费现象将导致相应的罚款。在此，特别对于周转材料方面如脚手架材料和其他临时支撑构件，材料的照管、使用、安装拆卸、保养责任均须划分明确，分包方必须履行好申领和归还制度；同时为了避免文字理解的歧义和实际操作中的可行性，总包方所提供的临时支撑构件应当明确仅限材料本身，具体的安装拆卸将由分包自行组织人员实施。

10. 分包合同的支付

分包合同的支付条款应当对分包合同项下的预付款、期中付款和最终付款，进行合理的比例划分，约定付款条件和付款期限。其中付款比例要注意的就是预付款、期中付款、保留金各款项所占总合同额的比例之和应为 100%（在考虑相关扣、罚款之后）；支付预付款和期中付款之前必须保证分包商提交了相应的预付款和履约保函，并及时对各款项做出了书面申请，且通过了总包方的审核；分包合同的支付期限方面应避免采用"Pay if Paid"之类条款，在很多国家法律中已经被认为无效条款，相反"Pay when Paid"则可以作为分包款支付的期限约定，同时有效地保障总包方的利益；另外，对分包合同付款之前要完成合同约定中相关扣/罚款的核定，仅支付其净额。

11. 变更索赔

分包合同的变更大体来源有几个：业主或工程师直接指令下的总包合同变更，因同一总包合同项下其他分包合同工作范围调整而以总包名义下发的变更，总包合同范围内相关补充、修复工作而以总包名义下发的变更。实际操作中，应当严格避免直接以总包名义下发变更，特别是因为期初各分包合同职责划分不明确而导致的后期调整。分包合同中要强调分包商应当积极配合总包商完成相关的业主合同变更及索赔申请，并将业主的最终批复作为总包商对分包相关变更索赔认可的前提条件。

12. 分包工作的质量

分包商应当对自身施工部分的质量负全部责任，各分项工程的验收必须达到总包、工程师、业主的认可，严格执行批复的专项施工方案达到总包合同规范要求的完工条件。对于分包方质量原因造成的返工、延误以及对总包形象的负面影响，总包可以执行相应的处罚，从分包方的付款或保函中进行相应的扣除。

13. 现场文明施工 HSE

分包商应当严格遵守总包合同中引用的当地相关职业健康和安全规定，全面负责自身施工人员的职业健康和安全，并在施工过程中及时清理其残余材料和施工区域，将垃圾堆放至总包方指定的区域。总包方对拒不执行的现场清理工作有权自行组织人员实施，并从分包方的付款中进行相应的扣除。

14. 分包工程进度

分包合同签订后，分包商应当尽快向总包方提交一份详细的分包作业计划，依据总包方的总体进度安排，细化其各阶段作业，并严格按照总包方认可的计划进行施工，避免自身作业延误而造成总包方施工延误。分包商应当认识到其分包组织机构和管理人员、施工方案、施工图、所用材料的批复情况直接决定着现场施工能否开展，其自身延误将会导致总包方承受误期赔偿金的支出，据此总包方将有权向分包商索赔相关损失。

15. 与其他专业交界面的协调

分包商应当履行自身作业面与邻近施工的协调配合，及时向总包方提供其施工图、将预留预埋工作提前告知总包方，并按照总包方的要求配合其他分包商，协调阅读其他专业分包商的施工图，配合做好其他专业的预留预埋工作。特别要指出的是，在有关专业工作设计计算方面，分包商应当及时向总包及相关专业分包提供其相关荷载数据和计算依据。

16. 分包合同的关闭

分包合同中应规定分包违约情况下总包有权终止合同的条款，同时还需规定总包合同终止时相应分包合同终止的处理方法。总包合同终止情况下，分包合同项下的相关权益可以参照总包合同终止的处理程序，除非由于分包自身违约造成的合同终止，相应的终止后结算和价值评估均参照总包合同中的约定。

3.4.3　总结

一份完整海外项目分包合同是逻辑性、系统性非常强的法律文本，除了需要一套适用于企业过往项目实施经验和法律诉讼经验的标准文本外，还需要编写人员运用其工程专业技术和缜密的合同思维来编制修订出专用的合同文本。随着目前各种专业的海外分包合同趋于"背靠背"形式地转述诸多总包合同条款，为了合理、合法、同时有效地转嫁总包合同风险，总包合同管理人员需要在其管理实践中深入研究总包合同自身条款和适用法律，在明确各专业分包范围内的合同职责的情况下编制好对应的分包合同条款。

3.5　总包合同管理

合同管理是项目管理中与成本、组织、工期并列的一大管理职能，它渗透到整个项目实施和管理的方方面面，是综合性很强的管理工作，是工程项目管理的核心和灵魂。科威特中央银行项目是采用国际上广泛通用的 FIDIC 合同文本和英美规范，以国际公开招标的形式选定我方中标实施的政府投资项目，从该项目的整个项目管理架构、施工合同及规范文本的选用，特别是项目合同管理体系的建立，都体现了一个标准国际工程所需的各种要素。

3.5.1　CBK 项目合同管理的参与方及职责

1. 项目业主

CBK 项目的业主为科威特中央银行，属于国家政府机关，其下的供应委员会主席作为银行的授权代表代为行使相关业主的项目管理职权。CBK 通过选择专业的顾问公司作为其现场代表，签署咨询顾问合同，进行部分业主职能的授权，从而利用对方的专业管理优势，委托其执行部分业主的项目管理职能，为业主提供咨询和建议来辅助其决策；CBK 还在其顾问公司的协助下对设计单位和设计方案进行比选，选择中标的设计单位签署设计咨询合同；设计完成后，CBK 在以上各方的协助下进一步通过公开招标的方式选择合格的施工承包商签署施工总承包合同，并在施工合同中明确约定相关参与方的权责和义务。

CBK 作为项目业主，在施工阶段主要的职责为：以书面形式通知承包商其指定的业主代表和工程师以便与承包商在施工期间联系，处理施工合同执行过程中的有关具体事宜，并对于一些重要议题，如关键材料和分包的审批、工程的变更、支付款、工期延长等，均由其最终批复；保证给承包商完成施工现场的移交；确保项目各项支付款的落实；负责协助承包商获得当地相关政府机关的文件报批；最终组织项目验收，签发相关证书并处理遗留的合同纠纷。

2. 业主代表

CBK 项目的业主代表最初为 Project Management and Control/DMJM International，在 2010 年初由 Projacs/EllisDon 接替。业主代表受 CBK 委托对整个项目从概念、规划、设计、施工各方面为 CBK 提供咨询和建议，并配合 CBK 选择相应的设计和施工实施单位，负责在施工阶段代表业主对其他参与方进行管理，依据其与 CBK 业主签署的咨询顾问合同行使相关职权。

具体到项目施工阶段，业主代表将作为承包商和 CBK 业主之间沟通的联系人，相关事宜均应通过业主代表进行联系。业主代表应派驻具有相应资质的专业工程师队伍，对实施阶段中设计、施工方面出现的问题，牵头组织承包商和工程师代表协商解决，依据业主的授权和合同规定对设计咨询合同和施工总承包合同进行相应的管理，监督两方面合同在施工阶段的履行，对合同执行中出现的纠纷将为业主提供判断意见，确保业主在两方面的利益不受损害。

3. 工程师

HOK/PACE 作为 CBK 项目的最初设计单位由业主指定为项目的"工程师"，负责施工阶段现场具体的监督和管理工作，履行施工总包合同中"工程师"的相关职责，对施工合同进行监督和管理。

工程师是施工阶段项目现场质量、进度、安全、支付款审核以及承包商与业主之间协调的具体执行主体。主要负责对承包商材料和分包报批、施工组织计划、进度计划、安全计划、质量控制计划、人员组织机构、荷载计算及施工图纸，以及各方面的验收工作；在实施期间接受业主代表的监督和管理，对自身的设计向业主负责；依据施工合同中赋予的相关职责处理业主与承包商之间的合同纠纷。

4. 承包商

我方作为业主公开招标所中标的承包商，依照总包合同的约定承担着整个项目实施的履约责任，核心任务就是要按照合同要求，认真负责、保证质量地按规定工期完成 CBK 项目并负责保修。

按照总包合同约定我方应派驻相应授权的项目经理作为承包商现场代表，进行相应的决策，设定完善的现场组织机构，合理选择和管理各专业分供商，及时提交各类保函保证，按照工期提交施工进度计划，保证各阶段施工质量，及时办理保险并负责整个项目工地的安全。

5. 其他政府主管部门

CBK 项目属于科威特的政府投资项目，依照合同及相关法律法规规定，该项目在施工验收、设计图纸报批、场区使用、货物采购、税务、劳务、预算审查等方面均将接受相关政府主管部门的监督和审批，是项目实施中必须遵守的程序，也是合同顺利履行的必要环节。

3.5.2 CBK 合同文件的组成

作为 CBK 项目的总承包商，总包合同文件是项目实施的依据和准绳，整个总承包合同文件主要由以下几个部分组成。

1. 投标程序文件

CBK 项目的投标程序文件为该项目在招标阶段向各潜在承包商发放的投标依据文本，规定了承包商投标文件需要递交的各部分材料组成，要求承包商在完整填写后盖章递交，该最终递交的文本将来即成为相应中标承包商签约合同文件的一部分。该文件一共包含 13 个部分：投标邀请函、投标人须知、投标文件要求及附件、设备和机械表、承包商的人员、投标保函（范本）、履约保函（范本）、合同文件范本、指定分包合同范本、声明书、投标文件及图纸列表、进度计划、地质报告数据。

2. 合同文件

包括基于 FIDIC 87 版红皮书（92 年修订版）的土木工程施工合同条件作为该项目的通用合同条件，业主在此基础上的修订作为专用条件。

3. 技术条件

该部分详细描述并约定了 CBK 项目实施中所需要参照的技术规范标准、参数和产品质量要求，提供详细的项目设计和施工图纸依据，以及承包商的投标报价及详细的价格分析文件，具体包括通用技术条件、专用技术条件（共 8 卷加 2 份补疑，计 16 个章节）、合同图纸、工程量清单、单价分析表以及投标补疑。其中，业主在招投标阶段分别下发了两期投标补疑文件，对相应的技术条件、图纸和工程量清单进行了部分调整。

4. 其他后期文件

主要为投标阶段未予明确而在项目实施阶段获得业主与承包商共同认可的对原合同进行的补充文件。CBK 项目实际中主要是指项目合同变更，主合同修订的延期协议，现场管理及联系矩阵等。

3.5.3　CBK 项目合同管理体系

1. 合同管理主体间关系

CBK 项目合同签署的核心主体是作为业主的科威特中央银行，它对于项目上的咨询顾问合同、设计咨询合同、总承包施工合同都是合同的缔约方，与对应的其他三方单位都是合同关系，且在此关系中处于主导地位；业主代表 P/E 作为 CBK 的业主顾问，对上向其合同缔约方 CBK 负责，承担咨询顾问合同内的职责，对下针对 CBK 与工程师、施工承包商的两份合同行使监督管理的职责；HOK/PACE 作为该项目的设计单位和施工合同监管的"工程师"角色，其一方面按照设计咨询合同的约定，对己方设计工作范围内的职责向业主 CBK 承担责任并接受 P/E 的监督；另一方面，对于施工合同的执行，HOK/PACE 负责全程的监督管理，对施工过程中涉及的技术、合约议题负责澄清和解决，对业主 CBK 负责；我方作为施工承包商是总承包合同的缔约方，依据 5.2 部分所述的合同文件，担负着履行项目全程实施的职责，在施工合同范围内接受"工程师"和业主代表的监督与管理。具体关系如图 3.5-1 所示。

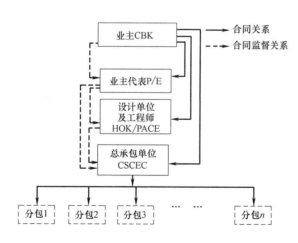

图 3.5-1　合同管理体系

2. 合同管理程序

通常，一个工程项目的合同文件中仅仅会约定合同的缔约人、管理者、监督者以及各方相应的职责和履约条件，而很少会明确地细化整个合同管理执行的程序，且该类程序性文件也很少以正式合同文件的形式而存在，但是这类程序性文件的编制和提交恰恰是国际工程管理中极其重要的一个环节。CBK 项目在启动之初，工程师 HOK/PACE 就作为施工合同的管理者下发了 procedures manual（"CBK 项目程序手册"），目的是在未对原合同条件进行增、删、改的基础上便于各方的文件传递和合同条件的有效执行。该手册得以落实执行的基础是建立在施工合同中业主赋予 HOK /PACE 作为工程师的相应授权，即工程师对该合同监管的职责所在。该手册以工程师的名义下发，是其对合同管理程序的细化和澄清，手册内容包括：①项目建设的目标共 2 条，介绍了项目及各主要参与方；②项目程序共 19 条，是该手册的主体，对合同文件的执行进行了程序性的细化，主要涵盖项目主体间的通信联系、项目例会、施工程序、承包商应提交的文件、验收程序、项目通讯录、进度付款、合同变更、现场指令或修补通知、技术澄清、紧急联系电话、现场安全、项目保险、项目文件归档、项目进展照片、月报表、工作时间、现场清理、合同关闭程序；③项目管理团队简要介绍了合同参与方的关系，并详细列出了工程师合同管理团队及相关人员职责；④项目信函文件编号办法规范了各方来往信函及承包商提交文件的编码方式；⑤项目标准文件样本提供了承包商和工程师各自可以采用的 24 种范本文件；⑥附件提供了承包商月度报告的编写指南。

以总承包月进度请款的程序为例，按照 CBK 项目施工合同第 60.1 条规定"承包人应当在每个月结束后向工程师提交月报表一式六份，每份报表均应由承包人代表（该代表经工程师按合同第 15.1 款批准）签字。月报表的格式由工程师规定，月报表中应表明承包人认为自己直到该月底已有权得到的各方面金额"，此处既规定了承包商按期提交月进度报表的义务，又明确了工程师对该报表内容和格式的审核权。承包商应当参照工程师以上细化的"CBK 项目程序手册"，按照其中"月报表"的详细格式完成提交；工程师则按照施工合同 60.2 条的规定在 28d 内将其审核通过的月报表提交 CBK 业主；业主按照 60.10 条的规定在收到工程师送达的月报表 45d 之内完成对承包商的月进度付款。

3. 合同的监督与执行

合同管理体系中最重要的一环就是对于合同本身的监督与执行过程，这一过程贯穿于整个项目的实施、交付和保修，几乎囊括了在此期间承包商和业主、工程师及业主代表分别作为施工合同的签署人与监督管理者的所有合同行为。

在一个工程项目中，承包商是施工合同的主要执行者，且应当按照合同条件第 2.5 条和 13.1 条的规定严格服从工程师做出的相关指令。工程师的职责就是按照业主与承包商之间施工合同中的约定和授权来监督承包商按照合同要求完成工程，确保工程的质量、工期、费用以及其他各方面满足合同要求。工程师执行此项职责的依据是全部合同文件及合同文件所引用的全部规范标准、法规及相关的施工图纸、技术要求。FIDIC 合同条件的通用条款绝大多数都涉及工程师的职责，且规定的非常细致，给予了工程师很大的权力；在 CBK 项目上合同的专用条款有相当一部分的调整，原属于工程师的相关审批、判定、签发文件的权力均收回到业主或业主代表的层面，工程师仅仅为此类决策提供咨询意见；在后期合同文件中，如 CBK 项目业主新下发的管理矩阵，业主通过合同执行期间的效果重新调整了合同监督过程中相关审阅、审批的签发主体，再次将工程师的相关权力收归自己决策，加强了对具体合同管理工作的涉入，力求推动项目整体的实施进度。

在CBK项目合同条件下，工程师应按照合同2.1条赋予的职责和权力，公平地监督该合同的执行并做出相关指令、颁发相关证书并履行合同赋予的其他职责；按照第5.2条的规定对图纸、规范或清单的任何要求和批注中出现的差异负责解释并给出指令；以及按照合同第12.3条对承包商提出的技术文件中的错误、遗漏或矛盾，或工程师书面指示与该类文件的不一致负责解释并批准承包商的相关建议。而作为承包商，在执行合同的过程中，除了应参照合同2.5条的规定严格服从工程师据此做出的相关指令外，还需对照合同2.1条中对工程师职权的描述，对于实际项目实施中超越工程师相关授权的指令要有合约的敏感性，能够及时提交业主代表或业主进行相关的确认。

4. 合同的变更及修订

（1）合同变更令的签发

合同的变更主要是指对原合同中任何工作内容在工作量方面的增减，任何工作质量或其他特性的调整，工程任何部分标高、位置和尺寸上的改变，省略任何原合同工作，调整工作的实施顺序或进度安排等，合同变更最终经合同各方签字后以书面的形式下发。合同变更产生的原因可以是来自业主方对项目使用功能提出的修改，也可以是源于设计方因业主要求的变化或现场施工环境、施工技术的要求而产生的设计变更，还可能由于承包商实施过程中的一些其他客观原因而导致的工程变更。

CBK项目中合同的变更指令是由工程师负责编制并附带相应的预算首先上报业主审批，经业主确认后由工程师签发，交承包商执行并对变更部分工作报价，最终获得工程师和业主认可的价格将反映在正式的合同变更文件中，以此作为变更工作的履约和支付依据。

（2）变更价格的确定

CBK项目合同52条中规定了变更工作的定价原则：在通常情况下，基于充分尊重原合同文件的考虑，变更工作倘若有类似合同规定的费率或价格作为参照，则应以原合同中规定的价格进行定价；如该变更工作不具备类似可供参照的费率和价格，则承包商应提供充分的报价依据并参照合同单价分析表中相应的取费比例作为定价的基础。

当然，在该类工作变更总量超过原合同工程量的25%时，即便原合同中有规定的费率或价格作为参照，承包商则有权按照52.5条的约定在接到变更令的30d内正式提出对相应价格进行调整的申请。除此之外，项目业主如认为必要或可行，也可以签发指示，规定按计日工的方法进行变更工作的定价，对这类变更，则应严格参照原合同中承包商在投标书中即确定的计日工费率或价格。

（3）变更令执行的注意点

参照CBK项目变更令的执行及定价情况，必须认识到：工程变更指令（SWI）就其内容来说，仅仅是描述了变更工作的内容、范围和数量，该书面指令的下发即意味着承包商必须按照合同要求严格履行其指示。而这就使得承包商需要在该变更工作的实际费用确定前，就要开始变更工作的实施。这样往往会带来两个方面的问题：变更对合同价格的影响未能及时得到反映，承包商对总体经济效益难以及时掌握；特别是一些大型的变更令，工作专业类别繁多，新旧作业掺杂，工程师和业主对定价批复的时间严重拖延，致使承包商后期工程结算的工作量会异常加重。因此，承包商在变更令的执行过程中应当紧密跟踪业主和工程师对变更价格的认定，避免被动地将此类价格的批复留在该工作完成后解决。

3.5.4 承包商加强合约管理的建议

CBK 项目是一个很典型的采用国际规范公开招投标并由国际承包商实施的特大型工程项目，在对 CBK 项目合同管理体系熟识的基础上，为了此类项目的成功履约实施，承包商应当从自身角度建立起企业总部和现场项目部两级合同管理机制，形成以合同管理为核心的项目管理体系。

1. 建立企业级合同管理体系

承包商应当在总结企业以往项目实施经验的基础上，建立并不断完善以合同管理为核心的企业级项目管理体系，其中重点体现在以下几个方面。

（1）编制和不断完善企业项目管理规章，突出合同管理的规范性，组建专门的合同管理部门，执行对合同缔约方的资信调查、组织合同谈判、合同编制、审批、会签、登记备案以及制定授权委托办法，配有专人负责合同标准文本的管理，强化合同专用章管理，合同履行及法务纠纷的处理，合同管理人员培训，合同管理考核机制等。

（2）编制重大项目招投标评审制度，组织专业的合约、成本、法务人员对招投标文件和合同条款的完备性进行审核，明确投标风险和合同风险，严格控制和预防投标风险。

（3）形成规范的合同履约监督与合同关闭程序，企业合约部门应会同法务部门在合同执行期间跟踪合同履约情况，对重大合约事件建立应急预案，提供总部合约法律支持，在履约完成后审核合同结算并及时关闭合同。

（4）及时处理违约纠纷，合约法务部门应在企业相关合同面临违约纠纷的情况下，及时通过法律程序来维护企业利益，组织和采取协商、仲裁或诉讼等方式，积极捍卫企业的合法权益，减少企业的经济损失。

2. 加强项目部合同管理规范性

对于 CBK 项目这样的国际工程，合同管理常常是中国承包商相对薄弱的一个环节，在面对来自欧美的专职建筑师时往往会面临有口难辩、有理讲不清的境地，这就非常需要承包商在整个项目部合同管理规范性方面强化以下几点。

（1）合理设置合同管理岗位及人员需要对合同管理岗位配备专职的合约商务经理、外籍合约顾问、成本主管、估算师、合约商务助理及采购人员，特别是合约经理的总体统筹管理能力和外籍顾问的合约法律知识是项目合同管理成功的关键。

（2）促进项目部各岗位人员间的交流与配合合同管理与计划管理往往都是密切联系的两个岗位，都需要与现场人员及时交流获取相关信息，合同管理人员需要从项目进度计划的执行和现场实施状况中监督和总体评价合同履行的情况。

（3）合约类议题的整理与跟踪项目合同管理岗位人员要密切关注项目实施过程中各专业议题及事件的进展，对各专业专题相关材料要单独整理归类，逐一落实解决并督促处理进度。

（4）确保项目文档归类的完整性和规范性所有项目上的往来文件将来都是承包商面对合同纠纷、参加仲裁或诉讼的重要证据，项目文档必须整理完整并及时做好备份（纸质或电子版）和传阅，也随时能够供合同管理人员或其他工程师查阅。

（5）利用外籍顾问的专业能力，强化自身合同管理岗位人员的培养，增强相关人员合约的敏感性。在履约过程中及时地发出和回应必要的书面信函，这既是合同动态管理的需要，也是确保履约的一种手段；对工程师下发的各项指令要有敏感清晰的判断，超越对方授权的意见必须及时主动提请业主代表和业主的确认；对构成合同变更的事件，应严格在合同约定的时效内明确索赔意向并提出费用/工期索赔报告，避免后期争端。

（6）督促合同管理人员增加与工程师、业主代表对应人员的沟通，协调分供商及时会晤并处理各式合约纠纷；对于重大合同纠纷和争端，要及时配合企业主管部门和相关法律顾问，做好证据材料的搜集和事件的完整性描述，配合相关仲裁和诉讼。

（7）在合同履约结束时，应及时组织进行合同执行情况的最后评价，总结合同签订的情况、执行情况、管理业绩，对重大影响的合同条款进行单独分析，总结合同签订和执行中的经验教训，做出书面报告备查。

3.5.5　小结

合同管理是一种全过程、全方位、科学的管理工作，是整个工程项目管理体系的核心，在当前国际化的市场经济环境下，跨国、跨地区的工程承包企业在总体经营管理和具体项目管理中都应当紧紧围绕合同管理为核心，建立并不断完善一套科学的合同管理体系，从而能够从更高的层面控制合同风险，提高企业的核心能力，这才是提高企业管理水平和经济效益的关键。

3.6　工程变更管理

科威特中央银行项目（Central Bank of Kuwait Project，简称 CBK 项目）施工总承包合同通用条款采用 FIDIC 87 版红皮书（92 年修订版）合同条件，同时业主在此基础上修订和编制了特殊条款，项目实施过程中严格执行英美规范以及当地相关部门规章制度。关于业主对工程项目提出诸多新的使用要求，包括顾问工程师在监管过程中下发的优化图纸和施工方案，市政部门颁布的若干新的等级要求，以及承包商为满足现场实际施工需要，对原有的合同文件进行适当修改建议等，最终都以工程变更的形式落实于对原合同文件的更改，项目整体变更内容复杂，涉及利益众多，协调管理工作繁重。

3.6.1 变更执行体系与操作规程

1. 变更相关合同条款

FIDIC 合同体系下，不同版本的合同条件对于工程变更程序的规定有一定的区别。FIDIC 红皮书 87 版原版中通用条款关于工程变更的条款总共为 6 条（Clause 51.1 至 52.4），其中详细规定了工程变更的控制体系和操作程序，相对公平地保障合同各方的利益。

CBK 项目中，业主对涉及工程变更的合同条款进行了多项修改，诸多条款修改后使得变更有关量价的操作受控于业主及咨询工程师，承包商对于工程变更的实施和风险因素变得十分复杂。其中调整删减通用条款其中 2 条（clause52.2 与 52.3），增加 2 条新条款（Clause 52.5 与 52.6），对其余 4 条的条款内容进行了删改。具体条款更改内容如表3.6-1所示。

具体条款更改内容　　　　　　　　　　　　　　表 3.6-1

条款标题	FIDIC 87 版通用条款	CBK 项目特殊条款
51.1 Variations	A 由工程师下发变更 B 若相关工作改由业主或其他承包商实施,不可从原承包商清单内删减	A 由业主下发变更(更改) B 删减工程量的限制条件(删除) C 量单与图纸规范差量不为变更(补充)
51.2 Instructions for Variations	A 变更经由工程师指示	A 变更经由业主书面指示(修改)
52.1 Valuation of Variations	此条删除替换	业主参考工程师意见核定变更,如清单中无参考单价,则需要根据单价分析表重新定价(替换)
52.2 Power of Engineer to Fix Rates	此条删除	此条删除
52.3 Variations Exceeding 15%	此条删除	此条删除
52.4 Daywork	工程师核定计日工	业主核定计日工
52.5 Variations Exceeding 25% of any kind of work	无	增加条款:当清单项增减超过 25% 时,双方可抛开原合同单价,要求重新定价
52.6 Extension of Time for Completion	无	增加条款:当变更造成工期延误,由业主根据承包商在变更下达 28d 内提供申请文件来核定延期

业主修改后的合同特殊条件，将工程变更的决策权由咨询工程师转为业主自身，咨询

工程师职责仅为审核与咨询，将保护承包商工作内容的相应条款删除，承包商可重新议价的变更额度调高，同时增加变更对工期的延误影响等内容，充分体现了买方合同的强势，为承包商在工程项目变更实施过程中获利制造了诸多障碍。

2. 变更操作惯例与工程师指令单

在 FIDIC 87 版红皮书合同条件下，针对不同形式的工程变更，尽管存在多种处理方式，但变更事件本身大都会转变为对原合同价格调整，或对合同条款和执行方式的更改，因而遵循相应的国际惯例，制定简洁、有效的变更操作程序可以为合同各方节省大量的时间，尽量避免对工程进度的影响。

工程变更无论由合同的哪一方发起，均需经过顾问工程师按规定的合同程序进行审查，并交由业主批准后，由业主下达正式的工程变更令（variation order）。各方签署后的变更令，便是工程变更的唯一合同依据，也才是变更计量计价与支付的依据。

科威特中央银行项目为了加快施工进度，避免繁复的商务合约流程影响现场施工，采用工程师现场指令制度，此处的工程师现场指令单为工程变更的前期文件，工程师现场指令单（以下简称 SWI）一经下发，承包商即可依据指令的内容展开变更作业的实施，如预订材料、组织配置机械设备和劳务等。与此同时，承包商还需按照指令的要求，立即开始相应变更费用影响及工期影响的评估测算。在 SWI 下发后 28d 内向其提交相应的计量计价材料。

当承包商根据 SWI 的具体工作内容提交变更计量计价资料后，顾问工程师则依照合同的要求审核并向业主汇报，当出现双方就变更的计量计价存在分歧时，可依照合同约定的方式进行协商，最终认可的计量计价材料会由业主代表下发正式的变更单，并据此完成相应的请款支付。若双方分歧无法达成一致，则承包商首先应按照工程师的指令要求并遵照业主的变更指令开始施工，同时保留自身的相应权力，应准备相关的索赔文件资料以备索赔程序需要。

3. 变更操作的思路与流程

承包商对于工程变更的管理需要项目各个部门的集体参与和配合，针对变更事件和 SWI 的下发，承包商应谨慎研究，沉着应对，以保障自身的利益为根本出发点，合理分析变更的复杂性和总体影响，利用自身的专业技术力量，分析变更对整个项目工期、成本以及其他工序的影响，做到心中有数，有效避免变更执行的风险。变更事件管理流程如图 3.6-1 所示。

具体则要求项目经理牵头，主要由合约部门、技术计划部门、采购部门和专业分包公司执行变更的管理，同时资料部门要配合现场人员进行相应证明资料的整理和收集。

3.6.2　变更的计量与计价

1. 工程变更计量

（1）变更计量的依据

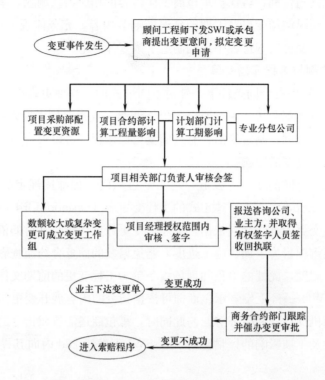

图 3.6-1　变更事件管理流程

　　合同约定的计量规则，以及完整、有效的项目同期记录资料是变更计量的依据。工程项目的形象进度、验收报告、单价分析表、现场签证与施工日志甚至现场图片都可能成为变更计量的重要依据；同时，合同文件也为变更计量起着重要的支持作用，工程量的计算与审核是变更计量的核心内容，是工程变更成本控制的首要一环。

　　国际上常用的工程量计算规则有源自英国的标准工程计算规则（standard method of measurement 7，以下简称 SMM7）以及通常与 FIDIC 合同条款配套使用的 FIDIC 工程量计算规则。在中东地区则惯用源自 SMM7 基础上编制的专用于土木工程项目的 CESMM（civil engineering standard method of measurement）计算规则。CBK 项目的变更计量使用的是 FIDIC 工程量计算规则，FIDIC 工程量计算规则是在英国工程量计算规则 SMM7 的基础上，根据工程项目与合同管理中的具体要求而编制的。

　　（2）变更计量的方法

　　CBK 项目的变更计算书由以下内容组成：变更汇总清单；增项汇总清单及相应计算表；减项汇总清单及相应计算表；间接费用计算清单等证明附件材料。

　　承包商在一份完整的变更计量文件中，首先要根据工程变更的技术资料将变更前的工程量计算为减项（omissions），将对应部位变更后的实际工程量计为增量（additions），各自带入相应的费用价格，两项相抵即为此变更影响的工程量净值。随后计算相关间接费用，如变更额外人工、废旧材料、利润、清关费用、新产生的设计费用、运费等。其中，应注意项目描述应简明清晰，虽然承包商计量计算往往时间短、任务重，但如果使用繁复

36

的项目描述，同样会增加审核的时间，最好能使用计算规则或工程量清单中的标准描述。详细标注计算书附录相关图纸、轴线、清单信息以及项目名称。注意示意图的使用，在提交变更计量的计算书时，应提交相应图纸。在特殊情况下，还应该用彩色水笔或重点标号标出示意图，以便详尽地描述。最终，将示意图罗列成清单附在工程量计算书的后面。

（3）影响计量的因素及相关问题

变更计量无论在何种情况下，都离不开详细的技术规范与图纸。在实施过程中，由于合同各方对技术规范与图纸的理解可能会存在差异，所以 FIDIC 计量规则在变更计量的执行中和技术操作方面往往就会留有一定的灵活性。以下就几个 CBK 项目变更中的具体实例进行详细分析。

由于变更前后的图纸会存在差异，选取哪一套图纸作为计量的依据通常会影响计量结果。例如，深化设计图虽然源自于合同图纸的设计，但与合同图在计量上有时会造成很大的差异，而合同各方往往基于自身利益的考虑，使用对己方有利的图纸，争执往往由此而起。

例如，CBK 钢结构涉及变更事项，由于总包合同跟分包合同对于变更计量所依据的图纸情况不相同，总包合同需要参照合同图纸，而分包合同中则以实际工程加工图为计量参考，虽然总包与分包对于对外变更实际存在背靠背的关系，但实际操作中，分包往往为保护自身利益而很难抛开对其有利的合同条件而做到完全合作。

对于技术规范的理解不同，也是影响变更计量的一条重要因素。例如，CBK 项目机电变更事项，由于建筑设备的规范要求不明确，同时机电分包市场地位强势，导致总承包商协调工作商务强度增大，需要反复督促各方在技术规范商议合适后，才能确定工程量计量。

对于材料和工艺相同但强度或尺寸不同的计量项目，计量方法不可简单加权复制，要根据具体现场实施资源配置情况，以实际发生成本计算。例如，CBK 项目部分 200mm 厚预制板变更为 400mm 厚预制板，对于措施费用的计算，就不可简单地将原有费用乘以 2，应根据实际情况做出详细分析，哪些周转材料不必重复计价等，以详尽的图例才能说服顾问工程师。

对于变更导致的实际工程量较小，而现场实施环境和工序重大变化的变更计量。CBK 报告厅大型钢结构桁架整体方向调转，细部钢梁重新设计更改，钢结构吨位总量不但没有增加，反而有所减少，而对于现场的相关工作面早已经不存在，对于这部分的间接费用计价，承包商可采用计日工的方式，利用现场工人日报表和现场实施图片等工程进度证明文件申请相关费用。

在变更计量的过程中，尽量采用整体计算的方式，避免单独分步计算而导致错漏，譬如门窗工程中忘记了计算窗的工程量，而本应扣除的墙身和粉刷的成本至少可以弥补一部分窗的成本，这比直接扣除了窗在墙中的体积却忽略了窗体工程量的方式损失小得多。

2. 工程变更计价

变更项的定价依据与计价方法如下：

（1）合同文件工程量清单原有单价

工程量清单中有单价的项目以合同单价为依据。工程的性质和质量没有发生变化、数量变化不大，或仅仅是功能或名称不同，可直接采用工程量清单单价的项目。

（2）清单原有单价进行加权分析计算

与工程量清单的项目工艺相同、材料名称相同但强度不同，可根据调整强度等级差异造成的费用增减后引用的工程量清单单价，使用加权定价法，为部分引用工程量清单单价的项目；工程的性质和质量发生变化、数量变化较大，具体超过清单项 25% 工程量则为重新分析单价的项目。

（3）基于分包商供应商报价及市场信息价格的综合比价

工程量清单中没有参考项目，为重新分析单价的项目。若采用分包报价，则需要选择三家左右的分包商分别报价，提供可靠的市场价格依据。

（4）基于业主代表指定项目价格

由于多方纠纷协调不力，最终导致由业主指定清单项单价，或将导致承包商进行索赔。

（5）FIDIC 单价分析表（仅工序变更或计日工计价）

包括：与工程量清单的项目多数工艺、材料消耗相同，仅增加或减少少量工序的工程项目，可在工程量清单单价的基础上增减变更项目影响部分工序的额外金额，参照单价分析表，为部分引用工程量清单单价的项目；对于零星变更和清单范围之外的变更工程，可将其分解并分别估算出人工、材料及机械台班消耗量，然后根据 FIDIC 条款第 52 条，按计日工形式并依然参照原报价清单中计日工的相关单价计算。

无论变更计价采取哪种方式，其相关的支持文件必须准备齐全，包括变更的要求及变更依据、变更前后有关文件和图纸资料等、工程量清单、相关价格资料、材料票据及其他证明材料。

3. CBK 项目单价分析表

（1）材料单价包含清关及运输费用、进口税、临时存储费用等。

（2）人工费包含当地劳工法规定下的全部非机械作业的人力劳动费用及监管费用。

（3）机械费机械费包含一切安装、拆毁、维修以及相关的燃油与司机费用。

（4）承包商管理费包含总部与现场管理费。

（5）利润。

为了在合同框架下尽可能地利用工程变更项进行创收，承包商在对合同单价分析表的编制以及实际工程变更的计价方面需要表现出高度的合同与成本管理意识。单价分析表中详细罗列了人工、材料、机械以及分供商、总包商管理费与利润，其中各项所占费率实际不是承包商投标报价的费率，而是为变更操作时会获利而准备的，一旦计入合同文件，将成为未来计价的重要依据。

4. 工程变更的支付

对于已经签字生效的变更指令，其付款流程应遵循总包月请款的程序。根据现场的实际进度情况，删减变更前清单中已实施的部分工作，增加变更中的新增项目。

3.6.3　变更管理中的过程控制与经验总结

1. 明确工程变更的合约责任

FIDIC 合同条款的实施惯例约定：承担合约责任的一方应承担变更所涉及的费用，而合约责任的先决条件为哪一方为变更要求的发起者与承担者。

（1）承包商提出的变更诉求，例如由于施工不当或者施工问题造成的变更，虽然与正常程序相同，但是变更费用应由承包商自付；承包商通过价值工程提出的替代方案或未能遵守正常的设计和施工程序而导致的局部调整等，皆由承包商承担。

（2）业主提出的变更要求，且额外工作不是承包商原因引起的。例如，调整工程的局部功能，或者释放一定的暂定项，皆由业主承担。

（3）设计团队、顾问工程师提出的设计变更，例如升级原有设计中的系统产品功能，修正原合同图和文件中的错误等。

（4）其他第三方（如当地政府或相邻项目业主）原因引起的变更要求。

2. 量价操作中的经验分享

（1）预期变更，早做准备。工程施工从计划到实施完成有相当长的周期，施工期间的工程变更令往往会打乱原有的施工计划，变更项目的完成也需要相当长的时间。因此，对工程变更必须有一定的预见性。

（2）处理好与业主、顾问工程师、分供商之间的协调和沟通工作，把握好原则性与灵活性。

（3）承包商内部各部门相互配合，相辅相成，都需要具有很强的合同和成本意识，在应对顾问工程师要求的同时，达到自身项目利益最大化。

（4）对于变更产生的新清单项要格外关注，切莫将原有清单项价格忽略而提交一份新的报价，往往类似产品都可参照原清单价格。

（5）对于总价合同中以时间计价条目，则要考虑及时更新状态，若顾问工程师方面没有给予明确的变更意向，则及时发出商务信函争取自身利益。

（6）对于施工已完毕或材料定制采购后的变更实施，可考虑或者将材料提前移交给业主（如 CBK 钢结构报废材料），或帮助业主将废料处理出售，收取部分管理手续费用（如 CBK 不锈钢格栅）。

3. 变更执行的过程控制

（1）总包合约人员对于承包商、总包工程师在变更实施中要及时分析，进行变更组价，避免反映不够、分析不够、协调执行不够等问题。由于工程变更常常会导致工程量或工程实施难度发生变化，从而使工程成本增加，因此，在工程变更发生后要及时进行分析，与原设计的工程量进行比较，最终确定整体成本增减量。

（2）分供商应该避免变更报价报量的拖沓延误，忽视总包利益，以及各公司之间配合不利。

（3）变更资料管理

对于工程变更要做到必须保存相应的原始记录。建筑工程施工周期较长，管理人员不可避免地发生更替，在工程变更的同时，要建立完整的记录，按时间顺序或工程项目分门别类地整理存档，填写工程变更统计台账。在管理人员调整时，要及时进行移交工作，保持工程变更的连续性和完整性。完善的文档管理系统是工程项目合约管理的关键。

（4）采取适当的争端解决方式

就工程承包合同的双方而言，业主方总是力图让变更规模在保证设计标准和工程质量的前提下尽可能缩小，以利于控制投资规模；而作为承包商，由于变更工程总会或多或少地打乱其原来的进度计划，给工程的管理和实施带来不同程度的困难，所以总是希望以此为由向业主索要比变更工程实际费用大得多的金额，以期获取较高的额外收益。

所以，合同双方在处理工程变更时须坚持公平、公正及严格合同管理的原则，采取合理、恰当的争端解决方式，运用灵活的方法进行工程变更的处理，采用友好协商的方式解决，力求做到既保全自身利益，又不会影响到日后施工各方的工作关系。

3.6.4　小结

工程建设实施阶段的变更管理是承包商合同管理的重要内容，对提高合同管理的质量与水平具有重要的意义，顾问工程师和承包商之间确定工程变更价款的工作往往就是一场斗智斗勇的专业水平竞赛，双方都要表现出各自驾驭合同的能力及灵活的操作技巧。对一名合格的商务人员来讲，对待每一份变更、每一份报价、每一份计算书都要慎之又慎，无论是对数值的审核还是对版面细节的工作都要有足够的信心方可定稿。高水平与高质量的工程变更管理，是工程合同顺利实施与履行的基础与保证。

3.7　机电分包管理

3.7.1　工程概况

机电工程包括通风空调、给水排水、强电、弱电、安防等共约 40 个系统，功能复杂，系统齐全。大楼属于高度智能化建筑，其智能要素体现在：楼宇自动化系统（主要包括空调系统、给水排水系统、消防水系统的设备及系统监控，强电设备及开关柜运行状态监控，电梯、扶梯运行状态监控等）、消防报警系统、照明控制系统、综合布线系统、安防控制系统等，其中安防控制系统独立于综合布线系统，保证安防系统的可靠运行。通过构建综合局域网和智能建筑专用软件平台，将各种自动化子系统进行系统集成，组成建筑物管理系统（BMS），实现各个自动化子系统间统一管理、信息交换和资源共享，使得大厦成为具有安全、高效、舒适、便利和灵活特点的现代化智能建筑。

CBK 项目工程大、复杂、功能全、工期短，采用项目管理公司管理模式（PM），以便于在项目管理公司的统一协调下，顺利、按期、保质、保量完成工程建设。

机电工程分包是一种与直营项目不同的特定情况下的分包模式，机电工程由当地具有相当实力的 Kharafi National（KN）机电工程公司实施。

3.7.2　机电分包商 KN 的工程管理

机电工程作为建设工程非常重要的一部分，其进展是否顺利对工程成本、工程质量、工程进度等影响很大，甚至直接关系到大楼的使用功能。机电分包商的选择显得非常重要，应当是具有相当规模和实力，拥有国际化管理水平和专业化技术队伍的当地公司。从以下几个方面看，KN 是一个比较合适的选择。

（1）组织架构

机电分包项目部，以机电项目经理下设各专业板块工程师为主体，专业板块分为 5 大板块，分别为空调（其中包括楼宇自控专业）、管道（包括给水排水、消防、燃气、燃油等专业）、强电、弱电、协调。专业板块以高级工程师负责制为主，配有现场工程师和现场施工班长。值得一提的是，组织构架中的现场安全部门、合约部门、计划部门、资料控制部门被安置在各专业板块工程师职能权利以上的位置，直接和机电项目经理对接日常工作，并拥有与总部各相应职能部门直接沟通的权利。各专业板块的工程师除了负责自己板块的日常业务，还需要配合上述各职能部门做好现场工作。

（2）人员配置动态

项目实行动态人员管理，根据项目不同的实施阶段调整相关的人员，保证管理人员满足管理需要。

CBK 项目根据项目进展状况，可结合总部其他项目管理人员配置状态，给现场增设管理人员。例如，空调、给水排水、消防、电气等专业安装进度进展到一定阶段，结合现场需要，楼宇自控专业安装开始启动，此时需要给项目管理团队增设楼宇自控专业的施工班长及安装人员。CBK 项目机电工程平日设 1 名施工经理，负责项目机电工程的进度和生产总协调。同时，公司主管领导或安全、质量、文件控制部门领导经常到现场指导检查工作，保证项目的顺利进行。

整体来看，项目配置人员精干，总部各部门支持力度大，在人员成本较少的情况下达到了良好效果。

（3）施工劳务队伍和机具配置

机电分包公司作为当地专业机电承包商，在科威特当地基地拥有 2500 人的劳务队伍和各种施工机具的中心仓库，劳务人员相对齐全，训练有素，工程所需的各专业工人和机具将从中统一调配。机电分包公司自己的劳务主要负责现场材料到场，现场验收辅助工作和机电工程部分区域的施工。结合机电工程作业需要，机电分包公司还拥有长期合作的当地专业劳务分包，如空调保温分包以及根据特定工程和作业签署的专业分包，如消防、燃气、燃油等系统分包。

如此，机电分包的劳务队伍和机具实现动态管理，根据需要随时增减，既能满足工程需要，也能防止出现窝工增加成本现象。

由于机电分包具有丰富的劳动力和机具优势，调配计划运用自如，很少出现因机具和劳动力匮乏问题而影响施工进度的现象。

3.7.3 计划管理

CBK 是十分复杂的施工建设项目，进度管理是一个系统工程，不仅要对工程项目的深化设计、采购、施工、调试等全过程进度进行管理，还要对项目的全过程实行动态、滚动管理。

机电分包总部选派 1 名计划工程师在项目现场工作，根据同总承包商的约定，采用 P6 项目管理软件，编撰机电专业各系统详细的计划，然后提交总包商同主计划和其他承包商计划进行协调、综合，并提交监理工程师批复。

以监理工程师批复的计划为依据，对机电项目施工、采购、变更、劳动力、生产率和合同履行等进行控制。在项目进行过程中，不断掌握计划的实施状况，并将实际情况与计划进行对比分析，必要时应采取有效的对策，使项目按预定的进度目标进行。

机电分包的计划工程师定期或不定期向项目经理和总部控制经理提交关于项目进展报告，主要包括项目实施概况、管理概况、进度概要、项目实际进度及其说明、资源供应进度、项目近期工作计划、项目费用发生情况、项目目前存在的问题与危机等，这些报告及时反映了项目进展状况和内外部环境变化状况，分析潜在的风险和预测发展趋势，以便项目经理作出正确的判断和决策，实现项目管理的有效控制，进行必要的索赔和反索赔。

计划工程师需跟随项目经理出席每两周的例会，向总承包商、监理工程师、业主汇报项目的进展和存在的问题，主要汇报内容包括每两周滚动的现场施工计划及定期更新的各种（深化设计、采购、施工）计划报表。计划工程师定期参加总承包商或监理工程师组织的计划例会，讨论计划的执行情况或必要的更新。计划工程师还需主管现场变更中工期索赔的材料准备。各专业高级工程师负责配合计划工程师完成定期需要提交的各种计划报表材料，以及施工过程中由变更引起的工期索赔材料准备。

3.7.4 深化设计图的准备、送审和批复

工程开工后，机电分包的各专业高级工程师与协调工程师及计划工程师相互配合，确定图纸提交清单，制定一个包括图纸内容、数量、图纸送审日期的计划表，项目开展过程中根据图纸提交计划深化图纸，提审图纸。

为了配合施工计划的正常开展，深化图按以下优先级别准备和提审：各专业深化图→设备基础详图→综合图→结构预留洞图。

3.7.5 文件控制

机电分包拥有健全的文件控制体系建设制度，有严密的文件控制体系组织制度。

（1）文件控制中心

统一管理项目全部文件、资料，保证项目文件、资料流转渠道的唯一性及确定性，将

专业文件管理员配备到文件控制中心管理文件，大大提高了项目文件、资料的利用效率，同时保证了项目文件的完整性和安全性。

（2）文件传递

文件控制中心对文件进行分类、登记，及时将文件传递到文件的检查/审核者手中，并同时保证已经审核的文件备份保存在文件控制系统内。

3.7.6　质量管理

（1）建立质量控制组织机构

机电分包在项目上设立质量控制部门，配备两名质量工程师，在总部质量控制部的支持下主要管理项目质量。

（2）建立质量控制计划

项目开工前，编制质量控制计划提交监理工程师审批，然后将得到审批的质量控制计划应用于项目施工的全过程。

（3）质量控制的实施

质量控制过程与施工过程中深化设计、采购、施工、成本控制、设备安装及系统调试等环节同步开展。QC 工程师对机电工程施工按照下面的措施进行控制：①施工人员进场上岗工作前，由质量工程师考察其施工资格，再通过总承包审核控制，最后监理工程师把关，保证各岗位作业人员满足工程质量要求。②施工过程中，工序质量的控制是质量控制最基本的内容，其目的就是要发现已完成工序的偏差和分析影响该工序质量的因素，并消除影响因素，使工序质量控制在规范要求的一定范围内。项目质量工程师对不符合质量要求的行为有一定的处理权，保证项目的质量管理落到实处。③机电分包总部 QA 部门定期对项目进行检查，使之符合合同有关的条款，建立跟踪记录，保证所有的质量问题得到解决。

正是机电分包质量管理和质量控制有一套完整的体系，并且能落实到实处，所以CBK 项目的机电工程施工质量能得到保证，很少出现返工现象。

3.7.7　安全管理

机电分包项目部设置安全管理机构，备有两名专门的安全管理人员。机电分包在项目现场每周六早晨 7：30 都要召集所有参与现场施工的工人和工长的安全教育例会，每周四召集所有工程师和施工班长开展现场办公室安全例会。安全经理可根据现场安全文明实施情况，适当调整安全例会的次数。

3.7.8　合约管理

CBK 项目是以 FIDIC 合同条款为基础的合同。参与项目管理的各方都具有非常强烈的合同意识，对合同管理非常重视。施工合同全面详细，除各参与方权利与义务外，还尽可能详细地罗列了工作范围、规范和验收标准。施工过程中一旦遇到不甚明了的问题，各参与方人员首先想到的就是看合同。专业的管理公司和监理工程师总能在合同中找到有利于自己的条款。机电分包作为一个国际化的专业分包商，拥有相当水平的合约能力，除给项目上派遣 1 名合约工程师外，总部合约经理根据项目需要到项目检查和指导工作，进行必要的索赔和反索赔。现场合约工程师主要负责平时相关合约问题的信函来往，期中付款的提审材料准备，根据监理工程师发布的变更材料提交变更中与资金相关的部分内容。项目各专业高级工程师对接监理工程师、材料供应商技术人员负责项目进展过程中的部分信函来往，还要负责给项目现场合约工程师（QS）提供用于申请期中付款的已完成工程量，用于变更中索赔材料款的材料清单量，需要具备商务意识，对合同文件中相关各项内容有很深的理解，对材料清单（BOQ）中作业项包含的内容理解要非常清楚。

3.7.9 风险管理

风险管理一直是项目管理中的重点和难点问题，CBK 这样的大型工程项目周期长、规模大、涉及范围广、风险因素数量多且种类繁杂，致使其在全寿命周期内面临的风险多种多样。而且大量风险因素之间的内在关系错综复杂、各风险因素之间与外界交叉影响又使风险显示出多层次性。

在项目前期策划时，机电分包总部项目控制部门编制初期详细的风险评估报告，然后，总部控制部门选派 1 名合约工程师常驻项目，在项目实施过程中进行风险监测和风险控制。

为了规避风险或使风险损失最小，成本和计划预测还要通过综合的风险评估技术得到加强。

3.7.10 工程管理

机电工程分专业，各专业系统繁多，机电分包通过多级层次性的专业管理达到了项目高效的运行。专业管理是"高级工程师→（项目/现场）工程师→工长"逐层管理的，高级工程师主要负责技术协调和技术管理，并对整个专业负责，对项目工程师和现场工程师安排工作；项目工程师辅助高级工程师解决技术和深化图问题，现场工程师主要负责现场施工，上线接受高级工程师的安排，下线对工长安排工作，同时也是专业内部的联络员。高级工程师和项目工程师的主要工作在办公室，可集中精力进行设备采购、深化设计的技术工作和解决现场出现的疑难问题，是专家型的管理人员。现场工程师主要工作在现场，组织现场施工，并解决现场的一般性问题，对疑难问题提交高级工程师解决，对于高级工程师的指令及时落实到现场。组织机构图中有一个与专业管理并列的协调板块，主要工作是进行机电各专业间以及机电与结构、装修专业间的工作协调，协调内容包括综合图、预留洞图的制作、现场工程作业安装过程中遇见的需要两个以上专业间协调的安装问题。与专业板块工作性质不同，这个板块工作者是横向管理工作，对于 CBK 这样的大型智能施工承包项目至关重要，可避免由于各专业之间相互制约而影响工程进度。

值得说明的是，高级工程师和高级协调工程师不仅是行政上的管理者，而且主要是作为专业人员进行工作。这种形式要求高级工程师具有丰富的施工技术和施工管理经验，有一定的权威，不但能独立解决问题，还能带领团队完成工作。

3.7.11　工程采购

项目开工后，首先送审预留预埋的管件、管道等，保证材料及时到场，满足工程进度。项目根据材料送审、采购计划，依次送审有关的材料/设备资料，经监理工程师批复后实施采购。对于 CBK 这样复杂的大型工程，材料采购项目繁多，很多材料属于国际性采购，采购周期长。因此，建立了一个追踪系统，检测订单的循环批复、船运、现场接受等行动，1 周更新 1 次，包括保持对供应商组装、装配和试验的跟踪。机电分包公司在材料采购和材料管理方面应用了当前世界上比较先进的材料管理软件，对机电分包中心仓库的材料储备信息进行编码储存。现场工程师可以通过公司内部材料管理网站对仓库的材料种类和数量轻松检索，直接给中心仓库管理人员发送材料申请单，信息传递快，材料调用方便、快捷。

作为项目控制的一部分，建立了一个详细的 60d/90d 材料计划，任何调整和影响将提交项目经理，根据材料进场日期对项目各项工作做出调整。

由于采购体系和组织完整，材料/设备能及时到场，保证了施工进度。

3.7.12　机电工程管理分析

（1）管理特点

作为科威特当地具有国际水平的机电承包商，机电分包公司具有得天独厚的条件并有管理上的优势，其特点如下。

1）语言和人文环境与业主一致，在阿拉伯国家便于同各方协调。

2）公司拥有资源支持基地，储备有大量的技术人才、劳动力和机具。

3）公司总部在科威特，便于总部支持。

4）承包国际性工程较多，管理人员熟悉当地和欧美建筑工程法规和标准。

5）承包国际性工程较多，项目上合约人员在 FIDIC 条款下管理项目的经验较丰富，处理合约纠纷有经验。

6）制度合理，人员岗位与待遇挂钩，职工积极性较高。

7）有好的企业文化。各项工作形成流程，执行起来比较便利，如文件控制中心的文件传递流程。

8）组织机构设置合理，便于项目管理。例如，项目专设协调部门，便于解决专业间的问题。

9）拥有强有力的团队，团队的领导力和执行力较强。

10）关键技术岗位上人员素质较高，能独立解决本专业的技术难题。例如，各专业高级工程师拥有丰富的专业技术知识和处理专业问题的能力。

11）质量、安全管理相对独立，执行力较强。

12）管理严格，能严格执行有关的法律、法规和合同有关规定，在工程实施中，很少出现故意违反法规和合同，出现降低工程质量或偷工减料的行为。

（2）管理不足

在项目实施过程中，我们也发现机电分包一些不尽如人意的地方，主要表现为：

1）由于人员地域因素，工作效率相对较低。

2）为了追求降低成本，在人员配置上有些保守。例如，制图人员数量不足，送审图纸时经常重复出现类似的错误，一些设计变更不能及时地反映到图纸上；项目现场工程师多为近三年内的毕业生，经验稍微不足，经常出现现场与办公室的脱钩现象。

第4章 施 工 技 术

本工程在整个实施过程中，针对结构设计、结构优化、施工模拟、专项技术进行了科学、细致的技术工作，产生了多项技术创新，形成了多项具有代表意义的核心技术，这些核心技术的形成必将为中建总公司今后高端项目的实施提供有益的帮助。

项目部对项目过程中应用的各项技工程术进行了梳理和总结，其中既有对已有工程技术的改进，又有包含多项新材料、新工艺的新技术，具有代表性的有以下几种技术：

(1) 螺旋钢筋施工技术；

(2) 密肋板施工及快拆体系应用；

(3) 屋面种植区施工技术；

(4) 巨型钢结构安装技术；

(5) 开放式外墙干挂石材设计与施工技术；

(6) 背栓式半透明石材设计与安装技术；

(7) 架空地板与板下通风技术；

(8) 极热高温地区大体积筏板基础施工技术；

(9) 高温地区自密实高强混凝土施工技术；

(10) 地下室防水混凝土施工技术；

(11) 玻璃幕墙深化设计与施工技术。

除此之外，还有众多关键施工技术，下面将一一介绍。

4.1 螺旋钢筋施工技术

4.1.1 螺旋钢筋特点与适用范围

本项目包含一座人工金库与一座自动金库，安防要求极高。金库结构采用双墙、双顶板组成封闭式现浇内外金库结构。结构、建筑要求防爆、防冲击、防撞击及各种热破坏等。除去按照英美标准配置正常受力钢筋外，还特意加入螺旋钢筋垫作为构造钢筋。

螺旋钢筋垫为抵抗各种形式的攻击提供最大的可能性。通过科学设置在有高安防要求用房中的螺旋钢筋可以实现高防盗性能，比其他系统更大地提高了抵抗钻孔破坏的性能。交织在一起的螺旋钢筋与混凝土中的钢筋紧固在一起，能阻止大面积移除混凝土及钢筋，这种内部的锁定结构确保了整个钢筋混凝土结构的整体性。爆炸亦不能引起大面积混凝土的损坏，因为螺旋钢筋可以消除部分冲击荷载，以保证螺旋内部混凝土的完整性。其他特点如下：

（1）易于运输、装卸：由钢筋螺旋环编制成形状尺寸规则的 1m×2m 的钢筋网垫，更便于运输及安装过程中更好地装卸。

（2）钢筋的连续性：通过预先设计好的无一空缺的排列布置方式，有效地构筑完整的坚如磐石的高安防要求用房。

（3）装配简单：螺旋钢筋垫的适宜尺寸，使它们在现场排列安装更为简单，亦可节省高额的安装费用。

（4）混凝土浇筑顺畅：一般采用自密实混凝土，以保证混凝土的浇筑顺畅，实现混凝土的整体性。

随着科技的发展，对安防措施提出了更大的挑战。作为安防设防之一的螺旋钢筋被广泛应用于政府、金融、教育、资源、军队等部门。

4.1.2 工艺原理

螺旋钢筋垫由螺旋钢筋单元及构造钢筋构成（图 4.1-1）。螺旋钢筋单元是直径为12.7mm 的光圆钢筋经冷加工成螺旋状，利用螺旋单元的相互扭结，并通过竖向穿过螺旋钢筋单元的构造钢筋棍，把相邻的钢筋螺旋单元联结在一起，就构成了完整、稳固的钢筋垫。

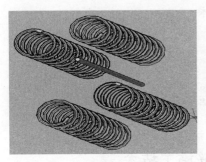 

图 4.1-1　螺旋钢筋垫 3D 示意图、螺旋单元示意图

螺距大小 表 4.1-1

类别	螺距(mm)	图示
1	90	
2	130	
3	190	

螺旋钢筋单元分为顺时针和逆时针两种，并可引用右手法则将螺旋钢筋单元的方向进行区分，以便在工厂加工时区分及保证除对角外相邻螺旋钢筋单元的方向不同，以便实现相邻螺旋之间的扭结。

安防等级及混凝土浇筑流畅与否决定了螺距的大小。螺距主要分为三类：

构造钢筋棍是与螺旋单元等长的直径为 12.7mm 的光圆钢筋。与螺旋单元连接的点焊位置由螺旋单元的长度决定，一般不少于两点。

其他构造要求：以双层螺旋钢筋垫为例，其构造如图 4.1-2 所示。

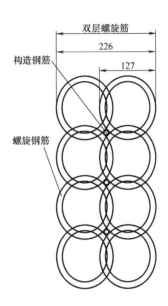

图 4.1-2　双层螺旋钢筋示意

（1）构造钢筋：由直径为 12.7mm 的钢筋构成，约1/2英寸，也称为 4 号钢筋。

（2）螺旋钢筋：由 12 号钢筋加工成螺旋状钢筋单元。

4.1.3　工艺流程以及操作要点

由于螺旋钢筋垫适用于高安全用房，并且具有单元性的特点，故其加工适合专业分包在加工厂进行预制；应由专业分包设计团队进行施工图设计；施工图包括平面布置图及细部节点图；平面布置图是根据螺旋钢筋垫的单元尺寸、构筑物及构件的尺寸、螺旋钢筋层数要求等合理进行平面布置，并对每个单元进行编号。

4.1.4　运输与存储

螺旋钢筋垫在运输及现场仓储时应注意防止压坏、变形及其他破坏。运输装箱时应按部位区分，并做好材料明细单。

螺旋钢筋垫在运至现场堆放时，下垫木方，防止与地面直接接触；当置于室外超过一周以上时，要做好防护遮蔽，防止雨淋。

螺旋钢筋垫出厂时已做好标签，标识出应用部位及编号（详见施工图编号原则）；到场后应分类就近堆放，并保护好其标签，以便后续铺设正确。

4.1.5　现场装配

严格按照施工图的布置方式及节点做法进行装配，具体装配要求如下：

1. 总体装配顺序

不含结构钢筋，但与结构钢筋的绑扎交叉进行，总体关系为水平结构先下后上；竖向结构先单侧外部结构钢筋，然后内部螺旋钢筋，后另一外侧结构钢筋，最终局部处理，如表4.1-2所示。

2. 装配要点

螺旋钢筋垫的装配要严格按照施工图中相应的编号进行，编号原则详见施工图设计。

螺旋钢筋垫在装配时，与水平结构钢筋间距不小于40mm；竖向墙体中不通配的部位，将其放置在马凳钢筋上。长向搭接长度为300mm；边侧搭接长度为70mm，并用直径10mm的钢筋契合相邻的螺旋单元进行锚固。

继续铺设上层螺旋钢筋垫，确保上层螺旋垫稳固并紧贴于下层螺旋垫上，可以通过控制上下两层相邻的螺旋搭接长度不少于60mm来控制。

螺旋钢筋装配顺序表   表4.1-2

序号	内容	图示
1	完成底部水平钢筋垫及竖向起步螺旋钢筋垫的铺设，相应节点要求及关系详见施工图部分	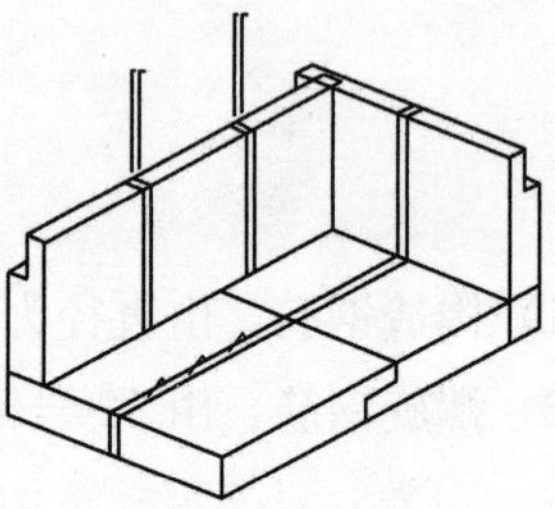
2	浇筑底部及导墙混凝土,继续完成竖向螺旋钢筋垫的铺设	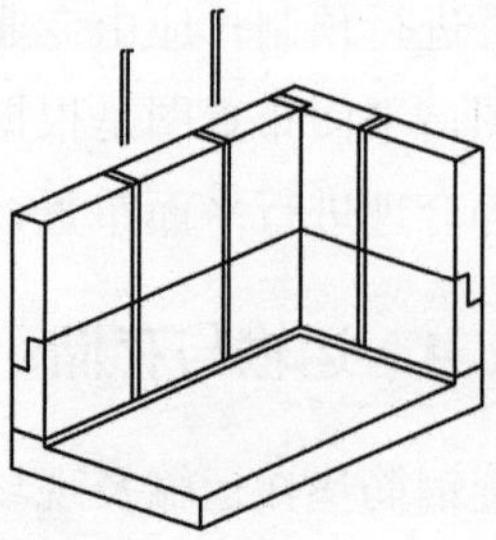

续表

序号	内容	图示
3	浇筑竖向墙体混凝土,继续完成上层水平结构螺旋钢筋垫的铺设	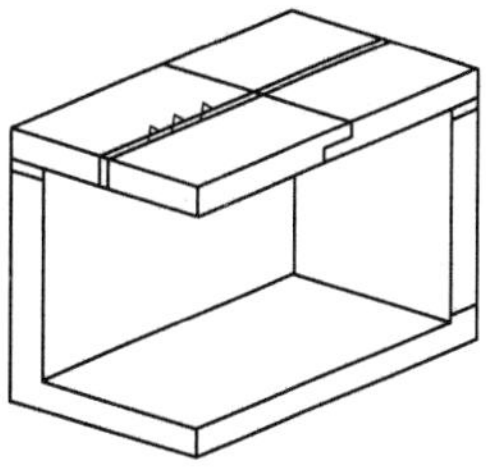
4	浇筑上层水平结构,若上层亦有螺旋钢筋,重复进行步骤 1 直至循环结束	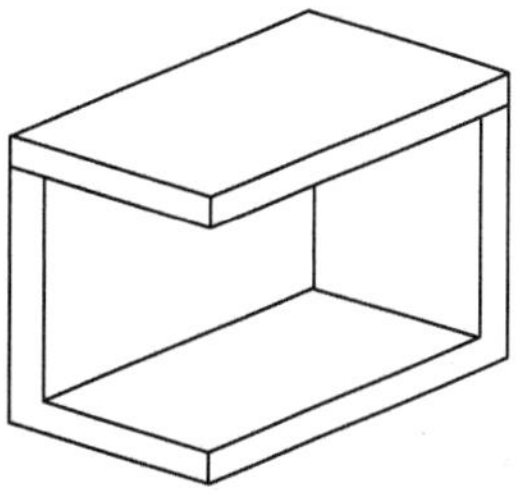

螺旋钢筋垫的锚固及搭接通过钢筋契合来实现,按照位置可分为螺旋单元端部及螺旋单元边缘两种,具体布置要求。

3. 螺旋端部锚固

端部锚固出现在垫端部施工缝处。由直径为 25mm 的钢筋贯穿模板来实现搭接及锚固要求。

4. 螺旋边缘锚固

边缘锚固出现在垫边缘施工缝处。遇此施工缝时,处理相对复杂,故应尽量避免留置在此处。因为若短向与模板面齐,浇筑混凝土后很难实现相邻螺旋的搭接锚固。标准做法为利用充气管带将此处的螺旋单元充满,封闭端部模板,浇筑混凝土,移除模板,将充气管带泄气并移除,剔除多余的混凝土,以实现相邻螺旋单元搭接 70mm 的要求。这种充气填充的方式经常用于屋面及墙体中。

在科威特中央银行项目中,在设计时就改为与端部锚固相同的做法。

竖向结构螺旋钢筋的铺设及构造要求与水平结构相同。当起步为非贯通时,用直径 16mm 的钢筋制作成马凳,作为起步筋。

竖向墙体与水平结构交接处:结构钢筋应穿过螺旋钢筋垫,虽然结构钢筋直径及间距增加了穿过的难度,可以现场对其进行修剪,尽可能保证最终螺旋结构的整体性及封闭性。在切割调整后,要对松动的螺旋单元进行焊接加固处理。

因螺旋钢筋垫为工厂预制单元构件,其尺寸不可能完全满足现场要求。其偏差可以通过控制边缘搭接来实现，边缘搭接要求为 70mm，可以根据现场实际情况增加或减少，以消除加工误差。

当遇到柱、洞口、设备基础等障碍时，可以对螺旋钢筋垫进行适当的切割处理，在切割后要对松动的螺旋单元进行焊接加固处理。

5. 机具设备

用于装配的机械设备主要有塔式起重机、汽车式起重机、叉车、氧气乙炔焊、切割机。这些设备只用于吊装、倒运、就位及局部处理。

4.1.6 验收与质量控制

（1）防止污染：在材料码放过程中，严格把关，做好防雨、防污染措施；

（2）在装置过程中，做好过程检查，严格按照施工布置图相应构件标签进行就位安装；控制搭接长度，短向 70mm，长向 300mm；检查控制契合钢筋棍及锚固钢筋的放置；

（3）控制关键节点的锚固，水平与竖向墙体的锚固搭接，当竖向钢筋很难贯穿螺旋垫时，利用单独的螺旋单元将竖向钢筋与螺旋垫紧密连接在一起；

（4）检查水平螺旋垫与结构钢筋的间距，水平螺旋钢筋应在结构底部钢筋之上 40mm（此项要求因设计而定，此标准是考虑螺旋钢筋的保护层）；

（5）严格控制施工缝处锚固钢筋的留置，并检查浇筑后施工缝的处理；严格检查局部切割处理部位，保证按要求对松动的螺旋单元进行加固处理；

（6）在铺设好的钢筋垫作业时，应用脚手板作为人员通道，对成品进行保护；完成检验记录，上报监理，以完成验收，进入下道工序。

4.2 密肋板施工及快拆体系应用

4.2.1 密肋板工程概况

钢筋混凝土现浇密肋楼板在海湾国家公共场合得以广泛应用，特别适用于停车场、商场、仓库、学校、图书馆等建筑。CBK 项目的职员停车场全部采用密肋楼板（图 4.2-1）。停车楼共 8 层，单层建筑面积 $4500m^2$，累计建筑面积 $36000m^2$。结构设计采用柱帽密肋板形式（无框架梁），柱间跨度 9m，柱帽尺寸 3600mm×3600mm×350mm。标准层高度 3m，净空高度达 2.65m，空间利用非常合理。由相应规格的模壳来施工密肋梁板，最大限度地实现楼层的净空高度及跨度（图 4.2-2）。

密肋梁板施工必须使用标准模壳，可以加快模壳的周转，保证施工质量和经济性，故快拆体系投入使用至关重要。

4.2.2 快拆体系组成与原理

快拆体系：配置和模壳配套的标准支撑体系（图 4.2-3），在混凝土浇筑后 3～5d，拆

图 4.2-1　密肋楼板

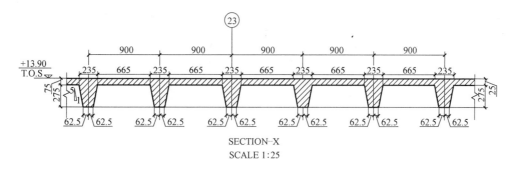

SECTION-X
SCALE 1:25

图 4.2-2　密肋楼板的几何示意

除模壳、支撑主支撑架、次支撑架，仅保留部分立柱作为支撑。而按英美标准的要求，该类结构普通模板拆模需要在 15d 后。

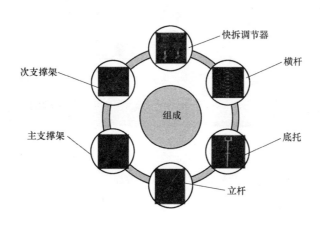

图 4.2-3　快拆体系组成

1. 脚手架及其辅助件

立杆、底托、横杆组成了整个支撑体系。考虑标准化、通用化、易组装、拆卸要求，普通碗口式脚手架即可。配有可调节底托，来满足楼层高度调整需要。横杆双向连接，与模壳配套（一般是1.8m）。

2. 快拆支撑调节器

快拆系统关键部位是早拆支撑调节器（drophead），如图4.2-4所示。

图4.2-4 快拆支撑调节器

快拆原理：拆模时，直接敲击调节器中央挡板的榫头，榫头的中央托板掉落，主支撑架（deckbeam）自然下落松动，随即拆除次支撑架（InfillBeam），以达到快速拆除模壳的目的（图4.2-5）。支撑状态时，榫头处于受力状态。下部是丝扣调节配螺母，可调整高度，达到拟定标高。

1(松动主支撑架) ⟹ 2(拆除次支撑架) ⟹ 3(拆除主支撑架和模壳)

图4.2-5 拆除流程

3. 其他材料

（1）主支撑架尺寸1800mm×150mm×120mm，钢板组合制成方形，接受次支撑架荷载，置于立杆的快拆调节器的中央托板上。

（2）次支撑架尺寸 1800mm×150mm×80mm，铁板制作，接受模壳荷载，直接置于主支撑架上。

4.2.3　模壳及快拆系统的施工工艺

1. 放线立杆

测量定位，确定密肋梁的位置，梁位置对应摆放立杆，搭设脚手架。

2. 布置快拆系统

搭设脚手架、调节底托、主次支撑架、快拆装置头等形成稳定结构。在脚手架上部先安装快拆支撑调节器，放置主、次支撑架。柱帽底部使用工字钢与木方结合加固支撑（图4.2-6）。浇筑前，布置剪刀斜向支撑进行加固。

图 4.2-6　支撑加固方式

3. 铺设模壳

模壳的排列均由中间向两边安放，以减少边肋的累计误差。需检查模壳是否平整、密实，局部拼缝用胶带纸粘贴，以避免模板漏浆。

模壳窄边相对布置，且布置在主支撑架上方，2 个模壳窄边中间布置一个调节木板，形成一个整体肋宽。以 CBK 项目为例，窄边 37.5mm，肋宽 125mm，放 50mm 的调节木板。模壳拆除后，调节板仍被立杆顶住。施工过程示意如图 4.2-7 所示。

图 4.2-7　施工过程示意

4. 布设钢筋

钢筋的铺设顺序为先铺设柱帽及边梁，然后铺设梁肋，后铺设板筋。钢筋的绑扎、型号、规格、根数、间距、位置应按照规定执行，注意控制钢筋保护层及楼板的平整度。

5. 混凝土浇筑与养护

浇筑布料应垂直于肋梁进行，以消除"爬模"现象。先将梁肋内的混凝土浇平至板底，然后一次浇平板面，同时用插入式振捣器及时振捣，以保证混凝土密实，随后找平抹光。现场养护方法为混凝土表面浇水养护。混凝土浇捣 24h 后，施工人员方可进入。

6. GRPWaffle 模壳的拆除

拆除模壳的方法十分简单，在拆除主、次支撑架后，利用空气压缩机通过模壳中心接头，鼓入空气，使其自然脱落。

4.2.4 施工注意事项

（1）脚手架要做设计验算，并按验算后的方案搭设。

（2）模壳、脚手架的铺设必须紧密，形成严密构架。

（3）不使用破损的模壳，保证模壳表面无异物、油污、残留混凝土等杂物，否则在拆模后，混凝土表面观感不好。施工期间应当加强管理，轻拿轻放，减少损耗。模壳也可以批腻子修补。

（4）注意与机电管线预埋的协调问题，密肋部位不宜放置过多管线，预留孔洞加强筋的设置注意满足混凝土保护层。

（5）注意检查模壳摆放方向，由于 CBK 项目模壳根据快拆系统特制，其三面边缘尺寸大于一面边缘尺寸，摆放过程中极易出现方位偏转状况。

4.2.5 快拆体系的优点

（1）投入经济合理，减少了模壳、模板、周转脚手架的投入。

（2）质量良好，脱模后几何尺寸规则、外形美观，后期装修直接涂料处理即可，另据测试，密肋板的每个凹槽还能起到吸声作用。

（3）施工方便铺设、拆除、脱模简单，易于操作，技术简单。

4.3 屋面种植区施工技术

4.3.1 种植屋面做法

种植屋面的建筑做法为（从上到下）：种植土、土工布过滤层、砂砾过滤层、刚性保护层、APP 防水卷材、水泥砂浆层、轻质混凝土找坡层、基层洞口处理，如图 4.3-1 所示。

种植屋面防水采用热粘满铺法施工，防水材料采用 APP 改性沥青防水卷材。

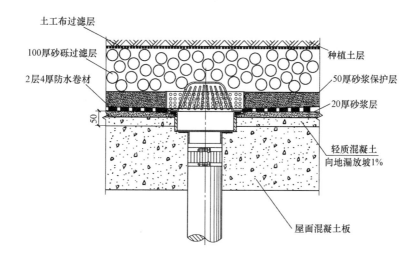

土工布过滤层

100厚砂砾过滤层

2层4厚防水卷材

50

种植土层

50厚砂浆保护层

20厚砂浆层

轻质混凝土
向地漏放坡1%

屋面混凝土板

图 4.3-1　种植屋面构造剖面

4.3.2　屋面洞口封堵及处理

种植屋面结构楼板施工完毕后，场地清理干净，屋面通风洞口留设及灌溉水管预埋套管、地漏安装完毕，并由机电工程师验收合格。

1. 地漏洞口处理

地漏洞口封堵之前，要将地漏洞口周边混凝土基层凿毛（通常每边扩展 10～15cm）。要先检查地漏标高并验收合格后，用水湿润并清除浮浆，在地漏四周放置补强钢筋，固定底部模板，采用水灰比 0.15：1 的 ConbextraBB80 水泥浆对地漏进行灌浆（图 4.3-2）。

2. 出屋面水管洞口处理

机电分包应按照图纸所示出屋面水管的位置安装水管，并由机电工程师验收合格。出

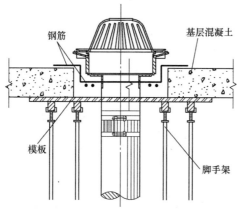

钢筋

基层混凝土

模板

脚手架

图 4.3-2　地漏模板安装及灌浆

屋面水管洞口封堵施工同地漏处洞口封堵，不过需在出屋面水管根部围绕水管做150mm高的混凝土台，有利于固定水管，便于防水卷材的施工及收口，防止渗漏。

4.3.3 找坡层施工

1. 施工流程

基层修补、补洞处理→做灰饼、冲筋→轻质混凝土找坡施工→水泥砂浆找平。

2. 基层处理

将屋面结构上的落地灰及其他所有杂物清理干净，检查基层平整度，基层应尽量平缓。采用 RENDEROCBF2LIQUID 和 RENDEROCHS 以 1∶3 混合均匀的水泥浆修补有缺陷的混凝土基层及泛水根部。

3. 灰饼与冲筋

按照屋面平面图所示放坡方向，以地漏为中心沿放坡方向放置 100mm×100mm 的泡沫塑料及 50mm×20mm 厚的方钢，测量人员根据水平控制线及图纸所示标高，通过增加或减少调节泡沫塑料厚度的方式来调整方钢的标高。标高校核完成后，用干硬水泥砂浆在泡沫塑料周围做灰饼固定方钢。

4. 轻质混凝土施工

标高经土建工程师验收合格后，才能施工轻质混凝土，地漏要用细密的钢丝网罩罩住，避免混凝土进入地漏。施工时应注意脚下不能碰触或踩踏灰饼及冲筋，用木抹子将轻质混凝土刮平，混凝土应与方钢下缘平齐。

5. 水泥砂浆罩面

轻质混凝土凝固后，须重新检查方钢标高，标高校核完成后，水泥砂浆才能施工，水泥砂浆配合比为 1∶3，操作时先在两方钢之间均匀地铺上砂浆，比冲筋面略高，然后用刮尺以方钢为准刮平、拍实，待表面水分稍干后，用木抹子打磨，要求把砂眼、凹坑、脚印打磨掉，水泥砂浆初凝前将方钢取出，用相同配合比的水泥砂浆补平，用铁抹子抹压第2遍，要求不漏压，做到压实、压光，凹坑、砂眼和脚印都要填补压平。

6. 地漏节点处理

地漏找坡层面层应对准地漏排水口，地漏排水口与找坡层交接位置应平滑、顺畅，不得有积水。

7. 养护

水泥砂浆找坡层抹平压实后，常温时在 24h 后覆盖塑料薄膜浇水养护，每天不少于2次，养护时间一般不少于 7d。

4.3.4 防水卷材施工

1. 施工流程

基层处理→基层处理剂施工→防水卷材施工→蓄水试验。

2. 基层处理

基层清理及修补基层处理剂施工前，要将基层的砂粒、浮灰、垃圾、油污清理干净，如施工区域扬尘、风沙较多时，须反复清理，并用吸尘器、空气压缩机等加强清理，基层必须平整、牢固、无棱角、空鼓、松动、起砂、蜂窝、脱皮、积水等现象。

节点处理出屋面的构筑物（泛水、风管洞口）及灌溉水管基础要将混凝土打磨光滑，用配合比为 1∶3 的 FOSROC 材料修补混凝土上的蜂窝及麻面，其与找坡层交界处采用配合比为 1∶2.5 的水泥砂浆做 50mm×50mm 的倒角，转角处应抹成圆角。

3. 基层处理剂施工

基层处理剂施工时基层必须干燥，没有明水。屋面防水采用满贴法施工，防水卷材下面区域包括泛水、灌溉水管根部的混凝土台、灌溉水管预留套管等均须涂刷基层处理剂，涂刷基层处理剂时宜向一个方向进行，要用力薄涂，使其渗透到基层毛细孔中，待溶剂挥发后，基层表面形成一层很薄的薄膜牢固粘附在基层表面，不可漏涂。基层处理剂厚度一般为 1.5mm（0.2～0.3kg/m²），要求厚薄均匀，不漏底、不堆积，自然风干至指触不粘，施工完毕后要采取适当的防护措施，不得过多踩踏已完工的涂膜。

4. 防水卷材施工

APP 改性沥青防水卷材采用热熔法施工，即采用火焰加热器（喷枪）熔化热熔型卷材底层的热熔胶进行粘结的施工方法。具体做法为：用火焰喷枪烘烤 4mm 厚改性沥青卷材的底面，使其与基层粘结牢固，应注意调节火焰的温度和移动速度，使卷材表面的沥青熔化温度控制在 200～300℃，不要烧穿卷材。

（1）细部处理

基层处理剂干燥后，首先要对地漏及灌溉水管预留管等位置进行加强处理，切取小块 APP 改性沥青防水卷材，将其放在地漏及灌溉水管预留套管边缘，用火焰喷射器烘烤至变软熔化，用抹子将其反复压实磨平，使其在地漏及灌溉水管预留套管与基层交接位置形成一层均匀的沥青加强层。

（2）防水卷材铺贴施工

确定卷材铺贴顺序和铺贴方向，铺贴顺序为同一平面内从低处开始铺贴，先铺贴屋面层后铺贴泛水，铺贴方向为屋面长度方向，排尺定位，确定好卷材的幅数，然后铺贴卷材。

5. 蓄水试验

先用防水卷材将地漏密闭，然后向试水区域蓄水，蓄水深度≥250mm，蓄水时间≥48h，检查是否有渗漏部位。

4.3.5　保护层施工

蓄水试验完成后应尽快进行防水保护层施工，在地漏四边 500mm 处放置木方，以地漏为中心按照找坡方向放置截面为 50mm×50mm 的方钢，将木方及方钢用干硬水泥砂浆固定好，采用配合比为 1∶2.5 的水泥砂浆做 50mm 厚的防水保护层。操作方法同水泥砂浆找坡层施工方法相同，面层抹压完24h后覆盖塑料。

4.3.6 质量控制标准

（1）地漏位置及标高必须准确，地漏灌浆必须密实、牢固，轻质混凝土及水泥砂浆施工时，要将地漏用细密的钢丝网罩罩住，不要踩踏、碰触地漏。

（2）基层处理剂施工前，基层必须干燥、干净，出屋面构筑物根部须做50mm×50mm的倒角，出屋面水管根部须做150mm高的混凝土台。

（3）基层处理剂涂抹要厚薄均匀，不漏底、不堆积，完成后要采取保护措施，禁止过多踩踏。

（4）铺贴防水卷材时要注意烘烤温度和时间，不要烧穿卷材，保证卷材与基层粘结牢固，没有空鼓、气泡，卷材搭接尺寸要准确，上、下两层卷材须错缝铺贴，卷材接缝要严密、可靠，不得有褶皱、翘边和封口不严的缺陷，接缝处要有沥青条挤出。

（5）对卷材收头、封口部位进行密封处理，先用火焰喷枪烘烤外露的卷材边缘，再用抹子抹出平滑的过渡边。出屋面水管及灌溉水管预留管周边卷材收口处需用CIM1000做密封处理。

4.4 巨型钢结构安装技术

4.4.1 钢结构概况

本项目主体结构由混凝土核心筒、剪力墙与钢管斜肋柱和楼面钢梁组成，塔楼楼板为混凝土压型钢板复合板。混凝土核心筒和剪力墙布置在东南和西南侧；北立面为斜肋柱，由直径800mm且不同壁厚的钢管交叉成网状，与水平面呈81.92°倾角。裙房建筑也采用了很多高空间、大跨度的钢结构桁架和门式桁架，在塔楼的5～7层悬挑出25.45m（北侧）和10.25m（后）、高达10.1m的巨型桁架结构（内浇混凝土，强度等级为K800）。另外，还有一些屋面、雨篷，以及一些配合装修的次要钢结构。合同用钢量约为8000t，实际用钢量达到约10000t。其主要结构布置如图4.4-1、图4.4-2所示。

4.4.2 施工部署

以斜肋柱和楼面梁的安装为主线，配合混凝土核心筒和剪力墙的进度推进，计划为每7天施工1层；桁架等结构安装要配合主体结构的安装要求和进度插入，在不影响主体结构施工的前提下尽早完成；其他钢结构在保证前面两项工作的前提下推进，以不影响其他工作的开展为前提。平面上，将塔楼的两翼分为两个施工段，由两组队伍分别施工，总体工序如图4.4-3所示。

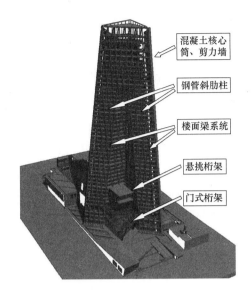

图 4.4-1　主体结构示意图

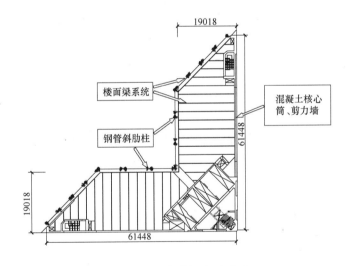

图 4.4-2　塔楼标准层平面

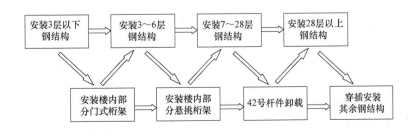

图 4.4-3　钢结构安装总体工序流水示意

4.4.3 主要安装工艺

1. 钢结构预埋件安装

钢结构预埋件是整体结构协同作用的关键部件，也是钢结构安装的重要基础；而本工程混凝土结构的复杂性又给埋件的安装增加了很多难度。本工程预埋件大致可分为地脚螺栓和墙体预埋件两类。地脚螺栓包括：斜肋柱预埋件，入口大厅门式桁架预埋件，TC柱埋件，LTC柱埋件等。墙体预埋件为楼层梁安装用预埋件。

土建结构底板或墙体钢筋作业基本完成后安装钢结构预埋件，安装时采用三维坐标。从项目规定基准点就近预埋件位置引伸测量点进行定位。在测量墙体预埋件时，需要设置全站仪固定临时平台，以确保测量引入点的精确性。埋件定位后需要采取必要的加固措施，以防止后续混凝土施工对定位精确性的干扰。

2. 斜肋柱和楼面梁施工

安装工序如图 4.4-4 所示。

3. 焊接工艺质量控制

焊接质量控制主要为：仰焊、厚板焊接的焊接过程质量控制和全部焊缝的外观成型质量控制，严格按照现场实际情况确定焊接形式，以及焊接工艺评定报告中的相关参数进行。

4. 测量纠偏

测量偏差的主要原因为：测量依据误差，测量操作偏差和测量体系偏差以及构件调整后对其他构件影响偏差等。对于不同的误差，根据误差产生的原因进行误差修正。

5. 临时固定和操作平台

根据施工详图设计，钢管斜肋柱的临时固定主要靠临时耳板＋高强度螺栓解决。实际安装中，开始几节增加了缆风绳以加强稳定性，待基本形成一个部分完整的结构体系后，才进入正常方案。

4.4.4 钢结构安装与混凝土施工配合

由于本工程混凝土核心筒剪力墙不是全部闭合的筒体，而是沿 90°伸出两翼，并有楼梯间在两翼末端。所以，混凝土结构不能承担全部水平力，需要钢结构的辅助。因而混凝土施工与钢结构安装要在进度上严密配合，根据计算，已经完成全部钢结构安装并完成楼板打灰的楼层与正在进行两翼混凝土施工的差距不能超过 10 层。

但是，因为工序和操作空间的要求，最紧凑的安排就是 8～10 层。因此，钢结构安装与混凝土结构施工之间的配合至关重要，任何一步工作的延误都会产生连锁反应，以至于影响到整个工程进度。

4.4.5 超重构件吊装

因为项目投标和开工准备阶段钢结构图纸还仅是概念设计，钢结构分包进场后进行了

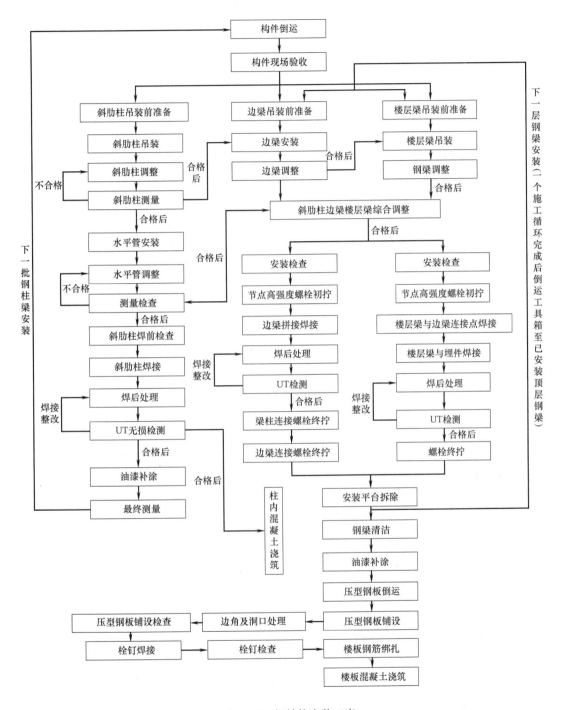

图 4.4-4　钢结构安装工序

全部的结构计算和详细设计,最终的结果是构件质量远超过原来预计的情况,初步发现有 9 根超过了塔式起重机的提升能力,后经进一步优化设计和采取减重措施,还有 5 根构件超重。

本工程场地狭小，起重量合适的汽车式起重机（250～300t）无法开进现场；因为语言问题，国外人员参与起吊工作沟通协调困难，也无法采取双机抬吊的措施；场区外距离比较远，还有的要翻过已经施工到很高位置的混凝土剪力墙。诸多因素影响着方案的选择。根据现场实际情况以及构件特点和位置，采用下部第 3 节和第 6 节采取大型履带式起重机（750t）场外吊装，上部 9 节和 12 节采取肢解构件牛腿端部现场焊接方式解决吊装问题。

4.4.6　裙房桁架安装

裙房桁架包含几种类型的结构形式：普通框架、简支桁架、L 形桁架和门式桁架。跨度 21.900m，最大标高 36.257m，而且在入口大堂处还有一个悬挑 13.820m 的造型。该结构基本是外露的结构，且有一个向下的坡度，安装精度要求高；每榀桁架是平面结构，通过杆件逐榀相连形成立体和稳定的结构，安装次序很重要。

钢结构安装最初方案是单榀安装，用脚手架等临时固定，安全问题比较大。实际安装时，将桁架 2 榀 1 组组成自身稳定结构，先安装立杆再安装横梁，效果很好。

根据总体部署，要优先保证塔楼钢结构的安装进度，还要在其上部的礼堂悬挑桁架安装前完成，以避免将来起吊通道被遮盖。实际操作中，位于塔楼内部的桁架跟随塔楼钢结构的安装进度完成，塔楼外部的桁架基本穿插于悬挑桁架的安装过程中完成。其中，金库上方的 2 榀桁架因为塔式起重机的影响没有安装，在礼堂楼面上留洞，放置提升倒链等设备，以备以后安装使用。

4.4.7　悬挑桁架安装

悬挑桁架悬挑于 45.500m 的高空，伸出近 26m，给人以很大的视觉冲击，但这也是本工程的难点之一。由于塔式起重机起重能力和场地的制约，只能采取高空散拼的方式安装。经过仔细分析对比后，决定采用塔楼内部分桁架小散件安装、塔楼外部分大散件安装的方案，既保证了工程进度，又减少了高空作业时间。

4.4.8　D42 号杆件安装及结构卸载

42 号杆件是悬挑桁架的一个重要杆件，承担塔楼 7 层以上部分斜肋柱的荷载，上部荷载经它通过桁架结构及其支撑系统传递给基础。由于悬挑桁架的插入，打破了斜肋柱体系的结构完整性，所以，42 号杆件的安装十分重要。

由于 42 号杆件跨度较大（总计长 19.090m），而且在整个结构体系没有完整成型前承担着较大荷载，同时考虑施工可行性问题，设置了临时支撑桁架用于其安装。根据结构计算和施工验算，当结构达到 28 层时才能拆除这个临时支撑（结构卸载）。

4.4.9　经验和总结

1. 标准与规范

国外工程大多采用英美规范，钢结构部分主要是美国的 ASTM 及 AWS 等，熟悉和掌握这些规范是做好工程的保障。在这些标准中，关于质量的要求、关于检测的标准和手段等，应该是学习重点。另外，对属于建筑装饰部分的钢结构也有相关规范参照执行，相对应规范主要为 SSPC 油漆涂装系列和 ASTME119、ASTME605、ASTME736、AST-ME761、ASTME759、ASTME760 等防火涂料系列。

2. 程序与控制

大多数人对国际承包工程都有体会，即很注重工作程序。参与国际工程的竞争，就得学会和掌握它，使我们的工作完全处于受控状态。具体到钢结构的工作程序，主要有：施工准备阶段的报批程序，施工阶段的检测程序（ITP），施工阶段的验收程序等。其中，ITP 是一个非常重要的工作程序，它是承包商根据规范要求和自己公司的工作程序编制的，要经过工程师的审批。如何编制 ITP，使其既能满足合同规范要求又能加快工程进度，保护承包商的利益，需要认真研究和谨慎处理。此项目除了钢结构外，玻璃幕墙、石材和电梯的分包都会涉及 ITP，要认真研究借鉴。

3. 方案的协调

钢结构工程一般要由承包商做深化设计（本工程更是向上延伸到了结构分析和计算），如何考虑施工方案，深化细节的研究，并且提出比较具体的要求反映到深化设计中，实现省工、省料的目的，这是充分发挥掌控深化设计优势的地方。

在本项目中有一些比较成功的经验，如构件分段的考虑、节点构造的考虑等，都与施工结合较好。但是，也有协调不够的地方，如斜肋柱的焊接部位相对于结构层标高，当时考虑了焊接操作的高度问题（站在楼板上 1.3m），并以此为依据确定了柱分段的位置。而实际安装中，并没有利用楼板或楼面梁作为平台操作，另外搭设了平台。这样，操作就不是在一个很舒服的高度上进行，而且焊缝位置又处于一个容易看见的部位，需要特殊打磨处理。

4. 方案对进度的影响

前面在斜肋柱安装问题中提到，综合各种要求和制约因素，钢结构的安装与混凝土结构的施工保持了 10 层的差距。其中，有一个因素是在钢结构安装本身：在梁上搭设脚手架用于上层边梁的安装和焊接。带来的问题是，尽管本层楼面梁安装已完成，但是，因为脚手架的存在而不能进行压型钢板的铺设和混凝土施工；因为此层楼板没有全部完成而影响到最上面的剪力墙施工；因为吊升空间的要求，斜肋柱的吊装必须等剪力墙混凝土浇筑完毕，模板提升了两层后才能进行，所以最终又影响到钢结构的安装。我们一直建议，研究采用悬挂式或靠斜肋柱支撑的操作平台方案，以消除这一因素对进度的影响，而且也能减少支拆脚手架的人工费，但始终没有比较理想的方案。这要在以后的类似工程中妥善解决。

4.5 开放式外墙干挂石材设计与施工技术

4.5.1 工程概况

本项目外墙除西北面为玻璃幕墙外，其他部位、包含裙房等建筑均以具有阿拉伯风味的土黄色（MocaCream）石材饰面为主；石材采用开放式干挂石材，石材固定方式为背栓式，石材幕墙面积约 45000m²。

4.5.2 开放式干挂石材幕墙的特点

1. CBK 工程外墙石材幕墙的基本构造

开放式干挂石材幕墙，即石材板块之间不打胶勾缝（openjoints），石材板块背后留一定宽度的空隙，石材背后的空气能自由流通。

2. 开缝石材幕墙的防水考虑

石材板面，绝大部分为竖向，能挡住大部分雨水的侵入。本工程取板缝为 10mm，也就避免了雨水的流入。即使在风的作用下有少量的雨水侵入，也会顺空腔层向下排，不会侵入室内。

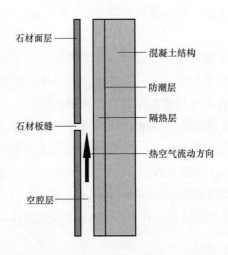

石材面层 —— 混凝土结构

—— 防潮层

—— 隔热层

石材板缝 ——

—— 热空气流动方向

空腔层 ——

图 4.5-1　外墙干挂石材构造

外墙防水的第二道防线是在混凝土结构墙上涂刷一层 1.2mm 厚的乳化橡胶改性沥青，在窗口的上下沿（窗楣、窗台石材均为开缝，会有雨水侵入）设置披水板，将雨水排到保温层以外的空腔。

防水层兼作防潮层、隔气层，防止在潮湿天气情况下，由于内外温差形成的冷凝水侵入室内。

3. 开缝石材幕墙的保温与隔热

隔热层为聚苯乙烯挤塑板，厚度为 75mm，表观密度为 34kg/m²，热传导系数为 0.032W/（m·k）。挤塑板用胀塞固定到混凝土墙上。板缝为企口，板与板紧密地靠在一起。为尽量地减少冷桥，石材支撑系统的主龙骨（没有次龙骨）布置在隔热层外，仅有固定主龙骨的固定件（截面 6mm×200mm）穿过隔热层。固定件周围要用挤塑板塞严。

采用开放式干挂石材的一大优点是，石材起到了遮阳板的作用。由于石材与隔热层之间的空腔通过板缝与外界相连；这样，当太阳照射时，石材板面吸收的热量不会像传统的干挂石材集聚在封闭的空腔内，向内层传导，而是通过空腔形成的"烟囱"将热量排出去，从而节约了空调能源。另外，由于采用开放的构造，石材背后的潮气可以很快排出，从而减少对保温性能的影响，还可以延长保温层的寿命。

4.5.3 开缝石材幕墙的受力性能

开放式干挂石材，采用背栓式固定件（锚栓）。本工程采用 GSEngineering 生产的 GSE 锚栓，嵌入石材的方式如图 4.5-2。它是采用专门的工具钻孔、扩孔、锚栓植入过程完成的。通过类似于拉锚工具的原理，锚栓的套筒在锚杆受拉的情况下永久变形，卡在扩孔形成的凹槽内。不同于一般的膨胀螺栓，GSE 植入后与钻孔有一定的间隙，可以自由旋转，不对孔壁施加预应力（不挤压石材）。

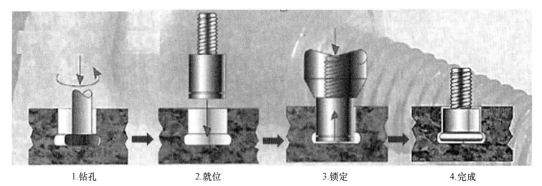

1.钻孔   2.就位   3.锁定   4.完成

图 4.5-2 背栓式固定

相对于销栓式固定件，通过背栓式紧固件固定的石材比较美观，在板缝开放且不勾缝时，从石材外表面看不到紧固件。由于背栓式固定件固定在石材的背面，而不是固定在石材的边沿，减少了侧向受力跨度（如图 4.5-3）。从而在相同建筑要求下，降低了对石材力学性能的要求，使建筑设计人员对材料选择的范围扩大了。本工程固定锚栓布置如图 4.5-3 所示，从长方向上来讲，跨度减少到原来的 56%，对材料的抗弯强度允许值减少到原来的 31%。除了减少板材支撑跨度外，专门生产锚栓的飞鱼公司，通过试验证明，采用其生产的该种背栓，相对于普通销栓，其抗拔能力可提高 2～7 倍。

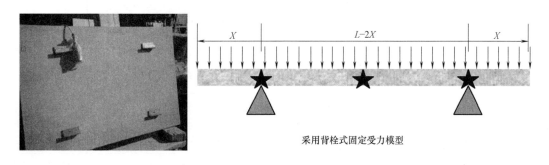

采用背栓式固定受力模型

图 4.5-3 背栓式受力

4.5.4 支撑系统

1. 支撑系统设计

开放式干挂石材的支撑系统已有定型产品，但 CBK 工程采用的是非定型产品，系统由主龙骨固定件、主龙骨、石材支托（无次龙骨）、石材挂件和背栓组成。除背栓材质为不锈钢外，其他构件均为钢板冷弯成型，热镀锌处理。不锈钢与镀锌铁构件之间加尼龙垫片，防止电化学反应。

2. 支撑系统的变形

干挂石材系统构造要满足两个要求：

一是系统不受结构变形的影响。当结构受到沉降、混凝土蠕变、温度变化、湿度变化以及风载和地震荷载均会产生结构变形。该工程支撑系统无水平龙骨，因此不会受到结构水平变形的影响。竖向龙骨按层分段，也就是层间变形对竖向龙骨有影响；而竖向龙骨与龙骨固定件在竖向都是长圆孔，因此在竖向龙骨对结构无约束，结构变形也就不影响竖向龙骨（图 4.5-4）。

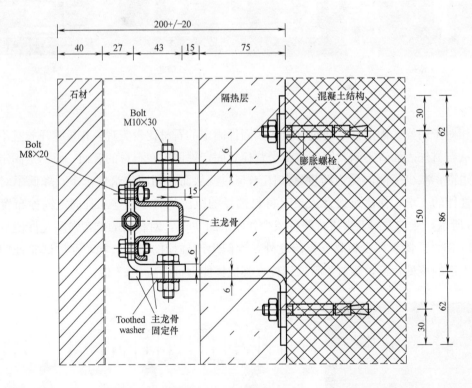

图 4.5-4　竖向龙骨断面

二是系统内部变形要协调或无约束。石材系统的变形主要是温度变形。石材是通过上面两个挂件悬挂于支托上的，石材可以在板面平面内自由变形，不受竖向龙骨的约束，因此不会对挂件、龙骨施加力。石材板缝宽 10mm，经计算在 100℃温差下，石材的变形量仅为 0.9mm，因此板块相互之间不受约束。竖向龙骨在 100℃温差下，最大变形为 3.6mm，也不超过 10mm，因此石材板块之间也不会造成挤压。

4.5.5 质量控制措施

本工程采用的石材为石灰石（limestone），石灰石是一种强度比较低（该工程选用的石材 LEV 仅为 2.135MPa）的石材，据说用在高层建筑上还没有先例。另外，该工程石材厚度也比较薄，板块也比较大，原设计比较保守，没有考虑风压的折减。虽然经过验算，该工程选用的石材满足使用要求，但实际上还是采取了比较保守的质量控制措施。

首先，由于现场进场的石材没有满足最初的实际强度期望值，现场重新进行了取样，以确定新的强度值作为设计依据。取样按每 500m² 取一组（规范要求 10 组以上即可），因此代表性较强。原设计采用试验

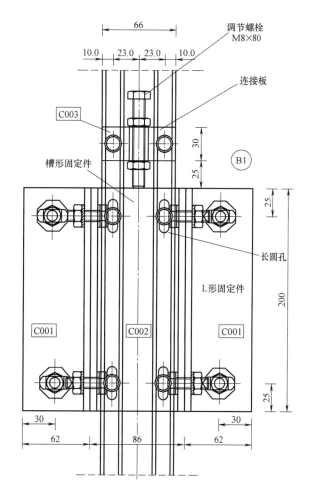

图 4.5-5 主龙骨调节螺栓

强度统计平均值的 1/6 作为材料强度允许值（ASTM1242-05），现改采用较为科学的最低期望值的 1/3 作为强度允许值（BS 8298）。强度允许值还采用试件在潮湿状态下的试验结果。

其次，为验证石材系统在设计风载作用下的表现效果，委托第三方做了模拟试验（fullpaneltest）。板材从现场随机抽取，支撑系统采用现场的支撑系统，测试采用 ACTM1201（91）测试方法。

再次，对已到厂的石材逐一进行荷载试验（proof test），即以 LEV 作为检验底线，通过试验则使用，否则抛弃不用。对正在加工的石材，加强质量控制。委托第三方，对开采、试验、切割、饰面处理、装箱运输全过程等进行监督。其中，对每块毛石，每切割 5 片（经饰面处理、背部贴网后），取一组试件进行现场试验。

最后，背栓的抗拔试验。每个石材板块在上墙之前，都要对其中一个锚栓进行抗拔试验，以确保背栓的连接质量。

4.5.6 小结

开放式干挂幕墙的应用越来越多，在科威特除了本工程外，正在兴建的科威特投资局办公大楼、科威特大学石油学院都是采用该种幕墙。饰面材料除了应用石材外，还可以是铝合金板材、陶瓦、瓷砖等。除了采用全开缝外，还可以是部分开缝或者是在建筑物底部或顶部留透气孔（当建筑物高度比较高时，隔一段距离留透气孔）。从节能方面来说，还是值得应用推广采用的。

对于应用于高层的石材幕墙，石材的受力是考虑的必要因素。由于石材属天然材料，性能差异比较大，最初验算采用的数据可能与进场材料不一致，因此要把好石材的质量控制关，必要时重新进行验算。

该工程对风载进行了折减，并且按荷载规范折减了多达 2/3，但按照 BS 8298-4 的规定，最多只能折减 1/3，并且在构造上，石材板块没有进行分仓，满足不了"等压腔"的规定。

开放式石材幕墙对石材，支撑结构的加工精度及安装精度比较高，应尽量选用定型产品。

要考虑到主体结构的施工误差，开放式石材幕墙需要一定的空腔层，不能由于结构误差吃掉了它的空间，也不能吃掉隔热层的空间（如支撑龙骨占了隔热层的空间，会产生冷桥）。

水平布置的石材，如窗台、女儿墙压顶，最好是封闭式，防止雨水侵入。

4.6 背栓式半透明石材设计与安装技术

4.6.1 工程概况

本工程采用大量高档独特的装修，其中最有特色的是 Concourse 区域的半透明幕墙。半透明幕墙总面积约 $2500m^2$，全部以价格昂贵的大块天然缟玛瑙原石为主要材料，配以复杂的造型和光照，使整个 Concourse 区域更显高档、大气，展现中央银行在科威特国民经济中不可替代的重要地位。其设计施工是装修工作的关键部分，本项技术主要包含半透明幕墙的深化设计和施工安装。

4.6.2 结构位置与几何造型

1. 结构位置

半透明幕墙位于 Concourse 区东北侧的顶面和立面，如图 4.6-1 所示，覆盖入口大厅和自助餐厅两个重要区域。

2. 几何造型

半透明幕墙以三角形为单元，一正一反交替拼接成折叠波浪状，构成一个折面整体，具有极强的立体感和层次感；顶面幕墙上侧边缘处于同一平面，左右交替向下突出形成三棱锥形的波浪造型；同理，立面幕墙外侧边缘处于同一平面，上下交替向内突出形成三棱

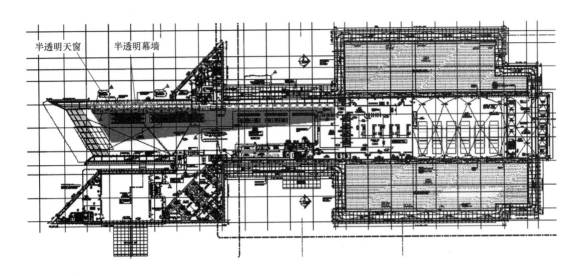

图 4.6-1　半透明石材幕墙天窗位置示意图

锥形的波浪造型，如图 4.6-2 和图 4.6-3 所示。

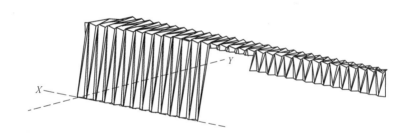

图 4.6-2　整体造型三维图

4.6.3　材料选型

确定幕墙的几何造型后，就要根据设计理念和使用功能进行材料选型，以保证最后完成面的效果。

1. 半透明石材

幕墙选用的半透明石材为天然缟玛瑙（ONYX）。缟玛瑙作为一种高档装修材料在自然界较罕见，被认为是仅次于宝石的天然石材。在背光照射下，缟玛瑙的半透明特性会使它独特复杂的纹理在正面显现出来，呈现出极具魅力的

图 4.6-3　现场照片

三维层次感。

2. 背板玻璃

缟玛瑙硬度可达到 7~7.5 度，能抵抗一般的剐蹭，但是其本身是一种脆性材料。幕墙所用的均是大块的缟玛瑙，为体现透明特性，板材厚度只有 5mm，极易破碎，所以要在缟玛瑙后粘结背板玻璃，以保证施工和使用安全。

背板玻璃既要有足够的强度，还要尽量不影响缟玛瑙的视觉效果，我们选用了法国 SAINT-GOBAIN 公司生产的高透明的超白玻璃，极低的铁氧化物含量使其近乎无色，并赋予其远超普通玻璃的透明特性，对照射到缟玛瑙上的光线影响很小，能最大限度地表现缟玛瑙天然的质感和色彩。

3. 粘结胶

要使缟玛瑙和超白玻璃共同工作，就要选用可靠的粘结胶，使两者成为一个整体。我们特意选用了 BRIDGESTONE 公司生产的专利产品 EVASAFE。EVASAFE 是用乙烯/乙酸乙烯酯共聚物生产的一种薄膜（胶），是适用于建筑的万能夹层，对玻璃和缟玛瑙都有很强的粘结性，同时还具有高透明度、高安全性、高稳定性等许多优点。

4.6.4 材料组装

蜂蜜色缟玛瑙由分包商 SEEBERGER 公司在土耳其开采；然后，运往意大利，由 SAVEMA 公司切割；接着运往德国，由 GLASS-TEICH 公司完成对板材的粘结组装。成品板材厚度为 15mm，由 5 层材料组成，如图 4.6-4 所示。两层玻璃为整体，确保外侧玻璃破裂时不会产生散落的碎片，最大限度地保证安全。

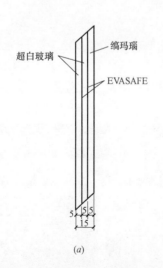

(a)　　　　　　　　　　　　　　(b)

图 4.6-4　板材剖面

(a) 板材剖面示意图；(b) 实物照片

4.6.5 支撑体系

1. 龙骨钢管

支撑体系二次结构所用材料为镀锌钢管，具有较强的抗腐蚀能力，能保证很长的使用寿命。通过龙骨安装角度的变化，构成与幕墙造型一致的三角形单元，如图 4.6-5 所示。

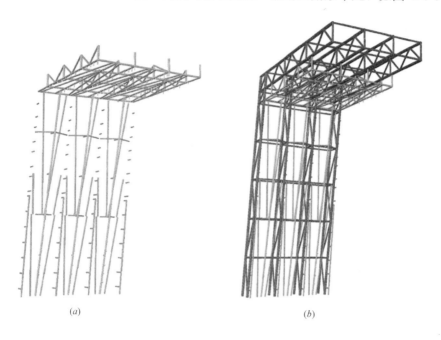

(*a*)   (*b*)

图 4.6-5 钢管龙骨典型三维立体造型

（*a*）不展示主钢结构；（*b*）展示主钢结构

图 4-6-5 中深黑色部分表示主钢结构，其他为不同直径的钢管，相互组合构成起伏折叠的三角造型。通过电弧焊的方法，将所有钢管安装到位，构成半透明幕墙支撑体系。

2. 挂件

复合板材是靠锥形头螺栓锚固，为突出视觉效果需保证石材面的完整，所以仅在玻璃层中预留螺栓孔，如图 4.6-6 和图 4.6-7 所示。

图 4.6-6 预制螺栓孔

图 4.6-7 安装锚固螺栓

挂件选用 40mm×5mm 的镀锌钢管，如图 4.6-8 所示。立面区域的挂件是水平方向安装，由螺栓传递的力是垂直于挂件长度方向，所以在一端开槽以便固定锚固螺栓。顶面挂件是接近于竖直方向安装，由螺栓传来的力是沿着挂件长度方向，所以没有端部开槽。

幕墙板材的锚固方式如图 4-6-9 所示。

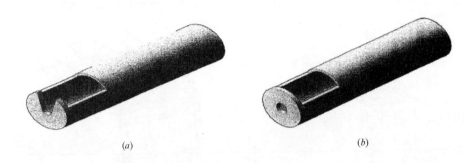

图 4.6-8　幕墙挂件

(*a*) 立面挂件；(*b*) 顶面挂件

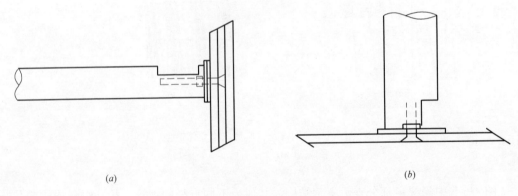

图 4.6-9　幕墙挂件连接形式

(*a*) 立面连接示意图；(*b*) 顶面连接示意图

4.6.6　现场施工

1. 施工准备

施工准备过程主要是机具准备和材料准备。机具准备指安排好施工过程会使用到的器械、工具和设备，如电焊机、切割机、打磨机、滑轮组、玻璃吸盘、扳手等。材料准备是指施工所需的材料需要到场，如镀锌钢管、半透明缟玛瑙-玻璃复合板材、锚固螺栓等。同时，还要安排好专业的工人，以保证施工质量。

2. 施工顺序

总体的施工顺序是先安装支撑龙骨，再安装半透明复合板，在一定面积区域的龙骨完成并验收通过后，就可以开始安装相应区域的半透明板，使得板材安装和后续的龙骨安装同步进行，以保证施工速度。

这种施工方法要求先完成龙骨的安装，然后将某一块板材就位（保证位置、倾斜角度等），接着根据板材螺栓孔和龙骨钢管的位置关系，在现场切割出满足长度要求的挂件进行定位安装。这种方法的核心思想就是根据现场板材位置情况实时调节挂件的长度和位置，保证每一块板材可以准确就位。

4.6.7 施工难点

1. 材料到场不连续

SAVEMA 公司并不都是按照连续区域发货，这就导致在刚开工时，即使某一批板材到场，但是板材位置太离散，无法组织人员施工，影响进度。对此，我们只有等待多批次板材到场后，在材料齐全的区域开始施工。随着后续发货速度加快，到场批次增多，这一问题得到解决，不再影响进度。

2. 板材损坏

所有半透明复合板均是通过海运抵达科威特，整个海运时间长达一个月，在运输过程中，装卸货碰撞以及船只颠簸很容易对脆性的半透明板造成损坏。所以，我们对装箱的板材进行了保护，但是效果并不如我们想象得那么好，部分板材在运输过程中仍然被破坏。

3. 大板块的吊装

对于 Concourse 区高达 20m 的幕墙和二层的天窗，在施工过程中都不可避免地要对大块板材进行吊装。在吊装过程中既要保证板材准确就位，也要保证板材不会因磕碰而损坏。为解决这个问题，在吊装时每块板材由两个独立的滑轮组吊装：先用一个滑轮将板材起吊到要求高度，再用第二个滑轮组吊住板材某一位置调整其空间角度。在整个吊装过程中，都有工人在板材旁进行保护，防止板材磕碰到脚手架。

4. 挂件定位

挂件的位置准确与否直接影响板材的安装，如果直接按照施工图对挂件进行定位，首先需要确定挂件的长度。又因为挂件是固定在圆形钢管上，所以不只要确定其水平位置和纵向高度，还要十分准确地确定其在圆管表面的位置，一旦焊接位置有些许误差，那么挂架末端将会出现很大的偏位，无法与板材螺栓孔对接。

为了解决这个问题，我们采用先将板材定位，再根据板材位置确定挂件位置的方法，保证了挂件和将板材锚固点准确对应。

4.6.8 验收标准

半透明幕墙和天窗是三层以下内饰装修的重中之重，对它的验收自然是十分严格。在验收过程中监理主要进行视觉验收和技术验收两项内容。对此，ISG 公司专门提交了一份验收计划/流程。

4.6.9 总结

Concourse 区的半透明幕墙造型独特，结构复杂，在进行深化设计时需要考虑的问题很多，本节只是选取了最重要的几个方面进行介绍。现场施工证明，对于半透明幕墙的深化设计整体上还是比较成功的，但是仍存在缺陷：挂件是预先安装好并且位置是完全固定的，因板材加工误差以及施工误差，经常会出现挂件和预留螺栓孔错位的现象，此时只能重新定位安装挂件，影响工程进度。在最初设计时，完全可以采用能局部调整位置的活动挂件来避免这一问题。

本项技术提及的深化设计的流程以及具体的分析设计方法已成一个较完整的体系，其成功之处以及设计缺陷对今后相似工程的相关工作具有很强的指导借鉴意义。

4.7　架空地板与板下送风系统

4.7.1　架空地板与板下送风系统组成

科威特中央银行新总部大楼项目（CBK）的板下通风空调系统主要由区域空调机组（ACU）、风机终端设备（FTU）、架空地板体系（RF）和吊顶体系四个部分组成。

4.7.2　材料选择

1. 地板

地板一般由底板、板芯、装饰面层和边条四个部分组成，如图 4.7-1 所示。

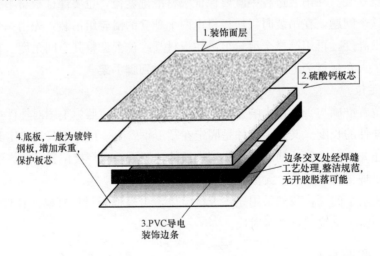

图 4.7-1　架空地板示意图

2. 支撑结构

支撑结构主要由基座、可调顶托、横梁、垫圈和垫条组成，如表 4.7-1 所示。

4.7.3　现场施工安装

现场施工安装时，先将结构楼板表面清理干净，并且准备好材料和机具，然后安装支

支撑结构的组成

表 4.7-1

名　称	材 料 说 明	图　示
基座	基座由底盘和竖管连成一个整体,材料为镀锌钢材,承载能力强	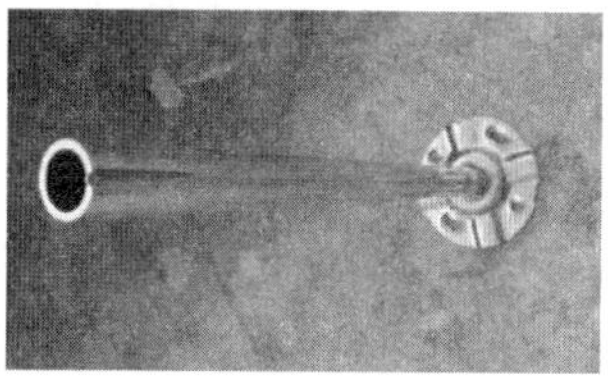
可调节顶托	材料为镀锌钢材,由托盘、螺杆和螺母组成,托盘由中心向外伸出八个分支,方便横梁连接,其高度可调	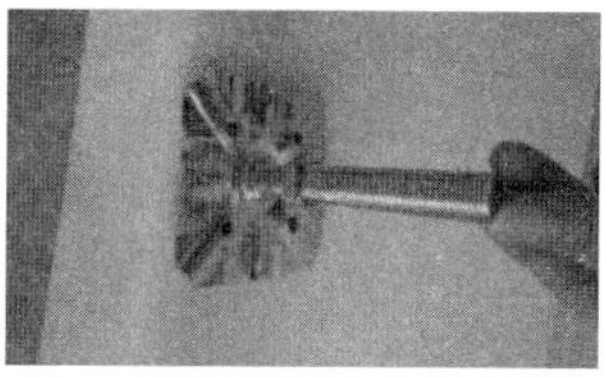
横梁	镀锌钢材,截面形状有开放 U 形和矩形	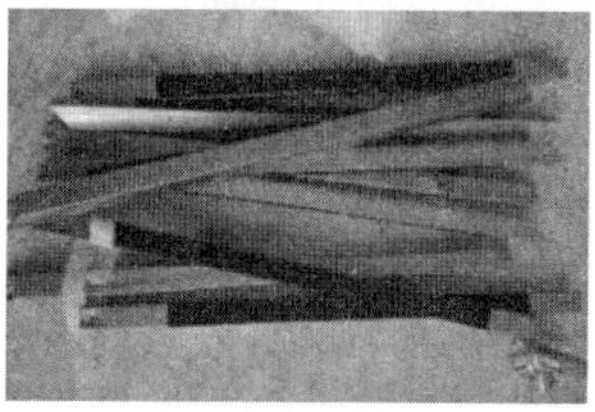
垫圈	2mm 厚黑色导电聚乙烯材料,位于顶托之上	
垫条	1mm 厚黑色聚乙烯	
连接螺栓	自攻型镀锌螺栓 M5	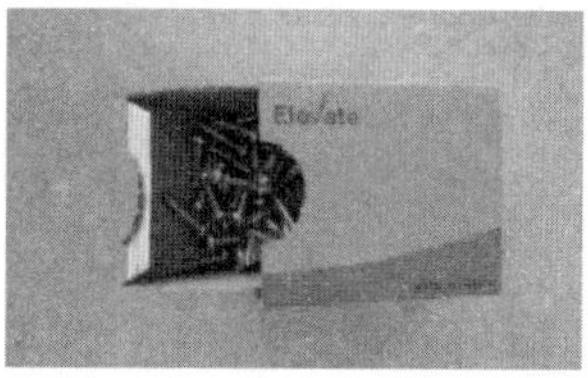

撑结构体系，放置地板，调整地板标高及水平度，保证其符合基准标高且相邻的地板在同一水平面上，用粘结胶连接基座底盘与地面，如此不断往复。

安装要求：板下通风空调系统要求必须保证架空地板良好的密封性。如果架空地板的密封性不好，其下的空气就有可能从各个部位流出，这样就影响了室内气流组织及系统能耗。

1. 材料

前面已经提到，架空地板主要由底板、板芯、装饰面层和边条组成。底板材料是铝板，平坦、光滑，不透风，具有良好的密闭性。四周的边条由 PVC 材料制成，安装完成后，相邻架空地板的边条与边条之间相互紧密接触，可以有效地防止下部气流从接触位置溢出，也在一定程度上起到了密闭的作用。

2. 节点处理

收边与封口处理也是保证密封性的重点。在楼板与玻璃幕墙交接的地方需要密封，以保证防火的要求，同时也能防止气体溢出。在架空地板与北立面幕墙铝合金边框以及与周围墙体交接的地方，需要喷涂密封胶。架空地板与楼板任何有孔洞的地方也需要进行密封处理，以保证整个空调体系的密封性没有缺漏的地方。

3. 静压测试

本项目中，采购的架空地板体系都是经过工厂生产样板的密封性能测试的，只有满足要求的材料才会被运用到本项目中。架空地板在现场安装完成之后，也需要对整个架空地板体系进行静压测试，以检测其密封性是否达到要求，箱体内压力是否恒定等。

4.7.4 吊顶系统

吊顶包括石膏板吊顶与金属吊顶等，其托起的空间主要用来布置风管、灯线及消防管道等。在板下通风空调系统中，其主要作用就是作为回风的通道，通过回风口接收来自下部的空气。回风口的设置比较巧妙，一般位于吊顶与四周的墙体之间 3mm 左右的间隙。其上风管的主要作用是消防排烟与自然通风，而不是作为板下通风空调系统的回风通道。

4.7.5 板下送风的环境要求

为了保证送入工作区的经过调节的空气的洁净性，必须保证架空地板下的空间清洁、无尘。为此，在架空地板施工前，楼面上的垃圾、杂质和灰尘等必须清理干净，然后均匀地涂刷一层水泥基防尘漆。防尘漆具有耐沾污、优良的耐擦洗性和超强的耐持久性等特点，自洁功能较强，能够防止灰尘随送风进入空调空间。在施工过程中，难免也会产生一些杂物与灰尘，因此施工完成后，还需要揭起部分地板对下部空间进行打扫和吸尘处理。

整个系统安装完成后，还需要对其进行调试和试运行，以便保证其正常运行。

4.7.6　板下送风的特点

1. 节能

板下通风空调系统使用较高的送风温度，在 CBK 项目中为 14℃ 左右。有关研究表明，想要达到相同的温湿度工作环境，板下通风空调系统应比传统空调系统的送风温度高约 4℃。这样，就可以减少区域空调机组的负荷，提高其运行效率。

该系统并不需要对整个房间进行温度调节，并且具有热力分层的特性，因此需要处理的热量比传统空调系统相对少一些，电力能耗也相应减少。

2. 灵活性与个性化

CBK 项目板下通风空调系统的灵活性主要体现在设计和使用两个方面。设计上，风机终端设备的布置相对灵活，在广阔的办公区域可以按照一定的规律布置，在单独的办公间可以单独布置少量的终端（图 4.7-2）。

图 4.7-2　风机终端设备的布置设计

使用上，由于风机终端设备和架空地板都是模块化的，所以其位置相对可以任意调动，这样就很方便办公楼的重新装修和翻新改造。当办公室用途改变，需要重新布置装修时，风机终端设备的位置比较容易变动，且架空地板下的电缆、通信线路等也能很方便地重修安装。

风机终端送出地板的空气温度完全可以自行调整，这样一来便可以满足不同个体对温度的不同需求，其个性化程度可见一斑。

3. 有效降低层高

通常，应用该系统可以减少高层建筑的层高 10% 左右。因为传统的空调系统从吊顶上部向下送风，吊顶内的高度一般都比较大，而应用该系统，吊顶内的空间高度可以有效减少，从而降低每层层高。但是，在科威特中央银行项目中，由于考虑到吊顶上部风管、灯线、消防管道众多，因此吊顶内高度降低得不是特别明显。

4. 提高工作区空气品质

板下通风空调系统采用下部送风、上部回风的气流组织形式，产生更多的单向流，消除了工作空间的气流低速环境，能够有效减轻交叉污染，降低污染物浓度，更有利于排除工作空间的余热、余湿，从而保证工作区较高的换气效率和空气质量。

4.7.7 总结

板下通风空调系统是一个优秀的空调系统，节能高效，个性灵活，在本项目中得到了充分的应用。对于该系统来说，设计理念十分重要。

在高层建筑中，经过协调的良好的设计方法能够有效地节约成本。为了得到最优化的效果，设计团队必须充分理解板下通风空调系统的优势以及它可能实现的目标。通常，光有新想法还不够，还必须要敢于大胆地尝试，有时候设计太保守可能会错失一些潜在的利益。比如，应用该系统的时候，如果没有特殊要求，吊顶内的空间高度可以设计得低一些，这样便能有效降低层高，减少成本。

该空调系统不仅应用于高层建筑中，而且也在一些低层建筑中得到了应用。总之，板下通风空调系统一定会在未来的空调系统设计中占据重要的地位。

4.8 极热高温地区大体积筏板基础施工技术

4.8.1 筏板概况

（1）当地 5～10 月白天平均气温在 40℃ 左右。按照美标 ACI301、ACI318 及合同规范，规定在室外阴影部位温度为 38℃ 以下时才能浇筑混凝土，故仅能夜间浇筑混凝土，无法 24h 连续作业。

（2）在当地市区，交通管制严格，所有施工单位必须遵守交通规则，市区上午 7 点至下午 4 点车辆无法通行。

（3）当地搅拌站规模不大，规模最大的搅拌站（5 个分站）一个工作日仅能生产混凝土不足 1000m³，且受现场条件限制，无法同时布置 5 台以上泵车，不具备国内组织数十台泵车数日连续作业的条件。

（4）海湾国家工人全部是外籍工人，工作签证有额度限制，劳动力一贯紧张，施工项目要考虑劳动力均衡安排。在基础施工阶段，往往无法像国内那样用很多劳动力突击。综上所述，受以上因素限制，筏板只能分块、分段浇筑。

4.8.2 筏板施工段划分

在筏板分块浇筑有利于水化热及时排放，有利于温差控制，较小的浇筑面积也有利于混凝土的伸缩，众多施工缝取代了后浇带及补偿收缩混凝土。要求相邻施工段浇筑时间相差 7 天，每次浇筑方量在 $800\sim1200m^3$，该项目筏板分成了 46 个浇筑段。而国内的大体积筏板施工，常采用补偿收缩混凝土和留置后浇带或施工缝相结合的方法。

4.8.3　筏板浇筑顺序

相连施工段浇筑时间相隔 7d。在浇筑顺序上，相邻施工段间隔性浇筑，即在已浇筑段周边跳跃性浇筑，如图 4.8-1 所示，图中数字为浇筑顺序。施工段要考虑筏板标高落差影响，通常先施工低处的施工段，后施工高处的施工段。

要考虑运输通道、浇筑通道的布置，施工通道通常最后浇筑。

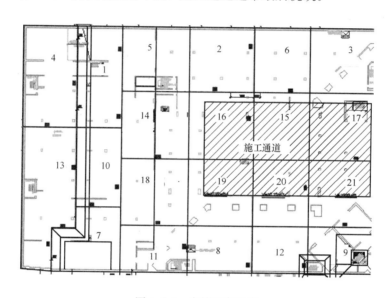

图 4.8-1　浇筑顺序示意

4.8.4　流水施工组织

在筏板施工中，通常各个作业（土方开挖、垫层、防水、筏板作业）同步推进，开展流水作业，这要求先编制筏板施工段分段图及顺序图，合理组织施工。

（1）交通通道。含土方外运、浇筑通道、材料运输通道。通常筏板施工阶段，汽车式起重机是主要吊装设备，汽车、汽车式起重机需要开到基坑内。交通通道逐步封闭，进而组织筏板施工。

（2）土方开挖。土方开挖往往分区作业，外运出基坑的通道往往在最后阶段（多数筏板施工段已完成）开挖，此时塔式起重机安装往往已经完成。土方平整阶段，管井降水的管道掩埋及处理也要相应插入。

（3）垫层浇筑、防水施工。其往往按照施工整体部署及分段图，逐步按区域整体推进。

（4）筏板钢筋绑扎。通常依据筏板施工段浇筑顺序来制定整体绑扎顺序，考虑钢筋绑扎的连续性，便于钢筋套筒连接。

4.8.5　质量保证措施

要注意天气情况，沙尘暴天气不宜浇筑混凝土。注意温度监控，在室外阴影下温度在 38℃内时，才能组织混凝土作业。故浇筑时间常仅限于夜间，以避免高温影响。

人员组织合理安排，并要安排安全人员交通疏导。由于浇筑时间限制，往往一次浇筑时间仅 12h 左右，要合理安排劳动力，保证一次性浇筑完毕。

为了保证混凝土连续作业，往往备用 1 台汽车泵并停靠在工地。

混凝土温度入模前不超过 30℃，并必须 2h 内（从搅拌完成到入模）浇筑完毕，故搅拌站要做好充足的降温措施及准备，主要是水源要经降温处理，通常是加冰块或者制冷处理。搅拌站要保证混凝土连续供应。准备好照明、安全护栏、施工机械和养护材料等，要准备些遮阳材料。混凝土浇筑在晚上进行，但找平收光等收尾工作往往延续到上午，其天气炎热，必要时搭建移动式临时遮阳棚，避免混凝土在日光下暴晒，有助于找平阶段混凝土不至于干裂太快。

浇筑前，浇筑部位要清理干净，施工缝用水湿润且无明水。

4.8.6　混凝土配合比的设计

在高温天气环境下的混凝土，要求流动性好，具备可泵送性，坍落度损失不快，这是关键技术环节。

混凝土生产要经过配合比设计、试配、泵送性能调整等流程，反复试验调整，检查其强度及泵送等。好的原材料的选取是混凝土生产的关键。

混凝土需要骨料均匀，小骨料为主，具备良好的级配，搅拌均匀。小骨料的混凝土具备较好的泵送性能，这是高温天气下混凝土顺利施工的关键。

混凝土骨料由直径 20mm、10mm 两种级配石子混合组成。细骨料为天然砂和粉碎砂。选用抗硫酸盐水泥，以抵抗酸性地质对混凝土的侵蚀，增强混凝土的耐久性。外加剂为高效增塑剂，其具有高温条件下的延时性。混凝土水灰比都控制在 0.31 以下，混凝土的坍落度为 200±40mm。

筏板混凝土配合比如下：52.5SRC 水泥 510kg，20mm 骨料 770kg，10mm 骨料 400kg，粗砂 600kg，水 160kg，外加剂 5.5L，水灰比 0.31。

在金库范围内的筏板装有螺旋钢筋，没法用插入式振捣器振捣，故选用了自密实混凝土。自密实混凝土的扩展度控制在 650～750mm。

4.8.7　大体积混凝土的温度控制

中东地区温差控制参照《美国混凝土协会期刊（American Concrete Society Digest No2 Mass Concrete)》，温差控制在 39℃内。我们采用当地的施工经验，在夏季采用一般的降低温差方式（1 层塑料薄膜、1 层麻袋片、浇水养护）；在冬季，在一般养护的基础上，再覆盖 1 层 5cm 聚苯乙烯挤塑板。

测温采用电子测温仪,在混凝土中心和表面(表面下 200mm 处)预埋温度感应片,用自动测温仪进行读数。每块筏板上预埋一对(在同一位置,混凝土截面中心、表面各一个),混凝土浇筑完毕即开始测量。

筏基基础底混凝土浇筑结束后开始进行温度监测,每 3h 测量一次,共测量 7d。根据混凝土内外温差情况,采用适当的保湿措施。在实际测温中,混凝土中心最高达到约90℃,混凝土表面温度最高达到约 60℃。

4.8.8 小结

在施工中必须重点把握以下关键环节:施工缝钢筋节点处理、节点施工、配合比设计、混凝土入模前质量检验、养护等。混凝土施工阶段,按照规范要求取样,并检测 7d、28d 强度及同条件养护强度,检测结果良好。以上整个检测过程都有专人负责,监理工程师旁站。筏板强度设计强度等级 50MPa,以第 13 块筏板为例,其 28d 强度的检测数据如下:试块最低值是 52MPa,试块最高值 77MPa,试块平均值 61MPa,均满足设计要求。

施工缝是筏板施工的重点检测部位,必须单独提交报验单给相关工程师验收。通过检测及目测,施工缝部位结合紧密,观感良好,无结构冷缝和渗漏现象发生,无明显的表面开裂。

筏板分块施工,通过优化混凝土配合比和混凝土的供应,采用适当的技术处理及施工措施,科学组织施工,严格施工管理,有效保证了基础底板大体积混凝土的分块施工以及浇筑质量,在高温天气下成功保证了基础底板混凝土的强度及抗渗性能,避免了混凝土的结构裂缝问题。分块施工有效组织了筏板流水施工,可以充分利用资源组织均衡化施工生产。该施工方法及手段可适用于类似项目的施工。

4.9 高温地区自密实高强混凝土施工技术

在本项目中,自密实混凝土得到了广泛应用,该项目总建筑面积约 160000m²,塔楼高 239m,主体结构为混凝土、钢结构组合结构;东、南、西侧为混凝土剪力墙核心筒,北侧为斜肋钢管柱。

该项目包括金库区域,核心施工部位有特殊的建筑使用功能及安防要求。金库区域除了正常的结构主筋外,均配有 ϕ12 螺旋钢筋,组成强化结构单元。

以上部位全部使用了高强度等级自密实混凝土(强度等级 C50~C80)。

4.9.1 自密实混凝土

1. 技术要求

自密实混凝土应具有高流动性、高抗分离性、高填充性,依靠自重即可充满复杂模板,能通过密集的钢筋,并在这一过程中保持自身的均匀性,并且在同条件养护下,各种力学性能及耐久性均达到普通混凝土要求。

低收缩及微膨胀性，确保钢构件与混凝土联合形成一个整体受力构件。

良好的可泵送性能，便于布料填充。

较小的黏度和较低的扩展度损失率。在高温地区，混凝土水分失去快，坍落度下降快，要求混凝土在 4h 内基本稳定。

目前，配制自密实混凝土主要依靠细骨料和掺加高效减水剂来达到高流动性的目的，以较低的水灰比保证混凝土硬化后的力学性能和耐久性。

在室外阴影下温度在 38℃内时才能组织混凝土作业。混凝土温度入模前≤30℃，故搅拌站要做好充足的降温措施及准备，主要是水源要降温处理。

2. 配合比设计

当地的搅拌站都有成功实施自密实混凝土经验，经过协商，根据项目结构特点适当调整了配合比，并经过试配，检验其强度及工作性能，均合格后才投入实施。

制备自密实混凝土的技术措施，关键在于合理使用高性能化学外加剂，尤其是具有高效减水、适当引气并能减少和防止坍落度损失的高性能减水剂。

聚羧酸等减水剂的成功使用，是配制自密实混凝土的关键。本工程选用多种减水剂：VISCOCRETE 5050，GLENIUM SKY 504W，PC700，GLENIUM SKY 502k。

外加剂加入时间：最好在水加入 3/4 时添加外加剂，这时所有骨料已经湿润，外加剂加入后搅拌 90s 为宜。

3. 搅拌和运输

每盘计量准确，准确控制用水量，仔细监控砂石中含水率。

投料顺序为投入细骨料、水泥、掺合料，搅拌 20s 后加入水和外加剂及粗骨料。

运输要点在装入混凝土前，仔细检查罐车，排除罐内残留的洗车水。运送及卸料时间控制在 25h，保证其较好的流动性及和易性。

4.9.2 施工方案

1. 施工辅助设计与措施

钢管柱分段长度在 8~12m，满足分段结构要求，便于浇筑。

钢结构内部加劲板、栓钉较多，构造复杂。钢构件在深化设计阶段，同步做浇筑方案，需要考虑分段浇筑及浇筑通道、排气孔等。故留设浇筑口、排气孔，内部节点留设通道口，分段部位装相应分隔板。构件在加工厂做开洞、隔断等处理。具体如下：①依据方案，构件上表面留直径 150mm 的浇筑口；②钢管柱加劲板留设直径 416mm 的洞口；③桁架分段浇筑和灌浆，需要布置分仓板分段，加劲板留直径 300mm 洞口；④加劲板、分段板、构件表面留设足够的 20mm 排气孔。

2. 浇筑高度及流淌范围控制

严格控制浇筑自由落差在 2m 内，流淌范围在 5m 内。常采用串筒软管，下放至浇筑部位。金库墙体装有螺旋钢筋，串筒无法深入，在中间模板上开 200mm×200mm 浇筑口。核心筒体施工时，软管插入模板内，保证在 2m 范围内。

3. 自密实混凝土的墙体模板处理

若浇筑高度控制在 2.5m/h，普通混凝土浇筑最大流体侧压力 50kN/m²，而同条件下自密实混凝土流体侧压力 120kN/m²。显而易见，自密实混凝土大幅度增加了对墙体模板的侧向压力。核心筒 PERI 爬模体系经过复核计算，通过采取加密穿墙螺杆、改为双层模板、增加背楞减少背楞间距等措施加固模板。

4.9.3 质量控制

（1）天气选择要注意天气情况，沙尘暴天气不宜浇筑混凝土。注意温度监控，在室外阴影下温度在 38℃内时，才能组织混凝土作业。

（2）人员组织合理安排，并要安排安全人员交通疏导。由于浇筑时间限制，往往一次浇筑时间仅 12h 左右，要合理安排劳动力，保证一次性浇筑完毕。

（3）为保证混凝土连续作业，备用 1 台汽车泵并停靠在工地。

（4）混凝土温度入模前≤30℃，并必须 2h 内（从搅拌完成到入模）浇筑完毕。高温天气，搅拌站要采取降温措施，主要是水源加冰块或者制冷处理。

（5）每车入泵前必须检查扩展度及温度检测。

（6）现场添加减水剂解决坍落度损失问题，合理确定二次减水剂用量。

（7）混凝土浇筑完毕即进行覆盖，以防止水分散失，终凝后立即洒水养护，不间断保持湿润状态。筏板混凝土养护充足并测定温差。核心筒体拆模后，涂养护剂养护。

4.9.4 小结

使用自密实混凝土有效解决了复杂构件及特殊结构的浇筑问题，工作性能好，施工质量良好，具有广泛的适应性。有两点体会：①施工组织与施工控制是关键，应在实际施工中及时发现问题并解决；②自密实混凝土配合比设计的重点是考虑混凝土的优异工作性能。

4.10 地下室防水混凝土施工技术

4.10.1 工程概况

CBK 工程地下结构分为三部分，即主楼基础、裙楼基础和人防工程基础。主楼部分基础筏板厚 3000mm，埋深约 13.6m。裙楼部分基础筏板厚 2000mm，埋深约 12.6m；筏板上表面与主楼基础上表面相同。人防部分为纯地下结构，筏板厚 1500mm，埋深约 8.5m，筏板上表面与主楼基础上表面相差 3.6m。在主楼和裙楼部分地下室，外防水墙厚 500mm，人防部分厚 400mm。筏板混凝土强度等级 SRC K500（抗硫酸盐混凝土 500 kg/cm²），外防水墙为 SRC K650（650kg/cm²）。筏板混凝土用量约 57700m³，外防水墙约 2900m³，筏板面积约 23000m²，外防水墙长约 680m。地下自然水位约在 −3.5m。地下室防水材料为2层，即4mm厚APP卷材防水，6mm厚聚氨酯改性沥青卷材保护层。

4.10.2　混凝土配合比设计

该工程混凝土粗骨料由直径20mm和直径10mm两种级配石子混合组成。细骨料为天然砂和粉碎砂。这几种骨料形成良好的级配，以减少胶结材料使用量和形成混凝土较好的和易性。胶结材料选用抗硫酸盐水泥，以抵抗酸性地质条件对混凝土的侵蚀，增强混凝土的耐久性。对K650（相当于C65）和K500（相当于C50）自密实混凝土掺加了高效增塑剂硅粉。自密实混凝土用于金库筏板和墙板，因为金库混凝土有螺旋钢筋，无法用插入式振捣棒振捣。混凝土水灰比都控制在0.3以下。混凝土的坍落度为200±40mm。自密实混凝土的扩展度控制在650～750mm。

4.10.3　施工段划分

1. 筏板施工段的划分

对施工段的大小，合同规范没有要求。现场根据浇筑能力、结构特点及科威特的施工习惯确定了施工段。施工段以每次浇筑1000～1200m³为原则，根据图纸情况，个别地方达到1600m³。施工段划分时还考虑了以下几个因素：①施工缝一般留在跨中1/3部位；②考虑施工方便，避开钢筋密集区，如基坑部位、变截面部位；③在基础底面高差比较大的部位，设置水平施工缝，如人防和主楼交接部分；④考虑上部施工部署安排，不影响下道工序施工。这样，整个筏板共被分成了44个施工段，如图4.10-1所示。

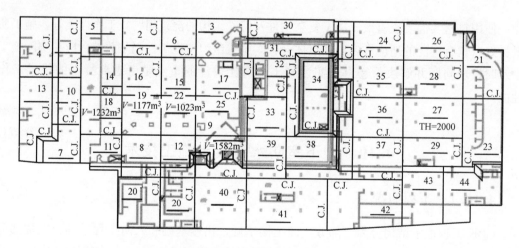

图4.10-1　筏板施工缝布置

2. 外防水墙施工段及控制缝的设置

一次浇筑墙体的长度达到多长时就不会出现收缩裂缝？由于影响因素较多，理论上不好确定。目前，还没有普遍能接受的方法来预测。但由于其受已浇筏板的约束，肯定比筏板的施工段短。根据经验，此距离一般设为5～7.5m。但每次浇筑5～7.5m，则严重影响施工进度，并增加了施工缝处理工序。一般情况下，是把此距离扩大 1 倍，达到 10～15m，并在其中部位置设置控制缝。所谓控制缝，就是在一个浇筑段的中部人为地制造一个薄弱面，当混凝土开裂时，引导裂缝出现在该部位。

本工程施工图纸要求的施工段间距为，冬季 15m，夏季 10m。同时，在每段中部设置控制缝，如图 4.10-2（a）所示。注意下段混凝土的浇筑与上段混凝土的浇筑时间间隔至少要差 36h，以便上段混凝土充分收缩。当不能满足该条件时，按图 4.10-2（b）设置后浇带。

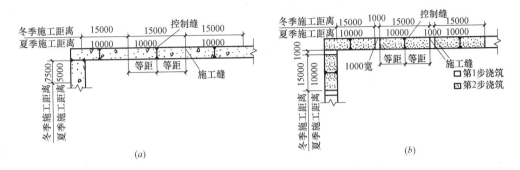

图 4.10-2　控制缝和施工缝做法
（a）做法一；（b）做法二

4.10.4　施工缝及控制缝构造

1. 筏板施工缝

筏板长约 235m，最大处宽 107m，设计人员没有设置伸缩缝。考虑到地基条件较好（地基持力层承载力约为 800kN/m²），筏板设计较厚（达 3m），并扩展到楼外相当一段距离，能够应对不均匀沉降，在主楼和裙房与人防之间也没有设置后浇带。因此，只有施工缝是防水的薄弱环节。施工缝的构造如图 4.10-3（a）所示。施工缝做成卯榫形，以加强两次浇筑的混凝土之间的咬合。在混凝土下表面敷一条 300mm 宽 PVC 止水带。上表面接缝处用聚合物砂浆嵌缝，混凝土截面中部增设一条膨胀止水条。外防水墙与筏板相交部位预留 250mm 高导墙，导墙与筏板一起浇筑，其构造如图 4.10-3（b）所示。

2. 外防水墙施工缝和控制缝

地下室外防水墙水平施工缝第一道水平施工缝留在地下室筏板上表面 25cm 处，其他各层水平缝则留在各地下室楼面以上 25cm 处。施工中尽量少留水平缝，以减少施工缝处理，也减少渗漏薄弱环节。也就是说，外防水墙浇筑，一次浇筑尽量高，不在楼板上、下面留施工缝，在外防水墙混凝土上预留楼板插筋。水平缝的构造同导墙处施工缝，如图 4.10-3（c）所示。

地下室外防水墙竖向施工缝竖向施工缝与水平施工缝在构造上无区别，只不过方向不同。位置没有特殊要求，第一道施工缝远离转角处，不超过 5m，其构造如图 4.10-4（a）所示。

控制缝做法如图 4.10-4（b）所示。主要构造为：①在混凝土的外侧（填土侧一方）

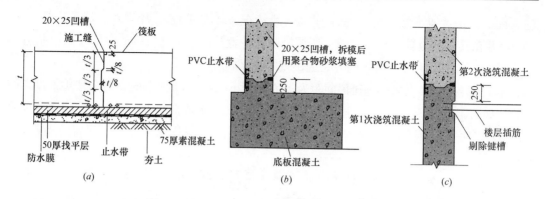

图 4.10-3 施工缝的做法

（*a*）筏板施工缝做法；（*b*）导墙做法；（*c*）水平施工缝做法

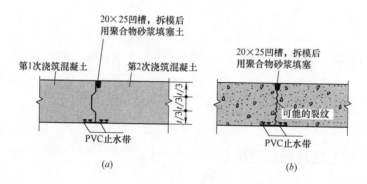

图 4.10-4 外防水墙施工缝和控制缝隙

（*a*）外墙竖向施工缝；（*b*）外墙控制缝

增加 PVC 止水带，合模前固定在外模面板上，止水带宽 30cm；②在混凝土内侧预留 20mm×25mm 凹槽；③剪断总数量 1/2 的水平筋，隔 1 根剪断 1 根。总之，通过留凹槽和剪断水平钢筋形成薄弱截面，通过增加止水带来加强防水。

4.10.5 地下室防水混凝土现场施工

1. 止水带做法

止水带由高级 PVC 复合材料挤压成型，具有一定的弹性和比较好的耐久性，具有许多规格和形状，满足现场各种节点的要求。

筏板施工前，要画好施工图，规划好施工缝和控制缝位置。施工缝应连续布置，筏板施工缝位置和墙板施工缝位置要综合考虑，尽量在一条线上。

筏板止水带直接铺在防水保护层上，外防水墙止水带牢固地钉在外侧模板上。外防水墙施工时，先立模板，然后固定止水带。保证止水带紧贴模板，不打折。固定牢靠，浇筑混凝土时不脱落。

止水带要采用专用焊接工具进行焊接，不得搭接。保证接口平齐、严密。交叉接头要采用 45°对接或采用厂家特制的接头，不能一字形对接。施工过程中，尤其在拆模过程中，施工缝处理中要小心，防止止水带破损。

施工缝处的 25mm×20mm 凹槽，在墙内侧模板上钉一条截面为梯形的硬塑料泡沫。拆模后，就会在混凝土表面上形成凹槽。

2. 施工缝做法

筏板施工缝用钢筋作龙骨，镀锌钢丝网作模板。钢龙骨要与筏板钢筋牢固连接，防止跑模。钢丝网要封闭严密，防止漏浆。墙体施工缝由木模板形成，插筋预留部位用镀锌钢丝网作模板。

施工缝的处理是防水混凝土的重要环节。在下次浇筑混凝土前，剔除施工缝表面的浮浆，露出粗骨料。接缝表面没有油污、隔离剂等影响混凝土粘结的污染物。墙体施工缝要切割整齐。尤其注意在剔凿时不要破坏止水带。混凝土接缝表面要充分湿润，但无明水。

3. 模板要求

该工程混凝土墙板，合同要求为清水混凝土，施工中采用 DOKA 木梁多层板体系。针对该工程专门进行了模板设计，使模板受力变形满足施工要求。为保证防水混凝土质量，重点进行了以下控制：①模板要拼接严密，尽量减少漏浆；②穿墙螺栓要采用止水螺栓，模板螺栓孔不要太大；③预留插筋处用镀锌钢丝网封严，堵头模板要封严，模板与前次浇筑的混凝土要顶紧；④当导墙不直时要剔凿平直，使模板紧贴导墙，必要时采用水泥砂浆或木条填塞。

4.10.6　混凝土浇筑

1. 浇筑前的准备工作

混凝土浇筑前，模板施工缝要用空压机吹扫干净，洒水湿润，施工缝浇筑时无明水。准备好照明、安全护栏、施工机械和养护材料。

地下室筏板、顶板和裙房顶板浇筑均采用混凝土汽车泵运输混凝土，外防水墙均采用塔式起重机运输。

筏板浇筑时，由于混凝土量较大，浇筑时间又限制在晚 6 时到早 6 时，为防止冷缝产生及在规定时间内浇筑完成，一般配备两台汽车泵，并有一台汽车泵备用。施工安排上，要保证两块筏板之间的浇筑时间至少相差 7d。实际现场施工中，边打垫层边浇筑筏板。浇筑从南、北两侧向中部推进。这样，混凝土泵车可以直接下到坑底，减少泵送距离。

科威特气候比较炎热，不利于防水混凝土施工。混凝土浇筑除安排在晚间外，要严格验收入场温度，保证混凝土温度入模前不大于 30℃。保证混凝土在 1.5h 内浇筑入模。筏板混凝土量比较大，一般安排在周末进行，这时要准备好遮阳材料，温度大于 38℃时进行遮阳。

2. 混凝土浇筑与养护

混凝土浇筑要点主要是保证混凝土不出现冷缝和振捣不密实。首先，要保证混凝土供应连续，同时要注意振捣次序。筏板混凝土采用分层浇筑、逐步推进的方法。墙板浇筑时，每层混凝土厚度≤500mm，充分适当振捣，并限制浇筑速度≤10m³/h，混凝土自由下落高度≤1.5m。混凝土坍落度≤240mm，保水性能良好，无离析现象。

水平构件采用洒水养护。在混凝土表干前，覆盖1层麻袋片蓄水，然后用塑料薄膜覆盖。在保证混凝土表面湿润的情况下养护7d。竖向构件采用养护剂养护。在混凝土拆模后，立即涂刷养护剂。对于柱顶、墙顶，采用麻袋片覆盖，浇水养护。

4.10.7 实施效果

通过采取以上措施，本工程地下室外防水墙和筏板未出现渗漏现象，但混凝土墙浇筑后还有竖向裂纹出现。究其原因如下：①混凝土强度等级较高，达到K650，而控制缝间距是基于低强度等级混凝土获得的经验值；②混凝土挡土墙太厚，最厚达500mm，留控制缝时，凹槽太小（20mm×25mm），达不到削弱截面的目的。

4.11 玻璃幕墙深化设计与施工技术

本项目的玻璃幕墙系统由塔楼北立面幕墙、屋顶灯笼幕墙、观光电梯幕墙、天窗幕墙、入口大厅幕墙以及报告厅的前后立面幕墙组成，其中北立面幕墙系统采用单元式结构，其他区域采用框架式结构。塔楼（北立面）20层以下、入口大厅和报告厅要求考虑爆炸荷载。根据合同图纸的概念设计和技术规范，承包商选用国际知名的Schuco设计和加工体系。

4.11.1 CBK项目玻璃幕墙特点

1. 竖向结构外露，节点特殊

竖向钢结构的支撑穿过幕墙单元体，水平结构的穿插带来很多难度高的节点，规则的单元被分隔为半月形的两部分，该节点处的玻璃、铝材以及单元体的挂件都需要单独设计，相应地增加了加工制造阶段和材料运输阶段难度。

2. 构件类型多样，设计难度大

CBK项目的造型独特，主体结构高239m，标准层高4.6m，非标准层高5.7m。外立面钢管柱逐层向核心筒及中心两个方向倾斜，钢管柱根数逐层减少，楼层面积逐层递减。在塔楼垂直立面和倾斜立面的交叉区域需要很多异形单元，因此单元体需要重新设计，以适应不同的节点，这增加了深化图纸工作量和加工安装难度。

3. 设计考虑爆炸荷载，构件构造复杂

科威特中央银行办公楼的安防等级要高于其他公用建筑，因此塔楼（北立面）20层以下设计要求考虑爆炸荷载，荷载通过单元体的各构件最终由挂钩传递到组合楼板，为满足承载力要求，单元体的挂件和挂钩设计种类繁多，复杂厚重，其中挂件类型逾70种。

4. 防水性能要求高

与传统防水形式相比，CBK的单元式幕墙采用等压原理设计，形成了3道防水防线。

在封闭单元和可视单元的连接处设计等压腔，在等压腔以外，利用不完全密封的橡胶胶条，既可以阻挡一部分雨水，又能保证等压腔与外界大气相通，使得雨水不会因为气压差被吹入等压腔内；等压腔内设置的排水孔可将渗入的雨水及时排出；等压腔与室内通过氯烃橡胶相互隔绝，在空气湿度较大情况下，腔内水汽也不会渗入室内。

连接处雨水的排出主要有两个途径：未流入等压腔的雨水以及由等压腔排出的雨水主要通过封闭单元上下口的横框排到室外，小部分通过竖框形成的雨水口排出。封闭单元和可视单元的连接处构造如图 4.11-1 所示。

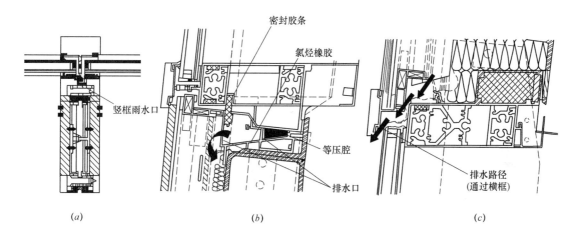

图 4.11-1　封闭单元节点示意
(*a*) 竖框雨水口；(*b*) 上口节点；(*c*) 下口节点

4.11.2　深化设计流程和方法

在国际工程中，材料选型、结构验算、详图设计，很多图纸都需要提交 RFI 来做技术澄清，这个过程中，需要承包商反复与工程师沟通。作为总承包单位，要协调各个分包商来完成相关的设计任务。

在玻璃幕墙深化设计的工作范围中，各项工作的先后顺序为：分包商材料报批，提请RFI 做技术澄清，提交幕墙性能计算资料，提交单元体的结构计算资料，提交挂件验算，提交单元体的概念图纸，绘制深化图纸，绘制加工图纸等。

材料报批和计算审批相对独立，而图纸的审批会持续一段时间，图纸深化设计的过程是一个玻璃幕墙与相关专业协调的过程，工程师通常会因为与其他分包协调的作业，而放缓图纸审批的进度。这时，需要总承包商积极配合，将最新工程师审批意见与分包商及时沟通，形成新的文件最后提交。

在图纸最终版本提交前，需要与分包商磋商达成共识，最终经工程师审批通过。在审批的过程中会遇到不同版本，与分包商的反复协调中确定最后的版本，形成解决方案并经审批通过。

4.11.3 深化设计难点

1. 荷载分析

保证幕墙系统的结构稳定是深化设计的第一步。针对永久荷载、偶遇荷载（如爆炸荷载）、活荷载（如风荷载）以及温度的影响，分别做了风洞试验和爆炸荷载的分析，得出结果如表 4.11-1 和表 4.11-2 所示。

风洞试验的数值统计 表 4.11-1

区　　域	1s 峰值		2s 峰值	
	最大压强(kPa)	最小压强(kPa)	最大压强(kPa)	最小压强(kPa)
塔楼北立面	2.3	−4.6	2.1	−3.6
塔楼东南立面	1.8	−4.9	1.7	−4.2
塔楼西南立面	1.6	−6.4	1.4	−5.0
辅楼北立面	2.2	−4.0	1.8	−3.8
辅楼西北立面	2.4	−3.6	2.0	−3.0
辅楼东南立面	1.8	−5.2	1.6	−4.2
辅楼西南立面	1.6	−5.5	1.4	−3.6
辅楼内陷区域	1.8	−3.2	1.4	−2.7

爆炸荷载作用下挂件产生的反力 表 4.11-2

挂件	正向爆炸荷载最大承载力(kN)	反向爆炸荷载最大承载力(kN)
B1 顶部	340	295
B1 底部	150	150
B2 顶部	680	590
B2 底部	300	300
B3 顶部	430	420
B3 底部	160	160
B4 顶部	680	590
B4 底部	300	300

由风洞试验数值可以看出，北立面的最大风荷载为 4.6kPa。在结构计算中，只在 20 层以上考虑风荷载，20 层以下风荷载不是主要的荷载工况。

作为银行项目，CBK 对安防的等级要求很高，因此在幕墙结构设计中，爆炸荷载为主要的水平荷载之一。整座建筑为 40 层，其中 20 层以下爆炸荷载的作用力远大于风荷载，是主要的水平荷载，这不仅要求玻璃在爆炸的冲击下不能坠落，而且要求幕墙的铝框变形不能过大，相应地 20 层以下单元体的挂件也设计得十分厚重，绝大部分为 6cm 厚，屈服强度为 $355N/mm^2$。

2. 与相关专业的图纸协调

玻璃幕墙是封闭作业，与很多专业都有交叉。在 CBK 项目中，与玻璃幕墙相关的专业主要有砖墙、可拆卸隔断、石膏板吊顶和隔断、石材地面和墙面、石膏板隔断、架空地板等。在国际工程中，各专业的施工图在审批过程中相互影响，因此分包商在与相关专业协调后，需把协调后的节点在图纸中表现出来，保证每个专业的图纸都包含完整的信息。正常情况下，一个有经验的分包商对本专业的图纸深化是很成熟的，而与其他专业的协调则是工作中的关键，将直接影响图纸的审批进度。在对分包商图纸深化设计的管控中，总承包商的建筑师需牵头协调各个分包商，整体推进图纸深化的进度。

3. 结构施工误差和位移

由于钢结构的边梁安装存在误差，玻璃幕墙挂件系统的加劲肋焊接在边梁的翼缘上，因此在设计中要考虑施工中安装误差对结构的影响。在本工程中，承包商根据现场每层的测量误差报告，经过结构分析计算，将加劲肋的翼缘设计成 3 种不同的尺寸，以满足安装精度、边梁外移以及边梁内移的情况，保证安装完加劲肋后可以基本消除水平方向的误差。对于竖向的安装误差，可通过调整挂钩在加劲肋上的上下位置来消除（图 4.11-2）。

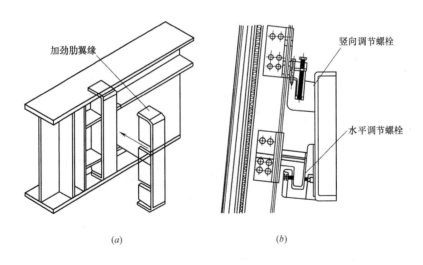

图 4.11-2　安装误差调整

(*a*) 加劲肋粗调；(*b*) 单元体微调

通过加劲肋和挂钩的调节，可以基本消除钢结构施工造成的误差。如果经结构分析发现，在允许移动范围内通过调整加劲肋和挂钩无法消除所有误差，可以使用单元体自身的调节螺栓来完成最终的微调，水平和竖向调节螺栓是 Schuco 体系中十分灵活的构件，用以保证幕墙在安装后的精确位置。

4.11.4 小结

对于有竞争力的国际工程承包商来讲，深化设计十分重要，在这个阶段，涉及了大部分的技术和商务问题，直接关系到工程进度。因此，培养一支具有高素质的设计队伍是国际承包商走向专业化的必经之路，而精于设计流程，对结果有预期是取得项目成功的关键。

对于总承包商来讲，即使不从事具体的设计工作，也需要熟练掌握设计流程和关键点，这样在技术管理中既能宏观把握又可以做到技术细节的协调，从而保证项目处于可控范围。

4.12 清水实心砌体施工

4.12.1 应用概况

在CBK项目，清水砖墙的价值得到了延伸。地下室的设备用房、停车场的配电室和储藏室、塔楼的电梯厅和办公区，清水砖墙恰到好处的体现，成为了项目的装修一景（图4.12-1）。

图 4.12-1 清水砌体墙

清水砌体有其独特的画面：标准砌块，材质密实，砌筑讲究排砖的美感，砌块间留有勾缝，配以浅色装饰涂料，不再有抹灰瓷砖等外饰装修，感观效果可体现砌块轮廓、灰缝，而且满足建筑物的结构及建筑功能要求，都要达到最终的装修效果（图4.12-2）。砌砖这一分项工程即是"创造过程精品"的一个经典缩影。

4.12.2 材料应用及报批

砖墙施工所需的任何主材和辅材，都需要以材料报批的形式，按照相关合同规范要求

图 4.12-2 清水砖墙样板

提交给工程师审批，包括砌块、压缩填料、金属条、密封剂、钢桁架、角钢、填塞胶棒、连系梁、过梁等等（表 4.12-1），这些辅材可以很好地保证砖墙的强度和稳定性。

砖墙材料　　　　　　　　　　　　　　　　表 4.12-1

材　　料	用　　途	材　　质
Masonry unit（砌块）	主材	混凝土
Steel truss（钢筋桁架）	连接水平砌块，使其成为一个整体	—
Compressible Filler（马粪板）	放置于控制缝以及砖墙和混凝土墙柱的接缝处，既缓冲结构形变，又可支撑 Backup rod	矿棉
Metal strap（鱼尾铁）	拉结砖墙和混凝土墙柱，增加砖墙稳定性	—
Backup rod（塑胶棒）	为密封胶提供载体，使密封紧密	聚乙烯泡沫
Sealant（密封胶）	密封砖墙结构接缝，起防尘美观的作用	硅酮胶
Movement tie（伸缩铁）	置于控制缝处，既起连接作用，又可允许形变	塑料和钢
Angle steel（角钢）	连接砖墙和顶板，提高砖墙的稳定性	—
Lintel beam（过梁）	保证门窗洞口处结构稳定，防止徐变产生的开裂	混凝土＋钢筋
Tie beam（系梁）	提高砖墙的稳定性和自身承载力	混凝土＋钢筋

在该项目中，砖墙都是非承重砖墙，包括混水墙（plaster block wall）、清水墙（Exposed block wall）。施工工艺方面，清水墙有别于混水墙，清水砖墙（图 4.12-3）强调砌块（fairface）、勾缝的一次成型的美观效果；而混水墙（图 4.12-4）则有后续的瓷砖、石膏板、抹灰装饰，不需强调勾缝、砌块质量等建筑要求。

优质的砌块是实现清水砖墙的前提和保证，工程要求砌块尺寸规则、平整、密实、无破损、观感良好。项目的清水墙砌块包括 390×190×190、390×190×90、290×190×140（mm）三种规格，耐火等级可以达到 2～4h。

图 4.12-3　清水砖墙

图 4.12-4　混水砖墙

4.12.3　图纸编制、排版及报批

砖墙施工图纸（Shopdrawing）包含很多施工信息：排砖、标高、门窗与机电洞口的位置、过梁、系梁、控制缝、连接节点等。

根据砌筑规范，有几个指标是常见而且须严格控制的：如墙长超过 9m 需要设置控制缝，洞口超过 30cm 需要放置过梁，墙高超过 3m 需要浇筑系梁等等，在画图的过程中，除了对一些构造要求的应用，如何根据门窗洞口的位置和尺寸进行排砖才是真正的本领所在，保证竖向砖缝与砌块的中线对齐是排砖的主要原则，为了美观和提高稳定性，应尽量避免窄砖（小于 10cm）的出现，通过调整第一皮砖或系梁的高度使得配有过梁的洞口上缘与灰缝平齐，在直角转角处须有牙槎，使得砖墙成为一个整体。如图 4.12-5、图 4.12-6所示。

图 4.12-5　砖墙转角处的压槎

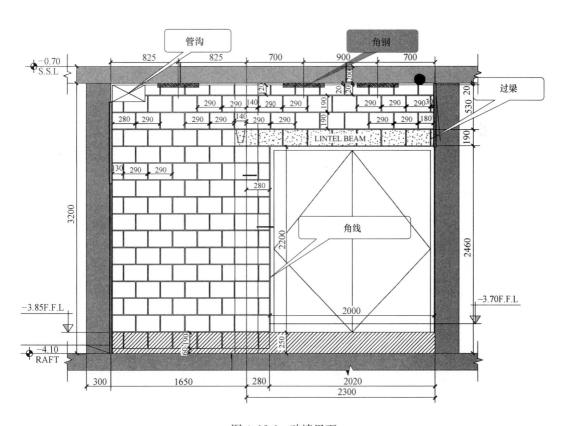

图 4.12-6　砖墙里面

　　砖墙的美感来自两个方面：一个是排砖布局，另外一个就是节点设计。在国际工程中，节点设计的种类和精细程度在很大程度上反映了工程的水准。节点如砖墙与砖墙的连接，砖墙与混凝土柱或墙的连接，砖墙与混凝土顶板的连接等，如图 4-12-7～图 4-12-10 所示。

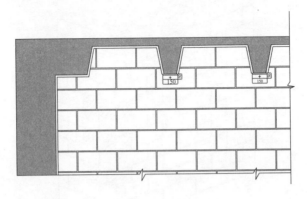

图 4.12-7　砖墙与密肋梁 Waffle 的连接

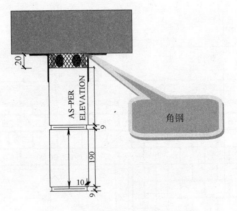

图 4.12-8　砖墙与顶板的连接

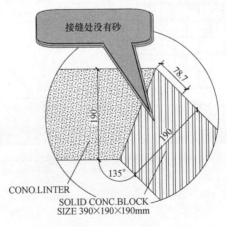

图 4.12-9　135°转角处的节点

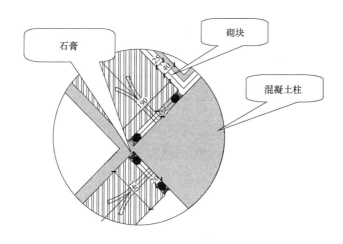

图 4.12-10　90°转角处的节点

砖墙之间的连接经常灵活地运用控制缝来保持彼此排砖的独立性。当砌筑清水砖墙时，砌块应与柱切角的内侧对齐，以便展现打胶之后的起伏效果。当砌筑混水砖墙时，砌块应与柱切角的外侧对齐，以方便石膏板安装时的找平。在潮湿区域（多以瓷砖装修为主），砖墙与混凝土墙之间用砂浆填充，不需留有空隙等等。在砌筑过程中，很容易出现设计变更以及各专业之间的协调，根据现场情况迅速作出调整是对画图员的基本要求。

4.12.4　施工准备

对于砌筑工程来说，施工前的准备是十分重要的，要至少考虑三个因素：

（1）Engineer（设计）的工作是否已经批复。

（2）材料是否到场，劳动力是否充足。

（3）专业协调如何，是否具备工作面。

现场工程师时刻都需要关注材料到场情况，即关注 MDS（Material delivered to site），保证现场至少有可以使用三天的生产材料，在拿到批复的图纸之后，首先要对现场工人进行技术交底，强调指出应该注意的问题，与各专业协调之后安排杂工清理现场，为砌筑工创造工作面，并且保证搅拌机和切割机的可用性。

4.12.5　施工组织

在砖墙的施工过程中，正常情况下是一名工人负责一道或者几道砖墙，以保证施工的连续性。将砖墙的第一皮砖作为验收的核心内容（核实排版），其中排砖、标高和连接节点是核对的基本内容。同时，在做第一皮砖放线的时候要充分考虑到砌块与混凝土柱梁的位置关系，尤其是在层高很高的情况下，需保证砖墙与混凝土梁板外缘竖直在一个平面内，很多情况下都需要做调整和打磨，以达到精细的效果。

为了保证砌筑的质量和稳定性，现场的砌筑须遵循以下原则：

（1）砖墙的前三皮和后三皮每一层都要有钢桁架，中间位置每三层需放置一道钢桁架

（如图 4.12-11 所示），在砖墙的转角处每层都需放置钢桁架。

（2）在与墙柱的连接处，每三层需放置一道鱼尾铁，在门框的薄弱处，每层都需要放置鱼尾铁保证拉接作用。

（3）在控制缝的位置，每三层需放置一条伸缩铁，使得砖墙既可有位移，又连接成一个整体，所有穿过控制缝的钢桁架都应切断。

（4）每天每道墙砌筑不能超过 5 层（1m）。

（5）与顶板连接的角钢需要在上层静荷载稳定之后再做固定，以防止砖墙的开裂。

（6）优秀的泥工是完成清水砌体的前提。项目为砌筑工程配备了"砌块切割机"，小型砂浆搅拌机，部分杂工，保证施工生产。

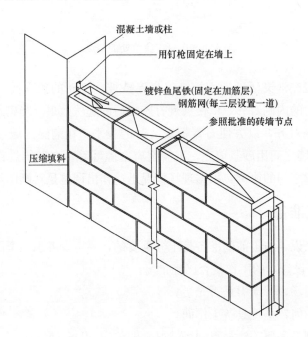

图 4.12-11　砖墙的排砖及辅材的摆放规律

4.12.6　总结

回首清水砌体施工，我们经历了两个阶段：质量控制和专业协调。质量控制主要包括砂浆的配合比，灰缝的饱满度，鱼尾铁的缺失，拐角处拉结筋的缺失，控制缝处拉结筋没有断开等。对于清水墙，我们有相应的施工图纸，在设计图纸的时候已经做过与机电的协调工作，但施工过程中，与机电的洞口协调一直是我们施工管理所面临的课题（图 4.12-12、图 4.12-13）。

同时，与结构的协调又更困难一些，在浇筑混凝土的过程中我们很难保证结构尺寸没有偏差，而对结构尺寸的纠偏会给砌筑工程带来大量的工作，这一切的协调工作都需要现场工程师有足够的经验去预见，及时解决发现的问题，保证设计与施工之间信息的通畅。

图 4.12-12　混水墙与风管的协调

图 4.12-13　清水墙管线埋设的样板

每个工程人都渴望做出精品的项目，以上就是潜伏在砖墙背后的工作，流程复杂而清晰，虽然施工环境有些粗糙，但任何细腻的东西都是从粗糙中陶冶出来的，我们享受这种冶炼的过程。

4.13　PERI 爬模施工技术

4.13.1　概况

科威特 CBK 项目塔楼结构高 239m，标准层高 4.6m，非标准层高 5.7m。主体结构组成：东、南、西侧混凝土剪力墙核心筒，北侧是斜肋钢管柱，压型钢板楼板、核心筒内混凝土楼板。

主楼平面布置呈等边三角形，竖向混凝土结构由 3 个筒体（1、2、3 号筒体）及 2 段墙梁组成，其中 1 号是主筒体，2、3 号为呈 81.93° 的倾斜筒体，连系筒体的墙梁从下往

101

上逐渐缩短，首层核心墙体长 68m，而屋面处核心墙体长度仅 54m。

筒体剪力墙厚 650mm，局部厚 400mm，最大门洞宽度是 4m，连系墙梁是带牛腿的异形梁，混凝土强度等级 C65。

钢管柱逐层向核心筒及中心两个方向呈 84.2°倾斜，钢管柱根数逐步减少，楼层面积逐步递减。

4.13.2 爬模设计需要解决的问题

1. 布料机布置

拟布置 1 台动臂式布料机 SCHING-SPB30，质量 6200kg，臂长 30m，自由高度达到 30m，可基本覆盖整个核心筒的混凝土浇筑。

2. 主要井道模板配置

本工程有以下井道：2250mm×（2087～4375）mm 异形电梯井及 2700mm×4800mm 楼梯井各 1 个，核心电梯井筒 9700mm×8850mm 2 个。核心电梯井筒布置布料机 1 台。

3. 2、3 号楼梯倾斜墙体爬模（81.92°）

倾斜爬模如何提升，是必须要面对的技术难题。

4. 施工平台的布置

平台通常由主平台、操作平台、装饰平台组成。平台如何便于施工（模板支设、施工平台、操作架），筒体内主平台是否可另外搭设辅助操作架。

5. 施工流水的组织

爬模板提升顺序及如何组织流水，如何配合钢结构预埋及验收工作。

6. 安全通道

施工电梯如何到达爬模平台，如何安全到达各个施工部位，如何布置消防、逃生通道畅通。

7. CW1、CW2 连系墙梁模板配置

该梁有牛腿，为变截面，另外楼层梁有 1220mm 的结构洞口，如何提升模板，同时该梁逐层缩短，每层减少 650mm，模板如何解决。

4.13.3 爬模

1. 爬模布置

经过对比分析，PERI 公司和项目部决定在 3 个核心筒区域采用液压爬模、在 2 条大墙梁区域（CW1、CW2）使用 CB160/240 的爬升模板（塔式起重机辅助提升），如图 4.13-1 所示。

根据结构特点布置许多单片的模架组件，可根据现场进度，把单片或者多片模架连接成一个整体，进而整体提升，展开流水施工作业。

核心电梯井筒内部安装钢梁形成平台，平台上安装钢柱、上平台等形成操作平台，模板可以挂在上平台上，四侧大模板可以随平台一起爬升，也可以暂时堆放物料和施工

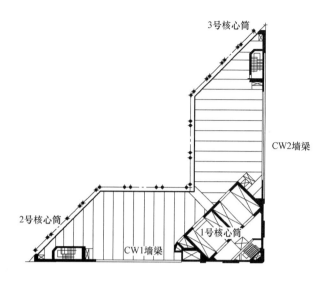

图 4.13-1　标准层平面布置

作业。

2. 液压装置布置

2、3 号筒体各有 14 个液压油缸，由 3 个油泵控制，模板对应分成 3 组提升。1 号筒体由 37 个液压缸、8 个油泵控制，模板对应分 8 组提升。液压缸型号 ACS100。其中，1 号筒体内 ACS-P1 搁置布料机，故其配有 8 个油缸，另外 1 个筒体 ACS-P2 则布有 4 个油缸。

3. 液压模板组成

本工程液压爬模操作平台及模板系统有 3 种具体形式，分别是 3 组 ACS-P，27 组 ACS-R，1 组 BR，共 31 组平台。分别布置在电梯核心筒井道（平台式）及三角支撑架体的临边墙体。

1）模板系统

由模板、PERI 工字梁、背楞钢梁、连接爪等组成。每块组装大模板由双层 19mm 厚覆膜多层板、PERIS24 工字木和 100mm×100mm 组合定型槽钢钢梁组成，每架模板都是根据图纸配制。

根据结构特点，模板先设计成一定尺寸的片架式架体，提升后再连接。

2、3 号筒体由 18 片架体组成，1 号筒体由 50 片组成，高 4700mm，宽度在 500～9400mm。

为保证刚度，角模一般是一个整体，然后再与其他片架模板连接。模板连接通常用连接梁、插销等，连接梁有系列的插孔，可满足通用性。

对于 ACS-P1/P2 筒体模板，各安装有钢板材质的补偿模板，宽 150mm，其在周边模板就位完毕后才装入，可以消化大模板及结构误差。模板拆除时，最先拆除补偿模板。

2）架体及操作平台系统

架体由主平台、操作平台、装饰平台、护栏栏杆、模板支撑架（斜撑、竖向背楞钢梁）、锁紧板、模板高低调节装置、平移装置、三角支架等组成，如图 4.13-2 所示。

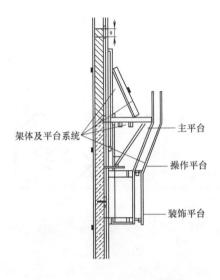

图 4.13-2 架体及操作平台系统

在上层主平台可从事绑扎钢筋、浇筑混凝土、安装导轨和处理水平缝等施工操作，可以适量堆放材料。操作平台可从事拆除模板及清理等操作。下层装饰平台可从事拆除导轨及操作提升架的操作。

3）液压爬升系统

组成：导轨、油缸、液压换向盒、爬锥、爬升承载挂件、承载螺栓、防坠爬升器、液压控制台。液压系统 ACS100 系列，10t 油缸。

换向盒可控制导轨与提升架体，通过液压系统可使模板架体与导轨形成互爬，油缸行程 600mm，反复油缸行程作业，达到预定高度，不需要人工辅助。液压泵的最大工作压力为 210bars（1bar＝0.1MPa），液压缸的单个行程为 1m 左右，每次爬升 600mm 高。导轨长 6m，其靠上、下 2 个爬升承载挂机承重。

4.13.4 液压爬模类型及布置

（1）ACS-P 用于大型井道，分别是 1 号筒体内的 P1、P2、P3。

（2）ACS-R 主要用于核心筒外围或异形井道内，带三角斜撑，是本项目爬模的主要形式。

（3）ACS-BR 小型电梯井内，其靠塔式起重机提升，操作简单。

4.13.5 倾斜墙体（2、3 号筒体）爬模

导轨倾斜布置，角度等同于墙体倾斜角度（81.93°），平台仍水平，模板呈斜边平行

四边形（图 4.13-3）。

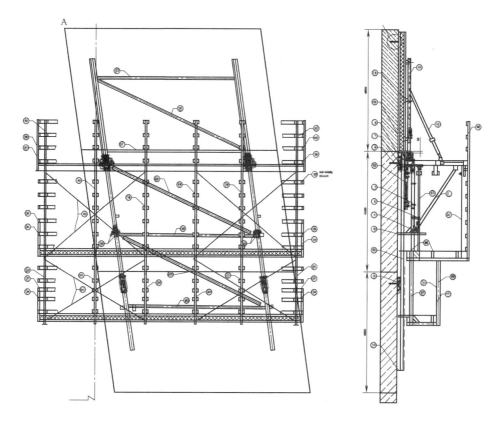

图 4.13-3　ACS-R1/R2/R4 倾斜墙体模板

4.13.6　提升模板 CB240 /160

CB240/160 模板系统没有液压油缸自身提升系统，靠塔式起重机提升，故其结构比较轻便，操作平台仅有主平台和装饰平台，装饰平台很简单。内侧选用 CB240 支架（宽 2.4m），外侧选用 CB160 支架（宽 1.6m）。

1. 工作原理

根据设计需要，通常 2 个 CB240/160 支架组成 1 组，整体吊装。模板可以从支撑架体分离，先吊离。可根据结构需要进行自由定位和组合，十分方便。模板片架长度（长约 6050mm）按图纸确定。

对于墙梁的牛腿结构，连墙挂件设计成 250mm 厚的三角结构，解决 250mm 的结构凹进。对于 1220mm 的结构洞口，支设 1220mm 洞口的支撑木模盒子，并做设计计算。

2. 逐层缩短 650mm 梁模板措施

CBK 项目，CB240 支架间距 3510mm，CB160 侧间距 3790mm，但最靠近 2、3 号筒体的支架逐层移动 650mm，对应结合部位的模板，采用 1～3m 的活动模板片架，按照实际尺寸逐层订做，与液压模板无缝连接。

3. 组成

模板、模板支撑、CB240/160 三角支架、连墙挂件（螺旋、附着）、装饰平台、栏杆等。

4. 因结构变化的模板系统改造

本项目结构变化在 23 层和 39M2 层。23 层处，电梯筒井道 P2 封顶；39M2 层处，电梯筒井道 P1 封顶，但 CW1、CW2 墙梁仍有约 30m 高，延伸至 41 层屋面。与结构对应，爬模经过 2 次结构改组。模板改组一般做法：PERI 公司设计模板图纸；现场提前做预留预埋；模板、平台重新装配，避免互相冲突；部分平台拆除；模架重新就位，重新安装连接液压系统；连接相关模架并检查。

4.13.7 爬模施工部署及操作要点

1. 施工流程

模板提升→测量放线→钢筋绑扎→安装单侧模板→机电及钢结构预埋→封模板→浇筑混凝土及养护。

2. 施工流水及操作要点

结合项目实际情况，有以下考虑：

（1）CW1、CW2 外侧，主平台上无法搭设脚手架，必须尽早提升模板进行钢筋绑扎。

（2）邻近楼板侧，要做钢结构埋件预埋，考虑到安装和验收要使用全站仪，必须待所有埋件完成后才可提升模板。故绑扎钢筋时，往往是搭设简易脚手架，在提升模板前拆除。

（3）对于 P1、P2、P3 井道，其主平台上搭设有脚手架，可以绑扎下层钢筋，钢筋绑扎完毕后，再提升。该脚手架随主平台提升。

（4）P1、P2、P3 的主平台均可堆放施工材料，如模板、钢筋等。

（5）在 CW1 和 CW2 竖向钢筋和外侧大模板之间，拉简易对拉螺杆铺设施工脚手板，用作墙体水平筋绑扎的施工平台。

爬模平台编号如图 4.13-4 所示。

3. 施工流水

为了满足施工进度，配合后续作业，合理分配资源，分阶段提升不同部位的爬模，开展流水作业。一般分 5 次提升，在 4～5d 内完成，提升顺序如图 4.13-5 所示。2、3 号核心筒爬模施工流水：ACS-R1/R2 提升→R4/R5/V1/V2 提升→ACS-R3 提升。

4. 操作要点

①模板爬升前要做好充分的准备工作，如解除所有待提升的模板体系与结构及周边构件的连接，让模板体系处于自由可提升的状态，并清理干净平台，采取安全措施；②参加人员要做安全交底，并由专人指挥；③检查液压系统的完好性，如油表、油管、油位；④安装提升挂件；⑤提升导轨；⑥提升架体及支撑系统，并完善安全措施。

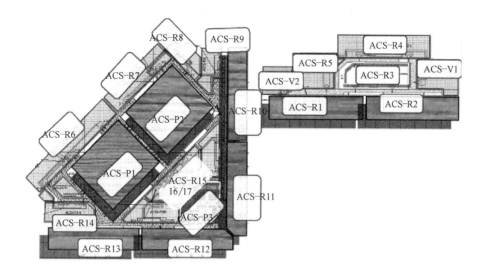

图 4.13-4　爬模平台编号

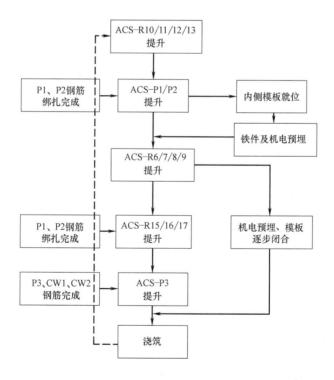

图 4.13-5　爬模提升顺序

4.13.8　爬模的特点

1. 优点

①液压爬模可整体爬升，也可单榀爬升，爬升稳定性好；②操作方便，安全性高，可节省大量工时和材料；③液压爬升过程平稳、同步、安全；④提供全方位的操作平台，施工单位不必为重新搭设操作平台而浪费材料和工时；⑤结构施工误差小，纠偏简单，施工误差可逐层消除；⑥模板自爬升，原地清理，大大降低塔式起重机的吊次；⑦一般情况下爬模架一次组装后一直到顶不落地，节省了施工场地，而且减少了模板（特别是面板）的碰伤损毁。

2. 缺点

①CW1、CW2施工时，施工脚手架反复搭设、拆除，工效低，且其平台可堆放材料少；②2、3号筒体预埋件侧（ACS-R4/R5/V1/V2），脚手架也要反复搭设，影响进度；③2、3号筒体提升过程中，ACS-V1/V2与ACS-R4/R5模架在转角处冲突。提升前必须先卸去模板（模板落地），消耗塔式起重机及工时；④2、3号筒体的ACS-R3可堆放材料太少，影响钢筋施工；⑤CW1，CW2的安全防护困难，给下面楼层的钢结构作业带来困难。

4.14　塔吊施工电梯布置要点

4.14.1　塔吊布置基本原则

1. 塔吊选型

根据实用性、经济型原则，依据起吊构件大小及位置、起吊频率来初步确定塔吊的规格类型。吊装构件通常包括浇混凝土、模板、施工设备、机电、业主设备、钢结构构件等。

对于钢结构构件，更要分析最小起吊单元的位置及重量，合理确定塔吊型号，确保能被吊装到位。

在目前施工现场中，常用塔吊型号有：QTZ80、SCM-F0/23B、SCM-H3/36B、C7050、MC475等，还有大吨位的动臂式吊车，如M440D、M600D、M1280D等。

2. 覆盖范围以及起吊能力

一个施工现场安装一台或者多台塔吊，塔吊尽可能覆盖全部施工场地。为了施工方便，还要覆盖堆场、装卸及部分加工场地。对于使用大模板的项目，务必要求覆盖所有施工部位。由于塔吊起重能力与距离有关，塔吊定位还要考虑对应施工构件的位置处的起重能力。

3. 基础条件

塔吊定位受限于基础条件，通常塔吊基础土基承载力要求25t/m²，否则要采用桩基处理。通常塔吊定位有 2 种情况：①建筑物外，天然地基或者桩基；②建筑物内，基础底板上或者承重墙体上，要先进行结构核算，或者先做结构处理。

如果建筑物外基础薄弱，或者场地条件限制无法打桩，塔吊定位往往被迫移位。

建筑物内定位塔吊，还要考虑是否和底板等结构冲突。对于塔楼周边是裙楼的结构，塔吊往往定位于基础筏板上，而上部结构往往做相应的结构预留，待结构封顶后，再做封堵处理。

4. 起吊频率

按照施工方案，进行吊次计算，塔吊的工作频率作为塔吊选型的要求之一。

5. 塔吊与建筑物外立面的相对关系

主要是检查塔吊是否和周边建筑物立面干涉，特别是建筑物突出部位，比如阳台、屋面造型空间造型等，尽可能避开冲突。如突出部分仅限于局部楼层，可以考虑结构预留。以 CBK 项目为例，4 号塔吊重点考虑避开和 TRUSS 悬挑梁的碰撞。

6. 附着条件

附着条件一般要考虑附着距离及 3 个附着点的结构是否是满足，一般附着点是框架柱、剪力墙、框架梁。按照各类塔吊说明书，常见的标准附着一般在 2～4m 内。对于特殊情况，超远距离附着需要重新设计，定制加工。对于下部大而上部小的倾斜结构，是否能有结构安装附着，往往是决定塔吊定位的关键因素。

7. 安装拆除条件

塔吊安装必须依靠汽车吊或者其他塔吊，需要一定拼装场地、交通运输通道及汽车吊就位场地。对布置在建筑物内的塔吊，在基础施工阶段，特别是土方开挖及总平面布置阶段，一定要协调好塔吊的安装方案，并预留相应的施工通道。

塔吊拆除类似于塔吊安装，同样需要类似条件。在拆除阶段，建筑物已经形成，难度往往会更大。如果定位不合理，后拆除往往增加很大难度。

综上所述，塔吊定位一定要综合考虑以上因素，权利利弊，力求得出最优方案。

4.14.2　CBK 项目塔吊布置

1. 项目概况

项目概况见表 4.14-1，项目区域分布见图 4.14-1。

项目概况

表 4.14-1

序号	区域	结构形式	主要施工构件	高度（标高）		塔吊布置
				起于	顶部	
1	停车场 1	混凝土结构	土建施工	−4.0m	+6.5m	1 台 QTZ120
2	塔楼区域	混凝土核心筒、钢结构柱、梁、悬挑礼堂、钢结构入口通道	土建、钢结构柱、梁	−4.0m	+234.4m	2 台 MC475
3	金库	混凝土墙体、钢结构梁、屋面	土建、钢结构梁	−4.0m	+35m	1 台 HBS125

续表

序号	区域	结构形式	主要施工构件	高度(标高)		塔吊布置
				起于	顶部	
4	停车场2	混凝土结构、钢结构屋面入口	土建、钢结构入口	−4.0m	+39m	1台 H3/36B
5	人防	挡土墙、框架混凝土结构	土建	−0.5m	+6.5m	由周边的塔吊覆盖

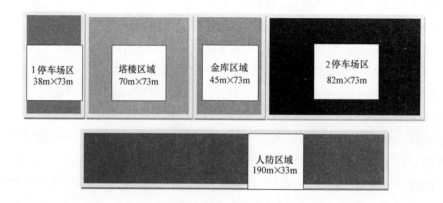

图 4.14-1　项目区域分布

2. 塔吊平面布置

塔吊平面布置见图 4.14-2。

4.14.3　塔吊选择及部署

按照施工方案，所有塔吊均布置在建筑范围内。CBK 项目采用天然基础，土基设计承载力达到 $80t/m^2$，故塔吊基础处均没有补桩处理。

4 号塔吊的锚脚直接埋设在 3m 厚的筏板中，其在筏板浇筑前，做马镫及基脚预埋；5 号、6 号号塔吊是配重式基础，装于筏板表面，其是为了缓解塔楼施工塔吊紧张局面而补装的。在建筑物内的塔吊，上部结构均做洞口预留。

1. 主塔吊（2 号、4 号）选择

主楼外形呈多面体楔形，平面布置呈三角形，东南侧的混凝土核心墙从下往上长度逐渐缩短，呈 81.93°倾斜，西北立面还有凹进、凸出悬挑区域。

钢管柱侧整体逐步收缩，无法安装附着而不能布置塔吊。故塔吊布置仅局限于混凝土墙体一侧，且受墙体收缩影响，这对塔吊布置提出了挑战。

2 号、4 号塔吊主要用来满足塔楼施工。吊装构件有钢结构和土建构件，其中的大型构件有钢管斜肋及 TRUSS 悬挑梁（图 4.14-3）。

2 号塔吊附着条件较好，故选其作为主塔，臂长 70m。2 号塔吊可以覆盖 4 号塔吊，可以作为拆除后者的吊车。

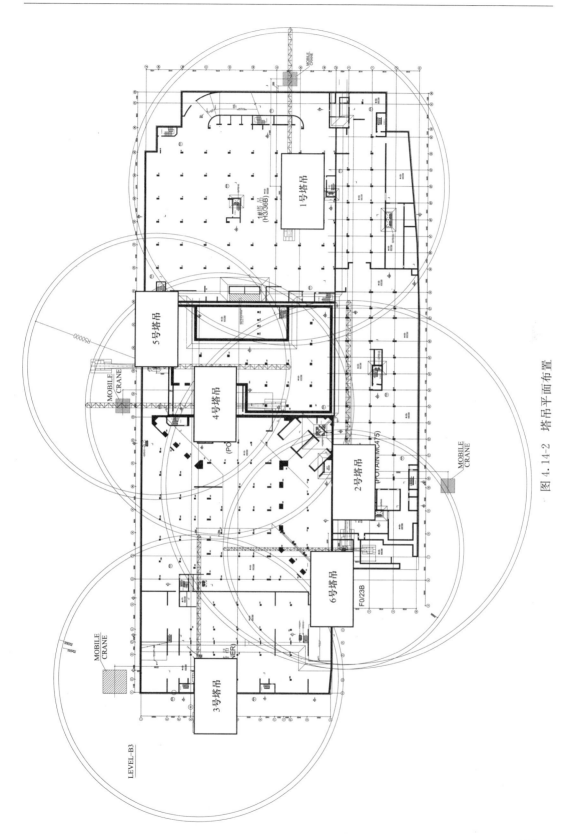

图 4.14-2　塔吊平面布置

图 4.14-3　TRUSS悬挑桁架梁、斜肋钢管柱

4 号塔吊定位受很多限制，故选择 4 号塔吊作为附塔，其臂长 50m，其工作高度低于 2 号塔吊，可避免碰撞。此外，我们还综合考虑了以下因素：

基础位于金库范围，必须避开金库范围，金库施工是该项目的核心内容，不允许施工洞存在。

力求回避悬挑的 TRUSS 碰撞，该悬挑礼堂 TRUSS 位于 5～7 层。

东侧墙体是收缩的，最高附着的位置决定了塔吊的安装高度。

根据分析，该 2 台塔吊可以覆盖塔楼所有范围，起重量可以吊装绝大部分的钢构件（8 节柱子除外），大的钢构件在 15t 左右，个别柱达到 36t。根据拟定位置，MC-474-2C基本满足施工需要。对于超重钢柱拟采用双塔抬吊或者大型履带吊。

2. 塔吊部署

塔吊部署如表 4.14-2 所示。

塔吊部署　　　　　　　　　　　　　　　　　　　　　表 4.14-2

塔吊名称	型号	覆盖范围	臂长(m)	安装高度(m)	设计高度(m)	附着次数	最高附着高度(m)	最大起重量(t)	最小起重量(t)	安装阶段
1号	H3/36B	停车场2	60	51.2	180	无	无	12	3.6	底板施工后
2号	MC-475-25C	塔楼及部分人防	70	253.63	283	7	204.93	25	5	底板施工后
3号	PIENER	停车场1	55	46	150	无	无	10	2.5	底板施工后
4号	MC-475-25C	塔楼及金库	50	241.69	283	7	181.09	25	5	底板施工后
5号	ELAB HBS125/150	金库	50	46	150	无	无	8	2	塔楼施工至15层
6号	F3/23B	部分塔楼区域	50	165.3	203	4	120.475	10	2.3	塔楼施工至10层

14.4.4 塔吊技术参数

1. POTAIN MC 475-2C 塔吊技术参数

POTAIN MC 475-2C 塔吊技术参数如图 4.14-4 所示。

70m	3.1 ▶	18	20	22	25	27	30	32.3	34.8	35	40	45	50	55	60	65	70	m
		25	22.2	19.8	17.1	15.6	13.7	12.5	12.5	12.4	10.7	9.3	8.2	7.3	6.6	5.9	5.4	t
65m	3.1 ▶	18.1	20	22	25	27	30	32.4	34.9	35	40	45	50	55	60	65		m
		25	22.2	19.9	17.1	15.6	13.7	12.5	12.5	12.5	10.7	9.3	8.2	7.3	6.6	5.9		t
60m	3.1 ▶	18.7	20	22	25	27	30	32	33.4	36.1	40	45	50	55	60			m
		25	23.1	20.7	17.8	16.2	14.3	13.2	12.5	12.5	11.1	9.7	8.5	7.6	6.8			t
55m	3.1 ▶	19.3	20	22	25	27	30	32	34.6	37.4	40	45	50	55				m
		25	24	21.5	18.5	16.9	14.9	13.8	12.5	12.5	11.6	10.1	8.9	79				t
50m	3.1 ▶	19.6	20	22	25	27	30	32	35.1	37.9	40	45	50					m
		25	24.4	21.8	18.8	17.2	15.1	14	12.5	12.5	11.7	10.2	9.1					t

图 4.14-4 POTAIN MC 475-2C 塔吊技术参数

2 号塔吊为 70m，4 号塔吊为 50m，技术参数见图 4.14-5。

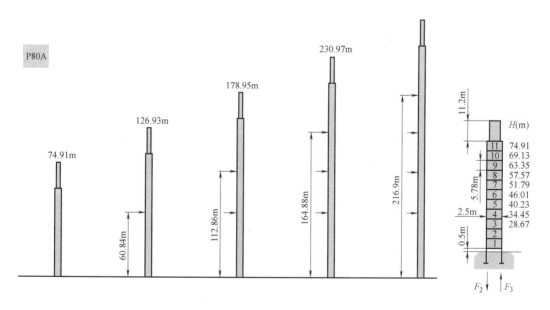

图 4.14-5 2 号、4 号塔吊技术参数

可见，其设计高度 283m，自由独立高度 74.91m，附着之间为 9 节标准节，起重量在 25～5t 之间。

2. F0/23B、H3/36B 塔吊技术参数

塔吊技术参数见图 4.14-6。

F0/23B：独立高度 51.2m，最后一道附墙上最多有 12 节标准节；两道附墙之间最多有 9 节标准节。塔吊最大安装高度为 180m。

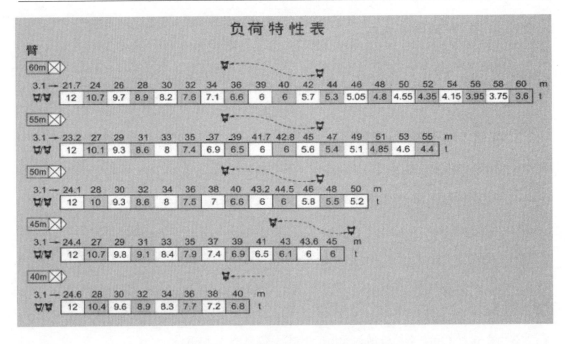

图 4.14-6　1号塔吊（H3/36B）技术参数

H3/36B：自由高度 59.8m，最后一道附墙上最大自由高度 15 节标准节；相邻两道附墙之间最多 12 节标准节，塔吊最大安装高度为 203.8m。

4.14.5　4号塔吊立面

4 号塔吊相关示意图见图 4.14-7。

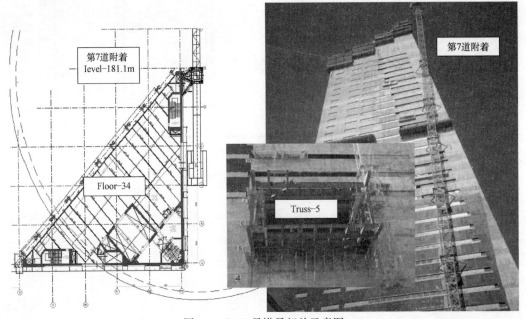

图 4.14-7　4 号塔吊相关示意图

　　6 号塔吊在第四道附着后（标高－120.0m），无法安装下一附着（没有结构），该塔吊仅安装至标高 165.3m 处。

4.14.6　超重构件的解决方案

1. 超重构件

由于深化设计增加了所有的斜肋柱 X 节点壁厚，增加了重量，超重构件位于 01M2 层～21 层（图 4.14-8），其编号分别为 1～8 号，2 号、4 号塔吊均无法单独吊起这些构件。

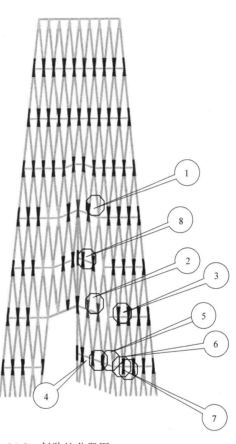

构件重量：

构件号	重量(t)	所在楼层	标高(m)
1	12.5	20	121.34
2	36	07	61
3	11.4	07	61
4	21.4	L02	29.85
5	15.4	L02	29.85
6	15.4	L02	29.85
7	11.4	L02	29.85
8	15.4	L13	89.6

图 4.14-8　斜肋柱分段图

2. 超重构件的吊装方案

吊装方案见表 4.14-3。

超重构件的吊装方案　　　　　　　　　　　　　表 4.14-3

构件号	吊装方案	备注
4 号、5 号、6 号、7 号	履带吊 CC750t	需要很大的停车场地，成本高
2 号、3 号	履带吊 CC750t	需要大的场地，借用隔壁工地场地，协调难度大

构件号	吊装方案	备注
8 号	2 台塔吊抬吊（其中 2 号塔吊为主，由根部向前行走，接近安装位置时，4 号塔吊配合帮助分配部分荷载）	超重构件稍微大于起重量，抬吊位置一定要准确，做好技术协调
1 号	减轻构件重量，连接短柱现场焊接	给现场焊接增加了难度

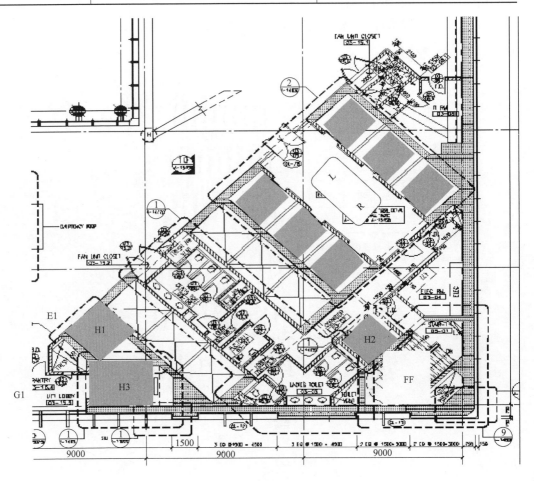

图 4.14-9　施工电梯布置

4.14.7　施工电梯布置

如同塔吊布置一样，施工电梯布置也要考虑通道、场地、附着、拆除等条件，要因地制宜。

根据建筑物结构外形，两侧混凝土墙体洞口尺寸仅 1210mm，且有 1180mm 窗台，故不能做通行通道口，不宜安装电梯。钢管柱一侧也无法安装施工电梯（分析见塔吊章节）。

最终选择是施工电梯装在电梯井内，由于受井道尺寸限制，只能安装单笼电梯，且笼子尺寸需要订制，影响了承载能力。

施工电梯及布置如表4.14-4。

施工电梯布置 表4.14-4

电梯号	型号	笼子参数		标准节参数		安装高度
		尺寸(m)	重量(t)	尺寸(m)	重量(t)	(m)
1	SC200GZ	2.4×1.1×2.5	2000	0.65×0.65×1.508	150	240
2	SC200GZ	1.7×1.3×2.5	2000	0.65×0.65×1.508	150	210
3	SC200GZ	2.2×1.5×2.5	2000	0.65×0.65×1.508	150	240

4.15 CBK 项目 HVAC 系统概述

4.15.1 通风空调系统概况

(1) CBK 项目通风空调（HVAC）系统包括通风系统、空调水系统、空调风系统。通风系统包括日常换气用送、排风及消防排烟、正压送风；空调水系统主要包括一次冷冻水系统、冷却水系统、冷凝水系统、二次冷冻水系统等；空调风系统包括空调送风、排风、新风以及空调房间的系统末端空气气流组织。

(2) CBK 项目通风空调系统的室内、室外环境空气干湿球温度、相对湿度参数如表4.15-1所示。

CBK 各部位温度、湿度要求 表4.15-1

A. 夏季状态时环境参数		
序号	部位、房间	温度、相对湿度数值
1	室外	115°F DB；82°F WB
2	一般室内房间	75°F DB；50% RH ±10%
3	厨房	80°F DB；55% RH ±10%
4	变电室、设备间	80°F DB；50% RH ±10%

B. 冬季状态时环境参数		
序号	部位、房间	温度、相对湿度数值
1	室外	40°F DB；35.6°F WB
2	室内	70°F DB±2°F；40% RH ±10%

表4.15-1中，干球温度：°F DB (dry bulb)；湿球温度：°F WB (wet bulb)；相对湿度：RH (relative humidity)；1华氏度（°F）=1.8×摄氏度（℃）+ 32。

CBK 项目房间噪声要求见表4.15-2。

CBK 项目房间噪声要求 　　　　　　　　　　表 4.15-2

序号	部位、房间	噪声等级
1	办公室、会议室	NC 35
2	设备房间	NC 55
3	电梯厅	NC 40
4	礼堂	NC 30

4.15.2 通风系统

(1) 办公区域、金库、员工停车场、来宾停车场、地下室设备及储藏等功能用房等均设有日常换气用机械送风和排风（烟）系统，根据车库各防烟分区内 CO 浓度自动启动，火灾发生时自动头切换至消防通风（送、排）模式。员工及来宾车库通风系统原理图见图 4.15-1、图 4.15-2。

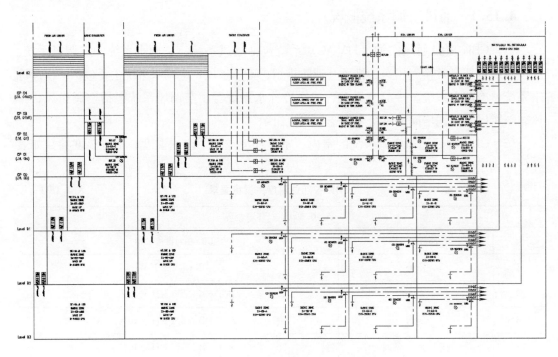

图 4.15-1　员工车库通风系统原理图

(2) 厨房区域设有带油烟处理装置的厨房机械排油烟系统。厨房油烟排放前先经过油烟处理设备处理，然后通过专门的排放管道排放到室外，由于油烟温度比较高，油烟排放管道都采用铝箔岩棉保温材料进行保温处理。厨房油烟排放管道现场施工图见图 4.15-3。

(3) 为防止消防状态时各竖井和楼梯间成为烟气通道、保证人员疏散，各电梯竖井和防烟楼梯间均设置机械正压送风系统，保持相应空间区域一定的正压值，防止烟气进入电梯竖井和防烟疏散楼梯间。

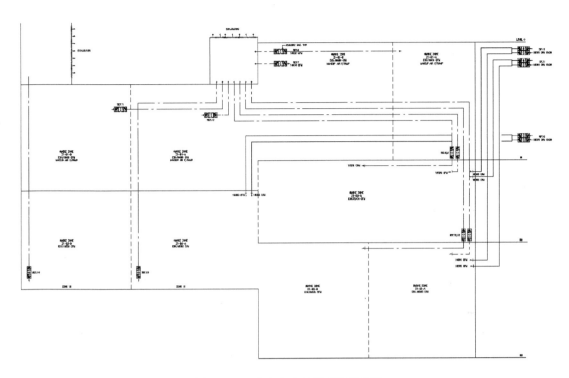

图 4.15-2　来宾车库通风系统原理图

图 4.15-3　厨房油烟排放管道现场施工图

<table>
<tr><td colspan="3" style="text-align:center">正压送风系统设置概况</td><td style="text-align:right">表 4.15-3</td></tr>
</table>

序号	电梯井、楼梯间编号	正压送风机位置
1	电梯井 P1-P3、电梯井 P4-P6、电梯井 P7-P9、电梯井 P10-P12、电梯井 FF1、电梯井 E1	塔楼 B2 层,共 6 台
2	电梯井 P14-P15、电梯井 P16-P17、G2	塔楼 B3 层,共 2 台
3	电梯井 P18-P19、P20-P21、VCP1-VCP4	—

序号	电梯井、楼梯间编号	正压送风机位置
4	电梯井 P22-P23	塔楼 1M2 层，1 台
5	电梯井 E2-E3	塔楼 37 层，1 台
6	电梯井 CP1-CP4	员工车库 2 层，1 台
7	货梯井 G1	塔楼 B2 层，1 台
8	货梯井 G3、餐饮电梯井、人防电梯井	—
9	塔楼 1 号楼梯间	塔楼 B3 层，1 台
10	塔楼 2 号、3 号楼梯间	塔楼 B2 层，共 2 台
11	员工车库楼梯间 4 号、6 号、7 号、8 号、9 号	员工车库 2 层，共 5 台
12	员工车库楼梯间 5 号	员工车库 1M2 层，1 台

（4）C4 人防区域在平时作为员工停车场，设有日常换气用机械送风和排风（烟）系统，根据车库内各防烟分区一氧化碳浓度自动启动，火灾发生时自动头切换至消防通风模式。战争发生时作为人员掩蔽所，启动 2 套战时人防滤毒通风系统（300 人和 200 人两个人防区域）。

（5）CBK 项目通风系统各类送风机、排风机、排烟风机一览表见表 4.15-4。

CBK 通风系统各类风机一览表　　　　　　　　　　　　　　表 4.15-4

序号	风机名称	编码	数量（台）	备　注
1	送风机	SF	36	换气送风、噪声要求低于 NC55
2	排风机	EF	4	日常通风换气排风
3	消防排烟风机	SEK	93	消防状态，300℃运行时间不低于 1h
4	厨房排风机	KEF	13	带初效过滤和活性炭过滤
5	厨房油烟排放风机	KEU	2	清洗水量 18L/s；风量 11000CFM 和 4000CFM
6	卫生间排风机	TEF	23	设置防止空气回流止回阀
7	电梯井正压送风风机	LPS	12	消防状态时自动运行
8	楼梯间正压送风风机	SPF	9	消防状态时自动运行

各类风机合计：192 台

注：S-Supply；F-Fan；K-Kitchen；E-Exhaust；U-Unit；T-Toilet；L-Lift；P-Pressurization；S-Stair。

4.15.3　空调水系统

（1）CBK 项目空调水系统主要包括一次冷冻水系统、冷却水系统、冷凝水系统、二次热交换冷冻水、软化水、冷却水补水等系统。

（2）空调一次冷冻水系统供回水温度 45℉/55℉，二次冷冻水系统供回水温度 47℉/57℉。

（3）空调冷冻水、冷却水系统工作压力 300PSI，管道试验压力为工作压力的 1.5 倍

（试验压力 450PSI）。

（4）空调冷冻水系统分为低区和高区两个循环系统，21 层以及 21 层以下属于低区系统，21 层以上属于高区系统。

（5）5 台离心式冷冻机（R134 制冷剂）、5 台冷却泵、5 台冷冻水回水泵、7 台冷冻水

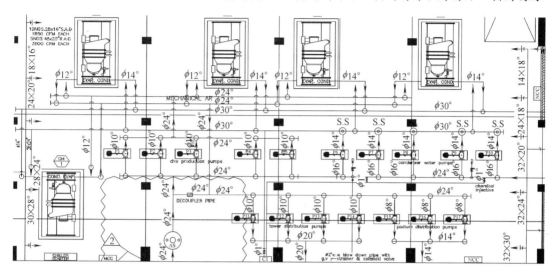

图 4.15-4　塔楼 B3 层冷冻机房布置图

供水泵（塔楼低区和裙楼冷冻水循环泵）、5 台冷却水滤砂器等空调水设备主要设置在塔楼 B3 层空调冷冻机房。

（6）高区二次冷冻水系统 2 台板式热交换器和 2 台冷冻水循环泵设置在 20 层。

（7）冷却水系统的 4 台不锈钢冷却塔设置在员工停车场的 2 层屋面，2 台冷却水系统补水泵及水箱设置在塔楼 B3 层水箱间。

（8）由于当地气候原因，空调系统运行期间会有大量空调冷凝水产生，考虑节约能量资源，CBK 项目 HVAC 系统的空调冷凝水不随意排入废水系统，而是进行有组织的回收，流入空调冷却水系统的补水水箱再次利用。楼内空气处理设备（ACU、AHU、FCU）的空调冷凝水集中排放到 B3 层水箱间的 2 台玻璃钢冷却水补水水箱，再次利用于冷却水系统。

（9）空调水系统主要设备和参数：见表 4.15-5。

空调水系统主要设备数量和参数　　　　　　　　　　　　　表 4.15-5

序号	设备名称	数 量	主要参数（单台设备）
1	冷冻机	5 台	制冷量 775 冷吨；电功率 515kW；冷冻温度 44°F/54°F；冷却温度 94°F/104°F；冷冻流量 1860GPM；冷却流量 2325GPM；4 用 1 备
2	冷却塔	4 台	不锈钢材质；流量 2800GPM；温度 90°F/100°F；电功率 45kW
3	一次水冷冻泵	4 台（塔楼）	流量 1800GPM；扬程 100FT；电功率 55kW；3 用 1 备；变频启动
		3 台（裙楼）	流量 1500GPM；扬程 100FT；电功率 45kW；2 用 1 备；变频启动
4	二次水冷冻泵	2 台	流量 1920GPM；扬程 100FT；电功率 55kW；变频启动；1 用 1 备

序号	设备名称	数 量	主要参数（单台设备）
5	冷冻回水泵	5 台	流量：1860GPM；扬程：50FT；电功率：30kW；4 用 1 备
6	冷却水泵	5 台	流量 2325GPM；扬程 120FT；电功率 90kW
7	滤砂器	5 台	流量 2325GPM；4 用 1 备
8	热交换器	2 台	流量 960GPM；工作压力 230PSI；一次水温度 45°F /55°F；二次水温度 47°F /57°F
9	软化补水设备	2 套	一次冷冻水系统、二次冷冻水系统各 1 套
10	稳压配套设备	3 套	20 层低区水系统 2 套、39M 层高区水系统 1 套
11	隔气罐	2 台	B3 冷冻机房冷冻回水总干管、21 层设备间的冷冻回水总干管各 1 台

（10）空调水原理：相关示意图见图 4.15-5～图 4.15-7。

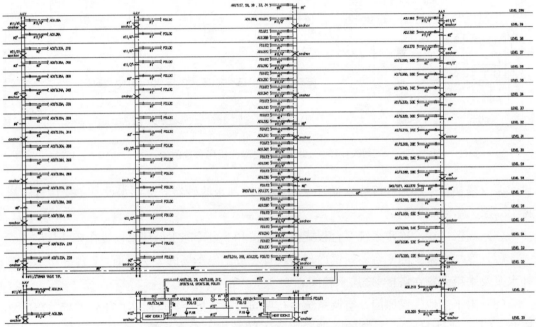

图 4.15-5　高区冷冻水示意图

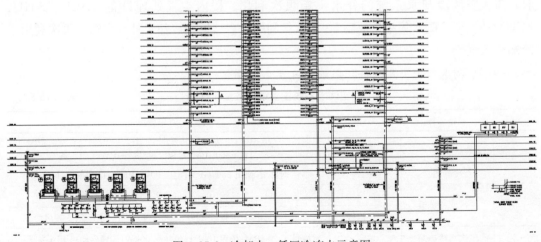

图 4.15-6　冷却水、低区冷冻水示意图

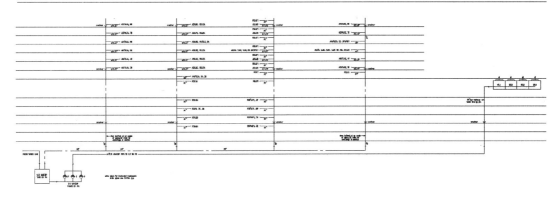

图 4.15-7　冷凝水、冷却水补水系统图

4.15.4　空调风系统

CBK 项目空调风系统包括全空气空调处理系统（定风量、变风量）、办公区地板空调系统、风机盘管空调系统、风机盘管加新风空调系统、全新风空调系统、分体空调系统。

1. 全空气处理系统

冷冻中心机房、水箱间、空调设备机房、变电室、自动和手动金库、钞票处理间、图书馆、礼堂、舞厅、VIP 入口、咖啡厅、银行营业厅及办公区用房、警察办公区、餐饮区、40 和 40M 层董事会办公区等区域均采用全空气空调处理系统（AHU）。

图书馆、银行营业厅及办公区、钞票处理间区域、警察办公区、0 层走廊等公共区域采用 VAV 变风量空气处理系统（AHU＋VAV），如图 4.15-8 所示。

图 4.15-8　吊顶内变风量末端 VAV
安装及风管保温施工图

CBK 项目全空气空调处理系统中，AHU 全空气空调处理机组合计约 42 台。

热轮能量回收机组 2 台（1 台带电加热），热管式能量回收机组 1 台。

配置有电加热功能段的机组 16 台。

服务于礼堂区域的 2 台机组同时配置有一次电加热功能段和二次电加热功能段。

位于 39M 层的 2 台全新风机组为董事会办公区域全空气空调系统服务，新风量分别为 16500CFM 和 35000CFM，其中 35000CFM 风量的新风机组为能量回收机组。

未补充空调新风的全空气系统包括：服务于 0 层入口和走廊的 1 台 AHU 机组；为 22 层和 39M 层电梯机房服务的 4 台 AHU 机组（各 2 台）；服务于 1 层中心走廊和祈祷室的 1 台 AHU 机组。

CBK 的全空气变风量处理系统中共设置 VAV 变风量末端控制约 60 台。

礼堂大厅区域空调送风采用吊顶条形送风口，回风利用座位下部空间作为回风箱，条形回风口设置在座位下的台阶侧面。礼堂区域配套功能房间采用地板空调送风。舞厅送风也采用吊顶条形送风口，回风、排烟利用吊顶四周与墙体间一定尺寸的间隙。咖啡厅、自助餐饮区送风有顶部球形喷口、散流器、侧送风等形式，回风有侧回风、建筑吊顶与四周墙体间隙回风等。

2. 办公区地板空调系统

CBK 项目标准层办公区采用地板空调系统（AHU＋ACU＋FTU＋VAV）。

地板空调系统的室内循环空气主要依靠设置在每层的空调机组（ACU）进行室内空气参数调节处理（表 4.15-6、图 4.15-9）。

室内空调新风量是随室内吊顶内空调回风所含 CO_2 浓度自动调整，通过 BAS 系统，进行 VAV 变风量末端控制的开启度调节进行新风量的自动调节，同时调整室内吊顶内排风支管上的电动阀（MD）的开启度，从而达到室内空气质量要求。

地板空调系统普通 ACU 空调机组设置情况

表 4.15-6

序号	楼层	数量	备注
1	3～4	每层 6 台	功率 2kW,低区供回水温 47℉ /57℉
2	5	9 台	5 台风机功率 0.3kW,配冷凝排水泵
3	6	8 台	4 台风机功率 0.3kW,配冷凝排水泵
4	7～19	每层 6 台	风机电功率 2kW
5	20	4 台	风量 2475CFM,风机电功率 2kW
6	21	6 台	设备间 2 台功率 0.3kW,风量 1183CFM
7	22～26	每层 5 台	风机电功率 2kW
8	27	11 台	其中 6 台 ACU 为计算机房的精密空调
9	28～36	每层 5 台	功率 2kW 高区供回水温 47℉ /57℉
10	37	4 台	功率 2kW 高区供回水温 47℉ /57℉
11	38～39	每层 3 台	功率 2kW 高区供回水温 47℉ /57℉

合计:208 台

办公区排风与系统所需室外新风通过能量回收空调机组进行能量交换，集中回收排向室外的废气中能量。选用 2 台热管式能量回收新风机组，每台新风机组风量 27000CFM，

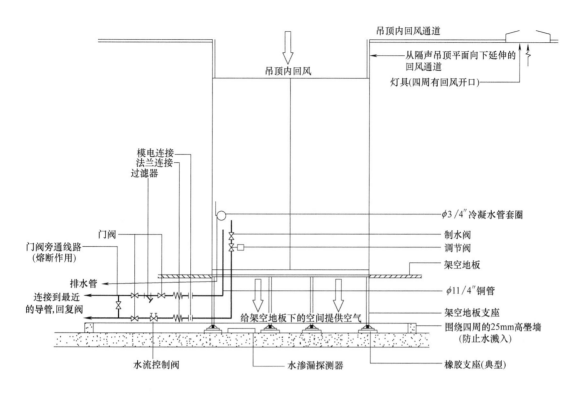

图 4.15-9　ACU 机组工作原理及接管示意图

每台机组都带有 50kW 功率的电加热段和 50kW 功率的再加热段，各自负责东、西两侧半幢楼的新风供给，见图 4.15-10。

地板上空调系统的空调送风末端装置采用由室内温控开关调节的 FTU 地板送风单元。地板空调系统中的 FTU 地板送风单元总共合计约 2219 台，风量 300CFM，送风机功率为 60W。

与办公区外围结构墙体、幕墙相邻部位的办公区的配置冬季电加热装置，带电加热装置 FTU 送风单元 1423 台，每台的电加热功率为 250W。

FTU 地板送风单元送风原理和送风形式如图 4.15-11、图 4.15-12 所示。

办公区域采用建筑吊顶内的空间作为回风、排风、排烟通道，利用建筑吊顶边缘与房间周围墙体之间 30mm、47mm 的间隙和吊顶上照明灯具结构面上的 4 个条缝作为系统的回风口、排风口、排烟口。

3. 全新风系统

卫生间的送风和排风采用对排风能量集中回收式全新风空调系统（AHU），分高低两个区域，22 层及以上为高区，22 层以下为低区，如图 4.15-13 所示。

选用 2 台热管式能量回收新风空调机组，分别为高区和低区的卫生间提供排风和空调送风服务。高区系统新风量为 13000CFM，低区系统新风量为 16000CFM。高区新风机组配置有 15kW 功率的电加热段和 15kW 功率的再加热段。低区新风机组配置有 20kW 功率的电加热段和 20kW 功率的再加热段。

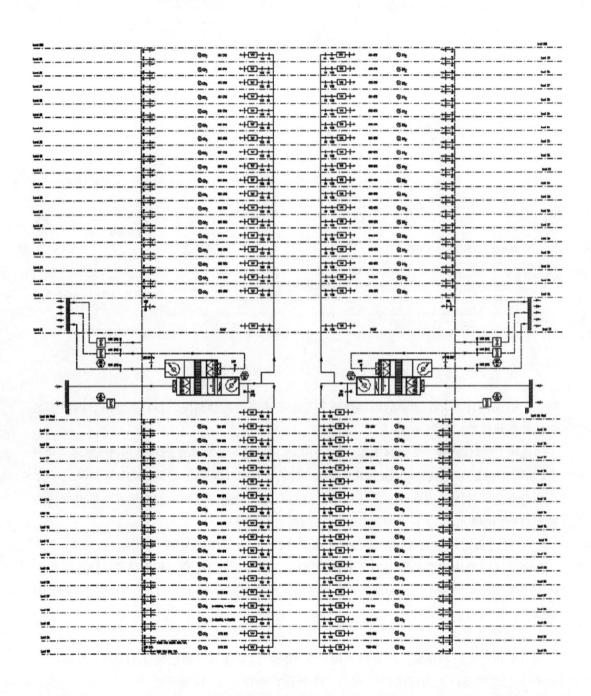

图 4.15-10　办公区地板空调系统新风系统原理图

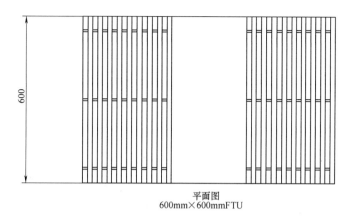

平面图
600mm×600mmFTU

图 4.15-11　FTU 地板送风单元送风形式

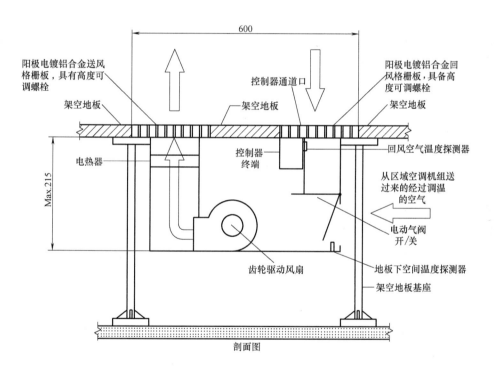

剖面图

图 4.15-12　FTU 地板送风单元送风原理

厨房区域的空气调节采用全新风空调系统，选用 2 台新风空调机组，1 台服务于厨师操作位置排烟罩的空调补风，另外 1 台服务于厨房其他区域的空气参数调节。

4. 风机盘管加新风系统

国家警卫队办公区域采用风机盘管加新风空调系统（FCU＋AHU）。

所有风机盘管吊顶内暗装，通过风管进行吊顶式送风，回风利用吊顶内空间进行回风。

127

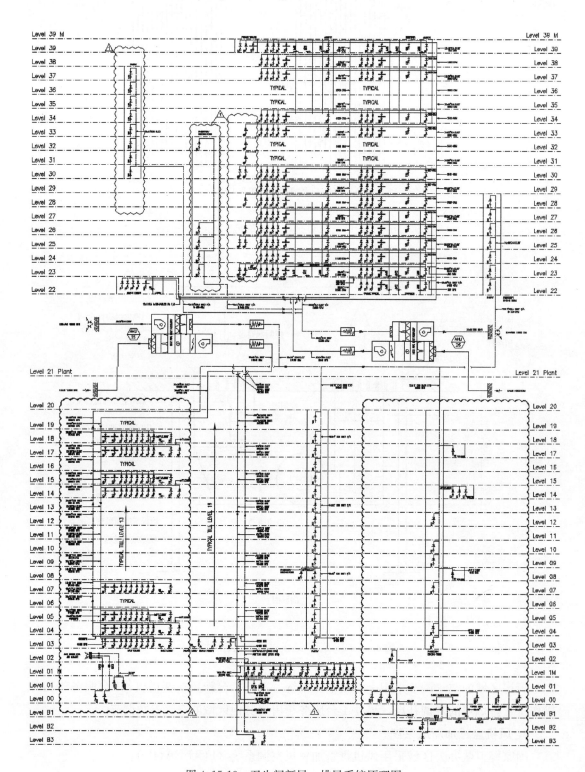

图 4.15-13　卫生间新风、排风系统原理图

合计采用风机盘管 14 台，其中 2 个武器弹药库的 2 台风机盘管配置有湿度控制装置和电加热装置，每台湿度控制器功率 1.5kW，电加热器设置在出风管段上，每台电加热功率为 1kW。

选用吊顶式新风机组 1 台，新风量 1300CFM。

5. 风机盘管空调系统

电梯厅、走廊、IT 房间、塔楼各层配电室以及车库内单独设置的储藏室、办公区等一些功能房间采用单一的风机盘管空调系统（FCU）。

设备间等没有吊顶部位的风机盘管采用吊顶式明装；有建筑装饰吊顶的部位（电梯厅、走廊等）采用吊顶式暗装，通过风管进行吊顶式送风，送风口采用条形送风口，回风利用吊顶内空间进行回风，利用吊顶与边缘与房间周围墙体之间 30mm 的间隙作为回风口。

合计采用风机盘管约 145 台，其中配置电加热装置的 5 台，1 台加热器功率为 1kW，另外 4 台加热器功率为 2kW。

6. 分体空调处理系统

大厦周围的各个单独警卫值班室、服务器房间采用单一的分体式空调。共合计采用分体空调 16 台。其中警卫值班室采用的是冷暖式分体空调，共 11 台；服务器房间采用的是单冷式分体空调，共 5 台。

7. 战时人防空调

人防区域在平时作为车库，只运行通风系统，不运行空调系统。

在战时人防区域运行独立的风冷式空调系统，共 4 套风冷式空气调节设备，300 人防和 200 人防各 2 套。

分体空调系统采用 R134 制冷剂，制冷剂传输管道采用铜制管道。

8. 特殊房间的精密空调（ACU）

CBK 项目精密空气调节系统的设置部位及参数情况，见表 4.15-7。

表 4.15-7

序号	部　位	ACU 数量（台）	房间参数		风量 CFM	湿度控制		备　注
			温度	湿度		再加热功率（kW）	湿度调节能力（kg/HR）	
1	27 层计算机房	6	72°F	50%	9000	2	8	4 用 2 备
2	B2 层 4BPS 钞票处理间	6	74°F	50%	3000	3	8	每个钞票处理间配 2 台 ACU，4 台 BPS
3	B2 层 3BPS 钞票处理间	2	74°F	50%	2500	3	8	钞票处理间配置 2 台 ACU，3 台 BPS

序号	部 位	ACU 数量(台)	房间参数		风量 CFM	湿度控制		备 注
			温度	湿度		再加热功率 (kW)	湿度调节能力 (kg/HR)	
4	安全设备间	2	72°F	50%	2500	2	8	1用1备
5	安全控制室	2	74°F	50%	1000	2	5	1用1备

注释：1. 钞票处理间、安全设备间、安全控制室的空调系统是在变风量全空气系统基础上增加精密 ACU 空调；
BPS：Banknote processing System；
2. 高区 ACU 机组供回水温度为 47°F/57°F，低区 ACU 供回水温度为 44°F/54°F。

27 层的计算机房精密空调区域同时设置有空调新风的变风量补充。

其余 4 个区域的空调系统是在变风量全空气系统的基础上增加精密 ACU 空调，共同处理区域内空气参数。

4.15.5　CBK 项目 HVAC 系统主要材料概况

1. 管道材料

风管材料使用，一般送排风、空调送（回、排）风管道材质采用热镀锌钢板；厨房高温油烟排风管道材质采用非镀锌黑钢板。连接方式有：角钢法兰连接、共板法兰连接、插接连接等方式。

空调水系统管道主要连接方式及材质：

（1）空调冷冻水、冷却水系统管道全部采用非镀锌无缝钢管；空调冷凝水管道采用 U-PVC 塑料管道；分体空调制冷剂管道采用铜质管道。

（2）$DN \geqslant 75mm$，采用焊接连接；$DN < 75mm$，采用丝扣连接。

（3）空调水系统冷冻机房、空调机房内、冷却塔部位的管道与设备和阀门等需要拆卸部位连接采用法兰连接。

（4）沟槽连接使用部位：空调冷冻水管的立管连接（作为伸缩接）、空调冷却水立管（作为伸缩接）、空调冷冻水管从立管与水平支管路的连接（伸缩作用、活接头作用）。

（5）空调冷凝水的 U-PVC 塑料管道采用专用胶剂的粘接连接。

（6）制冷剂铜质管道采用气焊连接和专用接头连接相结合的连接方式。

2. 保温材料

保温材料的选用见表 4.15-8。

CBK 项目 HVAC 系统保温材料选用　　　　　　表 4.15-8

序号	保温材料	厚度	容重	系统管道名称、部位
1	聚氨酯	50mm	45kg/m³	空调冷冻水管道（DN500mm、DN600mm）
2	铝箔玻璃棉板(管)	25mm	24kg/m³	隐蔽的空调区域空调送风管保温
		50mm		非空调区域(管井)圆空调风管保温
		25mm	48kg/m³	非隐蔽空调区域及地下金库空调风管保温

续表

序号	保温材料	厚度	容重	系统管道名称、部位
2	铝箔玻璃棉板(管)	50mm	48kg/m³	冷冻机房、设备机房、管道井内空调风管保温
		25mm	96kg/m³	空调区域内 $DN \leqslant 100mm$ 的冷冻水管道保温
		50mm		非空调区域(车库、管井) $DN \leqslant 100mm$ 的冷冻水管道、$125mm \leqslant DN \leqslant 600mm$ (不包括冷冻机房内)冷冻水管道
3	橡塑海绵板(管)	20~25mm	—	空调冷冻水泵、隔气罐、U-PVC 塑料空调冷凝水管、制冷剂铜管道
4	铝箔矿棉板	50mm	60kg/m³	厨房高温油烟排放通风管道

现场管井内空调风管、冷冻水立管、冷冻水水平支管、固定支架、活动支架的保温施工图片见图 4.15-14。

图 4.15-14　施工实图

4.15.6　HVAC 系统的消声、减(隔)震、管道伸缩

1. 消声

车库的送风机、排风(烟)风机的进风口、出风口出均设置微孔板消声器进行消声处理。

空调机组与系统的送风、回风、排风管道相连管段的消声处理,采用在一定长度的管道内部用保温钉固定玻璃棉版、内表面敷设防护帆布进行消声处理。B2 层金库办公区的回风管道内部采用同样的消声处理方法。空调风管内部的现场消声处理作法图片见图 4.15-15。

设备房间内的墙体均为轻钢龙骨石膏板墙体,内部填充岩棉板进行消音、隔声处理。

图 4.15-15　施工实图

2. 减（隔）震

CBK 项目送风、排风（烟）风机的水平和竖向安装部均进行减（隔）震处理，一种是用钢制弹簧支、吊架进行减（隔）震处理，一种是采用窝头式橡胶减震方式进行减（隔）震处理。

空调机组壳体与内部风机之间的减震采用弹簧减（隔）震，壳体与暗装基础之间采用橡胶垫减（隔）震。

空调水泵的减震采用减震基础和弹簧减（隔）震，冷冻机、冷却塔、水泵的进、出水口均采用不锈钢软接头。

空调机组（AHU）与 $DN \geqslant 75mm$ 冷冻水管的连接采用橡胶软接头；与 $DN < 75mm$ 冷冻水管的连接采用不锈钢软接头。

风机盘管、ACU 空调机组与冷冻水管的连接采用不锈钢软接头，风机盘管的吊架全采用橡胶弹性吊架。

B3 层冷冻机房和 20 层热交换机房供水水泵出口水平管道吊架、与冷冻机连接的冷冻水和冷却水支路管道吊架均采用弹簧吊架。

3. 管道伸缩、支架、防冷桥等的特殊处理

（1）冷却水

塔楼 B3 地下室冷却水管道有较多的拐弯部位、直线距离短，依靠管路上管道弯曲自然补偿管路的伸缩。

连续、直线、较长的管路上，必须设置伸缩补偿器或者应用弹性接口。B3 层金库、车库区域水平冷却水管道分为两段管路，各自设置 1 个不锈钢波纹补偿器，管井内的冷却水立管采用沟槽连接（属于弹性连接、接口之间有一定伸缩量）。

在设置伸缩补偿器的管路上，必须配套设置固定支架和活动支架。冷却水管道伸缩补偿及支架（滑动、导向、固定）施工图片，如图 4.15-16 所示。

图 4.15-16　施工实图

（2）冷冻水

塔楼 B3 地下室、20 层、21 层冷冻水管道同冷却水管道一样有较多的拐弯部位、直线距离短，依靠管路上管道弯曲自然补偿管路的伸缩。

冷冻水管路同冷却水管道一样在连续、直线、较长的管路上，必须设置伸缩补偿器或者应用弹性接口。所有管井内空调冷冻水立管的伸缩补偿都采用沟槽连接方式（属于弹性连接、接口之间有一定伸缩量）。

配套立管采用沟槽连接进行伸缩补偿，立管的支架分为固定支架、活动支架两种。冷冻水立管沟槽连接及支架施工图片，见图 4.15-17。

图 4.15-17　施工实图

（3）厨房油烟管道

厨房油烟管道由于输送的是高温油烟气体，管道在系统工作和停止的时候会产生一定的伸缩，共设置有 3 根排放高温烟气的通风管线，在每条输送管路上各自设置 3 个不锈钢伸缩节。

（4）防冷桥措施

为防止空调风管、水管的支、吊架与冷冻管道之间直接接触发生冷桥（冷量传输到外露钢制吊架上会产生结露、能量损失），在管道与支、吊架之间均设置防冷桥产生的隔绝措施。

（5）管道外保护层

裸露在未隐蔽区域的空调风管和空调水管保温层外面都采用 0.5mm 厚度的铝板做外部隔潮、装饰保护层。

4.16　消防灭火系统之哈龙（卤代烷）替代产品气体消防系统

4.16.1　清洁气体灭火系统原理

气体灭火系统就是指平时灭火剂以液体、液化气体或气体状态存贮于压力容器内，灭火时以气体（包括蒸汽、气雾）状态喷射作为灭火介质的灭火系统。并能在防护区空间内形成各方向均一的气体浓度，而且至少能保持该灭火浓度达到规范规定的浸渍时间，实现扑灭该防护区的空间、立体火灾。灭火原理有两种：一种是减少火灾空间氧气的浓度，使得火苗没有燃烧可利用的氧气。另一种是降低燃烧物表面温度，使得燃烧物达不到着火点。

4.16.2　氟氯烃类的应用和其替代产品的出现

1900 年，美国军方发现卤代烷烃类可作为清洁气体灭火剂应用于气体消防系统，有着传统的水消防系统无法替代的优势，即清洁气体的易挥发和无残留。从此，氟氯代烷作为灭火剂被大量地使用军方和民用建筑机房。20 世纪 80 年代初有关专家研究表明，包括哈龙灭火剂在内的氯氟烃类物质在大气中的排放，将导致对大气臭氧层的破坏，危害人类的生存环境，1990 年 6 月在英国伦敦由 57 个国家共同签订了蒙特利尔议定书（修正案），决定逐步停止生产和逐步限制使用氟利昂、哈龙灭火剂，我国于 1991 年 6 月加入了《蒙特利尔议定书》（修正案）缔约国行列，承诺 2005 年停止生产哈龙 1211 灭火剂，2010 年停止生产哈龙 1301 灭火剂，并于 1996 年颁布实施《中国消防行业哈龙整体淘汰计划》。

1996 年以后，哈龙替代品及其替代技术研究迅速发展，短短几年，七氟丙烷、惰性混合气体（以下简称 IG-541）、三氟甲烷等灭火系统相继出现，2003 年中华人民共和国公安部发布了《气体灭火系统及零部件性能要求和试验方法》（GA400-2002），对七氟丙烷、三氟甲烷、IG-541（又名烟烙尽，含 52％氩气＋40％氮气＋8％二氧化碳）、IG-55（氮气 50％＋氩气 50％）、IG-01（纯氩气）、IG-100（纯氮气）等灭火系统的生产、检验作出明确的规定。

常用的氟氯烃替代产品见表 4.16-1，线框标出的 FM-200 和 IG-55 就是 CBK 选用的哈龙替代产品。

商业化哈龙替代品术语 表 4.16-1

化学名称	商品名	ASHRAE 名称	化学式
十氟丁烷	CEA-410	FC-3-1-10	C_4F_{10}
七氟丙烷	FM-200	HFC-227ea	CF_3CHFCF_3
三氟甲烷	FE-13	HFC-23	CHF_3
氯四氟乙烷	FE-24	HCFC-124	$CHClFCF_3$
五氟乙烷	FE-25	HFC-125	CHF_2CF_3
二氯三氟乙烷(4.75%)	NAF-SⅢ	HCFC Blend A	$CHCl_2CF_3$
氯四氟乙烷(82%)			$CHClF_2$
异丙烯基甲基环乙烯(3.75%)			
$N_2/Ar/CO_2$	Inergen	IG-541	$N_2(52\%)$ Ar(40%) $CO_2(8\%)$
N_2/Ar	Argonite	IG-55	$N_2(50\%)$ Ar(50%)
氩	氩	IG-01	Ar(100%)

注：ASHRAE 美国采暖、制冷与空调工程师学会。

4.16.3 金库区域的惰性混合气体（IG-55）消防系统

金库内有贵重的银行设备，为了消除火灾灭火时对金库设备和重要数据的损坏，尽快恢复生产，金库部位选用替代 Halon 气体的清洁气体灭火系统，结合金库区域的建筑环境（混凝土围护结构，承压能力好），最后选用高压惰性气体（IG-55）灭火系统。

（1）IG-55 成分为 N_2（50%），Ar（50%），采用高压储气罐作为储存容器，气罐灭火剂充装压力为 200/300bar，气罐容积为 80/140L。IG-55 依靠降低发生火灾建筑环境空气中的氧气浓度来灭火。根据燃烧物的不同，当空气浓度从原有的 20.9% 降低到 15% 以下时，即可达到灭火浓度。

（2）IG-55 消防系统的工作原理为：气体消防系统由电气和设备两套系统组成。电气系统中布置的光电感烟探测器和离子感烟探测器感应到火灾，将信号传送给消防控制面板，消防控制面板发出警报信号，经过时间延迟，通过电磁阀（solenoid valve）启动设备系统中的主控气罐，主控气罐通过气压动力开启灭火剂高压储气罐，释放灭火剂进行灭火。灭火剂释放时间为 60s，达到消防设计浓度时，空气中的氧气含量由原本的 29% 降低到 13% 左右，持续灭火时间（hold time）一般不少于 10min，灭火后由通风系统管道和泄压阀门泄压。

（3）整个金库气体消防区被划分为 4 个区域，由 4 组单独的气体消防系统执行各区的消防功能。每个单独的气体消防系统由以下部分组成：火灾探测报警、消防控制（电气）和 IG-55 储存器及启动装置，管网和末端喷头（设备）。

（4）IG-55 气体消防系统示意图及组成部件如图 4.16-1 所示。

（5）CBK 金库区 IG-55 消防灭火系统组成

1）IG-55 管道、设备（Mechanical）系统组成

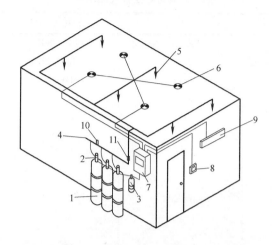

图 4.16-1 IG-55 气体消防系统示意图及组成部件

1—IG-55 储气罐；2—储气罐灭火剂释放阀门；3—带有人工/自动开启装
置的主控储气罐；4—集气管；5—喷嘴；6—火灾探头；7—控制面板；
8—预警开关；9—可视/可听预警；10—带有自锁装置的压力开关；11—减压器

设备组成系统组成元件见表 4.16-2。

金库区 IG-55 气体消防系统设备管道系统组成元件   表 4.16-2

序号	描　述
1	Discharge valves for Inert 300bar(灭火剂释放阀门)
2	Restrictor for Inert 300bar(减压器)3/4″
3	Discharge Hose for Inert 300bar 3/4″ Flexible Hose(3/4″灭火剂释放软管)'4S-H'Type
4	Discharge Container for Inert 300 bar 80 liter cylinder(300bar)(储气罐)
5	Check valve for Inert 300 bar3/4″ Check(3/4″止回阀)
6	Nozzle of Inert 300bar(喷嘴)3/4″-2″
7	Pneumatic line actuation for Inert 300bar(气动启动线路)
7.1	Solenoid actuator 13w/24V(电磁阀启动装置)
7.2	Manual actuator(人工启动装置)
7.3	PTFE hose 1/4″×700mm(启动软管)
7.4	PTFE hose 1/4″×580mm(启动软管)
7.5	Pilot cylinder(主控气罐)
8	Schedule 80 Pipe(管道)
9	Pressure switch with Locking device(带有自锁装置的压力开关)
10	Manifold(集气管)
11	Automatic air relief valve(自动空气泄压阀)

2）IG-55 灭火剂系统的探测、开启及控制系统组成

电气探测系统组成元件见表4.16-3。

金库区域 **IG-55** 气体灭火系统电气部分组成元件表格 表 **4.16-3**

Fire Detection Alarm system & Extinguishing control
火灾探测报警系统和消防控制

Schedule of material-Electrical
电气材料单

Item（项）	Description（描述）	Model No.（品牌）	Vendor（厂家）
1	Extinguishing System Release Control Panel 消防系统灭火控制面板	FR-320W	Mircom Technologies Ltd. Canada
2	Eight Zone Remote Multiplexed Annunciator 八个模块区的远程多路复用信号器	RAM-208	Mircom Technologies Ltd. Canada
3	Conventional Photoelectric Smoke Detector 传统的光电烟感探测器	MIR-338L	Mircom Technologies Ltd. Canada
4	Ionisation Smoke Detector 离子烟感探测器	MID-651	Mircom Technologies Ltd. Canada
5	Detector Base 探测器底座	MSB-65B	Mircom Technologies Ltd. Canada
6	Manual Pullstation 人工开启站台	MS-701U	Mircom Technologies Ltd. Canada
7	Abort Station 人工停止/开启站台	SS-2001	Mircom Technologies Ltd. Canada
8	Fire Alarm Bell-6″ 消防警铃	BL-6B	Mircom Technologies Ltd. Canada
9	Sounder/ Flasher 声音/灯光报警器	FHS-240R	Mircom Technologies Ltd. Canada
Installation Materials（安装材料）			
1	Conduits & Fittings 导线和附件		Pre Galvanized & post Galvanized High Quality Industrial Conduits by M/s. Maruchi Japan
2	Cables 电缆		Fire Resistant Cables by M/s. CavicelSpa, Italy

4.16.4 七氟丙烷洁净气体灭火系统

L27 层计算机室，建筑环境围护结构材料为石膏板隔断、顶棚吊顶、架空地板等，承压能力低。为在灭火过程中有效保护计算机相关设备和数据，选用低压的七氟丙烷灭火系统。该系统为化学气体灭火系统，相对于窒息气体（如氮气、氩气、IG-55 等）灭火系统

来说，具有灭火气体用量少、管网压力低、气瓶间占地面积小、灭火迅速等优点。该系统灭火剂学名 FM200，成分为 CF3CHFCF3，采用低压储气罐作为储存容器，气罐灭火剂充装压力为 25/42bar。FM200 依靠降低发生火灾建筑内燃烧物的表面温度来灭火。灭火剂释放时间为 10s。具体灭火原理和系统组成与上述惰性气体灭火系统相同，在此不再赘述。

4.17　CBK 项目供配电系统介绍

4.17.1　工程描述

本工程位于科威特的中心科威特城区，该区为科威特的政治金融中心，CBK 项目工程概况如表 4.17-1 所示。

CBK 项目工程概况　　　　　　　　　　　表 4.17-1

总建筑面积	163464m²		
总面积用地	25872m²	建筑高度	238.475m
地下室建筑面积	47343m²	地下室层数	2 层(局部 3 层)
裙楼建筑面积	59439m²	地上裙楼层数	3 层(局部 6 层)
主楼	40F	标准层高	标准层高 4.6m
主要设计功能	地下室	停车场,金库,避难所和设备机房	
	裙楼	营业厅,停车场,舞厅,餐厅,设备室,博物馆,图书馆	
	主楼	3~4F	办公层
		5~6F	会议大厅,办公层
		7~19F	办公层
		20~21F	设备层
		22~39F	办公层
		39F	设备层
		40F	董事会会议室

4.17.2　供配电系统及主要设备配置情况

由科威特城市电网引入 11kV 电源至高压配电室，用 14 台变压器（14×1600kVA）供电，备用电源采用 12 台 1875kVA 的柴油发电机组，配电电压交流 415/240V 50Hz。

1. 主要设备配置情况

CBK 项目在塔楼地下二层设立 11kV 高低压变电站和变压器室。变电站内配置 14 个低压组合抽屉式开关柜，主开关为智能化空气断路器。开关柜均为落地安装，进出线方式为下进上出。变压器室内共安装 14 台变压器，总安装容量为 14×1600kVA；变压器由

MEW 提供并安装。电容器柜共配置了 14 个。3 个 400kVAR Capacitor Bank；5 个 350kVAR Capacitor Bank，以及 6 个 300 KVAR Capacitor Bank。

不间断电源供电系统是在塔楼地下二层 UPS 主配电室配备三台 APC Galaxy 7000 系列 500kVA 的 UPS；在塔楼 19 层配置两台 APC Galaxy 7000 系列 300kVA 的 UPS。

在 Staff　Parking 二层安装 12 台应急柴油发电机，安装容量为 12×1875kVA，另外，在人防 Shelter-1、Shelter-2 又分别配置了两台及一台容量为 500kVA 的柴油发电机。

2. 主要设备选型及参数

（1）应急柴油发电机

项目选用的是美国 1500kW 卡特彼勒柴油发电机组，其主要技术参数如表 4.17-2 所示。

美国 1500kW 卡特彼勒柴油发电机组主要技术参数　　　　表 4.17-2

  	机组型号：1875F		
	原产地	美国	
	备用功率（kW/kVA）	1500kW/1875kVA	
	主用功率（kW/kVA）	1360kW/1700 kVA	
	功率因数	0.8(滞后)	
	输出电压(V)	380	
	机组尺寸(长×宽×高)(mm)	5517×2318×2545	
	控制面板	数码液晶电子式　EMCP Ⅱ	
	机组净重(kg)	12607	
	柴油机：3512B　(卡特彼勒 CATERPILLAR)		
	缸体数	V12	净输出功率(kW)	1602
	缸径/行程(mm)	170/215	燃油消耗量(L/h)	392.7
	缸体总容积(L)	58.6	机油消耗量(g/kW·h)	0.548
	进气方式	涡轮增压	润滑油总容量(L)	310
	排烟最高温度(℃)	496	润滑油规格、等级	15W/40
	排烟量(m³/min)	323.7	冷却水总容量(L)	354
	燃气量(m³/min)	120.7	最少进风面积(m³)	7.13
	散热器实际排风尺寸(mm)	2350×2100	最少排风面积(m³)	6.2
	发电机:SR4B(卡特彼勒 CATERPILLAR)		
	额定转速(RPM)	1500	励磁方式	无刷自励式
	绝缘等级	H 级	电压谐波失真(TIF)	＜5%
	防护等级	IP22	电话干扰因数(THD)	＜50
	波形	偏差小于 5%	调压器	数码式调压器 DVR

（2）电容柜

项目电容柜设备供应商是 Italy ICAR，选用的电容柜（图 4.17-1）规格及参数如表 4.17-3 所示。

电容柜规格及参数   表 4.17-3

主要参数	设备规格（kVAR）		
	400	350	300
额定工作电压	400～415	400～415	400～415
额定频率 Hz	50	50	50
额定补偿容量范围（kVAR）	380～407	340～364	300～321
额定限制短路电流 Icc(kA)	50	26	26
投切方式	自动投切	自动投切	自动投切

图 4.17-1　Italy ICAR 电容柜

（3）UPS 设备（Galaxy 7000 系列）：

图 4.17-2　UPS 设备（Galaxy 7000 系列）

项目选用的是 APC（艾普斯）Galaxy 7000 系列 500 及 300kVA UPS 设备（图 4.17-2），其主要技术参数如表 4.17-4 所示。

UPS 设备（Galaxy 7000 系列）主要技术参数　　　　表 4.17-4

主要参数	设备规格(kVA)	
	500	300
电 源 输 入		
输入电压范围	320~470V	320~470V
频率	50Hz/60Hz +10%	50Hz/60Hz +8%
输入电流总的谐波失真度	＜4%	＜5%
输入电源功率因数	＞0.95	＞0.99
旁 路 电 源 输 入		
输入电压范围	320V~470V	320V~470V
频率	50Hz/60Hz +10%	50Hz/60Hz +8%
电 源 输 出		
输出电压设置	380V-400V-415V	380V-400V-415V-440V
电压调节范围	+1%	+3%
频率	50Hz/60Hz	50Hz/60Hz
过载允许时间	165% 1min;125%10min	150% 30s;125%10min
输出电压总的谐波失真度	THDU＜3%	THDU＜2%
蓄 电 池 组		
后备供电时间	8-10-15-20-30-60min	从 5min 到 2h
电池类型	密封铅酸电池、开放型液体铅酸电池、镍铬电池	密封铅酸电池、开放型液体铅酸电池、镍铬电池

4.17.3　用电负荷的统计

用电负荷的统计见表 4.17-5。

用电负荷的统计　　　　表 4.17-5

负荷类别		负荷值(kW)
照明		1378
插座		1440
空调	制冷	4822
	制热	934
通风	供风	717
	排风	836
厨房设备		201
水加热器(内部)		171

负荷类别	负荷值(kW)
电梯	1108
扶梯	37
消防设备	601
生活供水泵	105
排污泵	64
银行设备	374
IT 设备	786
IT 机柜	205
擦窗机	29
其他设备	265

4.17.4 低压配电母线、电缆的选择及参数

1. 铜封闭母线

图 4.17-3 Square D I-LINE 母线槽系统

项目采用的是 Square D I-LINE 母线槽系统（图 4.17-3），选用的规格分别为：1250A、1600A、2000A 以及 2500A，它们的主要参数如表 4.17-6 所示。

Square D I-LINE 母线槽系统主要参数　　　　　表 4.17-6

主要参数	额定电流(A)			
	2500	2000	1600	1250
额定工作电压(V)	415	415	415	415
频率(Hz)	50/60	50/60	50/60	50/60
额定短时耐受电流 I_{cw}(kA)	80	50	50	50
额定峰值短路电流 I_{pk}(kA)	213	104	104	104
电阻 R20(mΩ/m)	0.014	0.020	0.025	0.037
电阻(满载)(mΩ/m)	0.018	0.026	0.034	0.049
电抗 X(mΩ/m)	0.012	0.015	0.016	0.026
阻抗 Z(mΩ/m)	0.021	0.030	0.037	0.055

2. 电缆

项目选用 CU/XLPE/LSF/SWA/LSF 600/1000V Armoured Power Cable 作为主配电电缆，其主要规格及参数如表 4.17-7 所示。

主配电电缆主要规格及参数

表 4.17-7

主要参数	线缆尺寸（mm²）			
	4×150	4×185	4×240	4×300
保温板公称厚度（mm）	1.4	1.6	1.7	1.8
基层公称厚度（mm）	1.4	1.4	1.6	1.6
护面电缆直径（mm）	2.5	2.5	2.5	2.5
外包套公称直径（mm）	2.4	2.6	2.7	2.9
线缆总直径（mm）	52.0	56.9	62.2	68.0
线缆净重（kg/km）	8340	9980	12400	15130
20℃时导体最大容许电流（OHM/km）	0.124	0.0991	0.0754	0.0601

4.18　科威特中央银行安防系统

4.18.1　车底底盘扫描系统

汽车底盘是对车辆进行管理的关键部分，对其安全的检查是非常必要的。早期的车辆底盘检测系统是用各种传统手工的方法检测，如反光镜检测法，但是随着经济的发展、技术的进步、车辆的增多，这种方法在效率和效果上都不能满足要求，于是社会各界都在积极、综合地利用各种技术来研发智能高效的车辆底盘安全检查系统。由于各个系统的实际需要和实施领域的不同，系统之间存在着很大的差异，但是从本质上讲，系统的整体流程是一样的，大体包括车辆底盘成像环节、信息获取环节、信息处理环节和信息测控环节。

CBK 项目在地下室一层的入口处安装两个车底扫描，还在金库的出口安装两个车底扫描，采用的是 BLD 公司的底盘扫描系统（CUVSS），该公司产品能够提供有效的方式扫描车底地盘的爆炸物品、枪支弹药、毒品和违禁物品以及人员。该套设备可以高速度和有效地扫描，并且能够自动化地全部或者部分显示在一个触摸屏幕上面。车辆能够以30km/h 的速度扫描，大大提高了流通量。系统图如图 4.18-1 所示。

在各种技术的综合运用下，使得扫描的图像更为清晰。信息运转流程是由信息获取、处理和测控环节组成。把图像资源进行信息化，并进行信息的分析和比对，最终达到安全监控的目的。

综上，可以说车辆地盘扫描技术处于发展阶段，本项目良好的安防系统值得我们国内借鉴学习。本项目系统量单如表 4.18-1 所示。

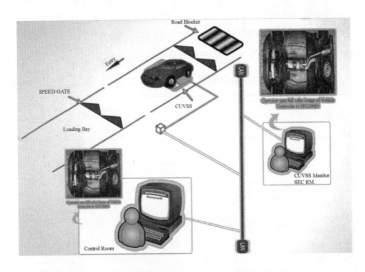

图 4.18-1　车底地盘扫描（CUVSS）系统图

系统量单　　　　　　　　　　　　　　　　　　　　　　　　　表 4.18-1

S. No.	Description	Quantity
1	cuvss	4

4.18.2　门禁系统

1. 系统概述

CBK 项目合同文件指定用 LENEL 的门禁系统，由于合约原因没有使用 LENEL 门禁系统，改用 HONEYWELL 旗下品牌的门禁系统。本系统采用国际顶尖级门禁系统产品 Honeywell 旗下的 TemaLine 门禁系统。使用软件平台来管理整个门禁系统，Temaline 能支持 Windows 下的操作系统及 Oracle 的数据库。

2. 系统组成

系统组成如图 4.18-2 所示。

（1）射频卡

通过射频感应原理，识别感应卡内置加密卡号。本项目采用了世界顶级读卡器公司 HID 的射频卡和卡成套产品，保证了系统良好的兼容性。智能射频卡 iClass 系列产品其射频达到 13.56MHz，其拥有很好的加密技术及读卡器和卡片之间很好的授权技术，使门禁系统更加有力地保护好用户安全，并且用户界面是友好且容易操作的。iClass 系列的读卡器提供了同样的接线方式，低电流消耗，只需要 5～16V 的操作电压。

（2）门禁控制器

存储感应卡权限和刷卡记录，并中央处理所有读卡上传信号，负责和计算机通讯和其他数据存储器协调，配合管理软件的智能处理中心。本项目的门禁控制器选用的是国际知名厂商 HONEYWELL 的产品，其产品优势是全球最稳定可靠的安防管理系统，具有

企业建筑物网络集成中心

以太网

局域网

服务器

终端设备

图 4.18-2　系统组成

扎实的软件和硬件技术，在全球超过 18000 套系统在运行。

（3）电锁

科威特中央银行项目选用的是世界顶级厂商 Abloy 的电锁（图 4.18-3）。选用电锁分别是 Abloy EFF EFF 351，Abloy EL560，ABLOY EL 561（主要应用在逃生楼梯门里面），ABLOY EL 412，ABLOY EL 413，Specialist security locking（主要是折叠门、金库门、自动滑动门厂家自己的专门的电锁）。消防疏散通道的电锁，在火灾发生时断电开门；塔楼电梯厅玻璃门安装的电锁是火灾发生时断电关门，不让人员进入电梯厅去乘电梯。

（4）管理软件

通过电脑对所有单元进行中央管理和监控，进行相应的时钟、授权、统计管理工作。科威特中央银行采用了 HONEYWELL 公司的配套安防管理软件 Temaline，它提供了一个先进门禁、警备监控、数码视频、财务跟踪、资讯保安集成、身份制作、员工多方可管理功能（图 4.18-4）。采用开放式结构设计，基于业内的标准能兼容 windows 操作系统和微软的数据库 SQL，还能支持 Oracle 的数据库，能支持报表产生器和管理系统（备份及容错系统）。TemaLine 能无缝地集成应用程序和其他周边设备，并且可以与任何兼容 ODBC 的系统进行双向数据交换，比如人力资源系统和 ERP 系统，能够符合金融行业的办公软件集成要求。

整个门禁系统采用了最新技术（图 4.18-4），能够使相邻的现场控制器能够容灾，既当一个控制器出现断电故障后，其他控制其能够提供冗余的 UPS 为其供电，提高了系统的稳定性（图 4.18-5）。

145

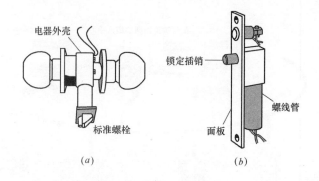

图 4.18-3　电锁扣（阴极门锁）

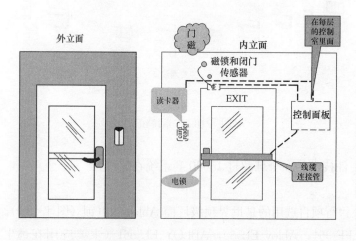

图 4.18-4　门禁系统立面图

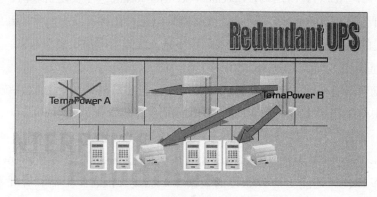

图 4.18-5　门禁控制器互相冗余供电

3. 综述

本项目中安防除了上述基本要求外，还对从 B3 层到 2M 某些特殊门有特殊要求，这类门要满足 SEAP 3 防爆规范要求。另外对进门口处的自动折叠门和自动化滑动门也有相关的 SEAP A&B 和 BR4/ FB4 防爆、防弹和防火的要求，可以看出中央银行对安防系统的重视。

146

4.18.3　电子巡更系统

1. 系统简介

电子巡更是技术防范和人力防范结合的系统，要求巡逻人员，通常是值班保安人员能够按照预先设定的巡更路线顺序，并在规定的时间内完成对各个巡更点的巡视，同时也要保护巡更人员的安全。巡更系统可将巡逻人员在巡更巡检工作中的时间、地点及情况自动准确记录下来。它是一种对巡逻人员的巡更巡检工作进行科学化、规范化、智能化管理的全新产品。

电子巡检系统则是对电子巡更系统的一种升级，它是在电子巡更系统的基础上添加智能化技术，加入巡检线路导航系统，可实现巡检地点、人员、时间等显示，并可手工添加其他信息，例如温度、水表度数、电表读数、设备工作状态等，以丰富巡更的管理内容，便于管理。科威特中央银行项目电子巡更系统在由设计顾问公司设计电子巡更系统的时候，只是设计了传统的电子巡更系统，并没有提及巡检系统，但是在承包商提交安防分包商、业主选择分包的时候，分包为了表示自己的技术实力，向业主建议升级安全系统，其中安防专业分包商在对业主进行产品演示的时候，提及要求把电子巡更系统升级为电子巡检系统，最后因为合约问题没有升级成为电子巡检系统。

电子巡更系统可以分为在线式和离线式，在线式巡更系统是指巡更人员进行巡更的路线和到达每个巡更点的时间在楼层监控室和中央监控室能实时的记录和显示。在线式又可分为有线式和无线式。有线式比较典型的应用就是通过门禁系统共同实现；无线式巡更系统属于一种新型的应用，目前应用比较少，可以采用 GSM 网络、3G 网络、WiFi 热点和专用无线网络技术实现。不过通过蜂窝技术来实现的话会造成成本的增加，其优点是不需要布线，是未来巡更系统的一个发展趋势。

离线式巡更系统是目前主流的应用，也是众多巡更厂家发展的重点方向。离线式巡更系统无需布线，巡更人员手持数据采集器到每个巡更点进行信息采集。其安装简易，性能可靠，适用于任何需要保安巡逻或值班巡视的领域。离线式巡更系统也存在一定的缺点，那就是巡更人员的工作情况不能随时反馈到中央监控室，但是为巡更人员配备对讲机（数字集群系统），就可以弥补它的不足之处。由于离线式巡更系统操作方便，成本比较低，因此大部分用户选择了离线式电子巡更系统。科威特中央银行系统采用的就是离线式电子巡更系统。

2. 系统组成

电子巡更系统由 4 部分组成：巡更棒，信息钮，信息下载器，管理软件。巡更棒由巡逻人员在巡更工作中随身携带，将到达每个巡更点的时间及其情况记录下来，用于读取信息钮内容，完成信息处理、存储和传输功能。信息钮一般安置在巡逻线路上需要巡更的地方，它可以使一张 IC/ID 卡、RFID 卡或者 dallas 钮扣。信息下载器是用来将巡更棒中存储的巡更数据通过它下载到计算机中去，有的还兼有充电功能。管理软件是把获取的信息生成报告，好让管理人员管理，可以分为单机版和大型行业网络版。

定义一次巡更后，相应保安人员手持相应的巡更棒，到定义的巡更地点，完成巡更后把相应的数据用数据下载器下载到工作站，工作站然后分析和报告巡更数据。系统图如图4.18-6所示。

科威特中央银行电子巡更系统量单见表4-18-2。

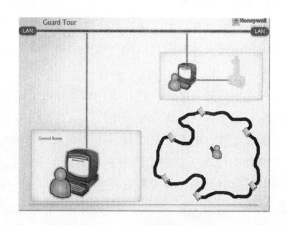

图4.18-6　电子巡更系统图

科威特中央银行电子巡更系统量单　　　　　　　　　　表4-18-2

序　号	描　　述	数　量
1	数据记录仪,小型键盘和液晶显示屏,3002(7012-00A)	6
2	接口/充电器,500(7004-00A)	6
3	线缆,RS232,9F(24-4)(2068-000)	6
4	软件,Tour-Pro(6326-001)	1
5	夹子,带子,3000(2027-000)	6
6	螺丝型接环,3000(7500-000)	166

4.18.4　电子钥匙管理

1. 系统概述

一旦有效钥匙系统在一个工程中安装后，必须采取有效的管理和维护来控制所有钥匙。有效的钥匙记录能够完成各种对钥匙的管理和维护。钥匙需要得到充分的保护和管理，有效的钥匙控制可以采用钥匙柜、钥匙记录、Key Blanks、分类（Inventories）、审核（Audit）、每天的报告（Daily Report）来完成相应的管理。

科威特中央银行电子钥匙管理系统按照合同规范采用的是 Morse Watchman & key Watcher 模块来对本大楼关键地区和高安全房间的钥匙进行管理。在这个系统里面，钥匙放在钥匙管理箱的特定插槽里面。使用这个系统后，业主能够控制每一把钥匙并且可以授权允许给指定用户从钥匙管理箱的插槽去取钥匙。钥匙箱符合人体工程学的要求，并且非

148

常容易使用。Honeywell 分包商提供的电子钥匙管理箱可以容纳 3 个模块，每个模块可容纳 16 把总共 48 把重要钥匙的管理。

2. 系统组成

CBK 系统电子钥匙管理系统有如下部分组成：①电子钥匙管理箱；②智能模块；③钥匙串；④智能钥匙；⑤继电器输出模块；⑥读卡器；⑦电子钥匙管理软件；⑧工作站。

相关安全管理人员可授权管理万能钥匙，万能钥匙一般是按照一层楼配置一把，整栋大楼有一把万能钥匙开启整栋大楼的普通锁，电子钥匙箱里面存放着万能钥匙或者重要场所的钥匙。授权的相应人员才能持卡取得相应权限的万能钥匙或者重要安全场所的钥匙，如果没有授权，则控制中心会触发报警。系统图如图 4.18-7 所示。

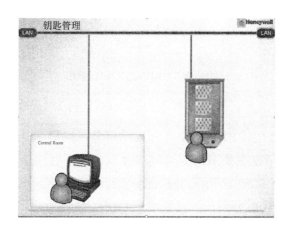

图 4.18-7　电子钥匙管理系统

4.18.5　视频监控系统

1. 系统概述

科威特中央银行 CCTV 监控系统主要使用高清摄像机和 IP 编码器以及网络录像机的解决方案，操作人员能够在指定的屏幕上或者 SCR 监控室监控屏幕上观看直播或者录像。整个 CCTV 系统包含摄像头、网络录像机、数字存储 DVM，将 ACS 系统、IDS 防盗报警系统和 PIDS 周界防范系统集成起来，一旦有相关报警将会显示报警或记录相关的情况，整个系统会被集成到安防管理平台（SMS）上。

2. 系统组成

整个监控系统由 4 大部分组成，即前端数据采集部分摄像头、传输部分、存储部分、视频管理平台，如图 4.18-8 所示。

（1）前端部分

前端摄像机主要有施耐德旗下 PELCO 室内半球形摄像机 IS20 系列，固定黑白-彩色切换摄像机 CCC1390H-6X，半球一体机 SD423-FO-X 和一体机 ES31CBW24-2W-X，电梯里面的摄像机选用的是 IS20 系列。对金库里面的红外摄像机采用的是 Pyser 的 TIU2 型号摄像机。

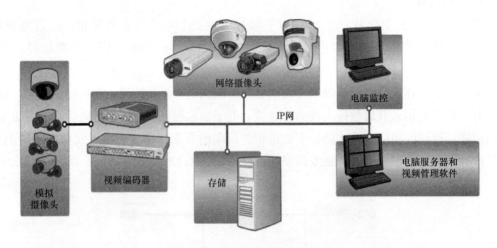

图 4.18-8　网络视频系统简图

（2）编码器

视频编码器主要是把模拟信号转换成数字信号，编码成为 JPEG、MPEG-4 或者 H.264，本项目的编码算法主要采用的是 H.264 算法，同时接受来自控制中心的控制命令，对摄像机进行 PTZ 相应的控制，并且把码流传输到视频服务器上面。CBK 项目主要采用国际著名厂商安迅士 AXIS 的视频编码器 AXIS Q7406/7407/7410，如图 4.18-9 所示。

霍尼韦尔推荐安迅士的 IP 编码器使用 H.264 压缩算法，它能够节约更多的存储设备，代价是使用更多的电源来编码和解码。它是目前最好的算法，使压缩后的图片能够更好地还原图像。同时安迅士的编码器不仅很好地兼容霍尼韦尔的 DVM 视频管理软件，而且还能兼容 ONVIF。霍尼韦尔已经在 200 多个项目上使用这种解决方案。

（3）视频管理平台

CBK 项目视频管理平台采用的是 Honeywell 开发的 DVM，它是基于 IP 的视频管理解决方案，能够提供时间触发，定时以及操作人员观看直播或录像的监控视频。DVM 能够很好地和霍尼韦尔的整个安防平台 EBI 完好地集成（图 4.18-10），任何报警或者触发录像的时间将被传输给 DVM 管理平台，DVM 能够自动显示相应区域的现场直播录像，能够方便操作管理人员一边判断报警情况一边进一步操作管理。

（4）视频管理软件基本架构

整个视频管理软件是 TCP/IP 网络连接摄像头、服务器以及客户端。视频被编码器压缩后变成码流在 TCP/IP 网络中传输，同时视频编码器能够对有 PTZ 功能的摄像机进行 PTZ 的控制。摄像机服务器通过网络把控制命令传送给数字摄像机，同时接

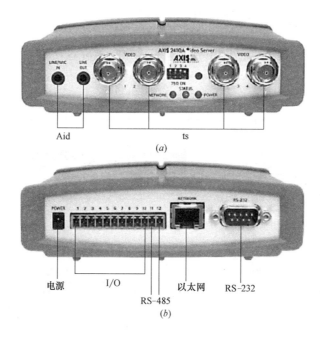

图 4.18-9 安迅士 AXIS 编码器

受来自于数字摄像机的视频码流并且转储或者传递直播和录像的视频给客户端。数据库服务器主要是配置设置，接受和显示所有系统的触发事件。系统架构图如图 4.18-11 所示。

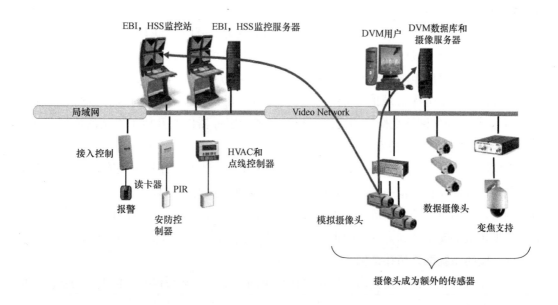

图 4.18-10 视频管理软件和安防平台集成

（5）安全系统存储架构

存储区域网络（SAN）是通过专用高速网将一个或多个网络存储设备和服务器连接起来的专用存储系统，未来的信息存储将以 SAN 存储方式为主。SAN 在最基本的层次上定义为互连存储设备和服务器的专用光纤通道网络，它在这些设备之间提供端到端的通

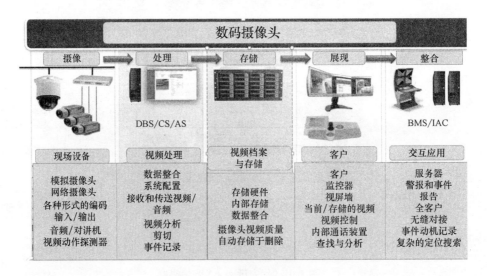

数码摄像头

| 摄像 | 处理 | 存储 | 展现 | 整合 |

DBS/CS/AS　　　　　　　　　　　　　　　　BMS/IAC

现场设备	视频处理	视频档案与存储	客户	交互应用
模拟摄像头 网络摄像头 各种形式的编码 输入/输出 音频/对讲机 视频动作探测器	数据整合 系统配置 接收和传送视频/音频 视频分析 剪切 事件记录	存储硬件 内部存储 数据整合 摄像头视频质量 自动存储于删除	客户 监控器 视屏墙 当前/存储的视频 视频控制 内部通话装置 查找与分析	服务器 警报和事件 报告 全客户 无缝对接 事件动机记录 复杂的定位搜索

图 4.18-11　视频管理架构图

讯，并允许多台服务器独立地访问同一个存储设备。与局域网（LAN）非常类似，SAN提高了计算机存储资源的可扩展性和可靠性，使实施的成本更低、管理更轻松。与存储子系统直接连接服务器（称为直连存储或 DAS）不同，专用存储网络介于服务器与存储子系统之间。

CBK 采用的是 SAN 存储区域网络，总存储数据为 850T，为 CBK 的直播和录像的视频做出存储，区分一般区域和高安全区域，高安全区域的视频存储时间要长于一般区域的视频录像。整个存储矩阵能够为金库存储 6 个月的视频以及 3 个月其他一般地方的视频。存储矩阵设备位于金库区域的 1 层的安全设备机房里面，监控视频存储的像素为704×576，并且提供与主网络交换机的接口，与网络视频服务器以及其他工作站的连接，并且使用 VPN 结束保护数据的安全性。

存储区域网络（SAN）是一种高速网络或子网络，提供在计算机与存储系统之间的数据传输。存储设备是指一张或多张用以存储计算机数据的磁盘设备。一个 SAN 网络由负责网络连接的通信结构、负责组织连接的管理层、存储部件以及计算机系统构成，从而保证数据传输的安全性和力度。CBK 存储区域网络系统架构如图 4.18-12 所示。

（6）安防系统网络拓扑结构

在一座现代化大楼或楼群内，要建设计算机网络系统，必须根据大楼组成与功能、信息需求、信息来源、信息种类以及信息量大小、今后发展等情况进行详细的系统调查和需求分析，进行总体设计。这包括对计算机网络系统的组成、拓扑结构、协议体系结构及网

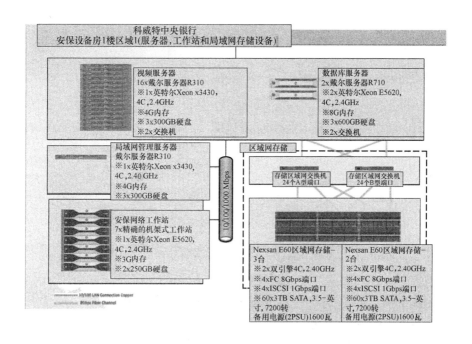

图 4.18-12 存储区域架构图

络结构化布线进行的设计。

CBK 安防系统局域网网络主要由 3 部分组成：

1）主干网 Backbone，主干网负责计算中心主机或服务器与楼内各局域网连接；主干网根据需要覆盖智能大厦楼群中的一个大楼内的各楼层。楼内的中心主机、服务器、各楼层的局域网以及其他共享的办公设备（如激光打印机等），通过主干网互联，连接 CBK 安防系统的数据网络系统。CBK 主干网用以保证满足 CBK 视频各种业务需要而进行的高速信息传输和交换。高可靠性也是对主干网的一项基本要求，主干网的链路设计要有冗余并且设备要有容错能力，CBK 项目安防系统采用了冗余链路设计，分别在塔楼的两侧铺设了两路的安防数据链路，增加了 CBK 安防数据通信的稳定性（图 4.18-13）。

2）楼内的局域网 LANs，根据需求在楼层内设置局域网。

3）与外界的通信联网，可以由高速主干网、中心主机或服务器借助 X.25 分组网、DDN 数字数据网或者 PABX 程控交换网来实现。

4.18.6 自动车牌识别系统

1. 系统介绍

自动车牌识别技术在公共安全、交通管理以及相关军事部门有着应用价值，目前该技术主要应用在智能交通系统（Intelligent Transportation System）。一般来讲车牌识别软件系统主要包括三部分，它们是车牌定位、车牌分割和字符识别。车牌定位的任务是给出

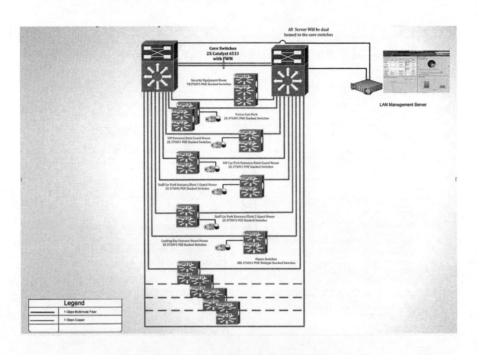

图 4.18-13 安防系统网络拓扑结构

图像中车牌的位置，车牌分割的主要任务是将定位后的车牌区域中的字符分割出来，字符识别是最后一部分，它的主要任务是将分割出的字符识别出来。

2. 系统组成

科威特中央银行新大楼项目使用自动车牌识别系统结合出入口控制系统来管理整个大厦的出入口安全。本项目规范上使用的是 pips technology 的 P366 型号自动车牌识别系统，但是到目前为止，pips technology 已经更新了自己的产品，最新的产品型号是 P372。P372 采用的架构和 P366 采用的架构是一样的，并且是更加深入开发的和增强的高性能和高稳定性的新一代产品。在成本上更加经济，更容易安装，分包商 Honeywell 愿意提供等价的高质量的产品。P372 集成自动车牌识别系统包含摄像机、红外照明器、识别处理器以及通信适配器和相应的具有稳健性的 IP-67 防水防尘的外罩。

技术规范上要求自动车牌识别系统必须提供和安全管理系统（SMS）的接口。P372 本身提供了一个嵌入式的接口应用，即通过 XML 协议或者一个套接口（socket）把相关的 ANPR 数据和图像传输到指定域或者外部的应用。

由于 CBK 项目的技术规范要求 ANPR 可以和车底扫描系统（CUVSS）集成，但是没有明确指出要集成，根据 HW 在其他项目的经验，这两个系统能够完美集成。系统示意图如图 4.18-14 所示。

3. 系统量单

系统量单见表 4.18-3。

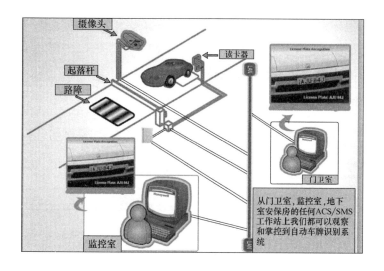

图 4.18-14　自动车牌识别系统 ANPR

系统量单　　　　　　　　　　　　　　　　　　　　　　表 4.18-3

编　　号	描　　述	数　　量
1	ANPR from PIPS	9

4.18.7　停车场管理系统

1. 系统概述

停车场管理系统是对车辆出入停车场进行管理、记录、识别、控制等功能，减少人工操作，实现智能化控制，提高整个停车场的管理水平和安全性。CBK 项目停车场分为三类：员工停车场，来访者停车场和 VIP 停车场。

2. 系统组成

停车场管理系统一般由控制中心、打印机、智能卡发行器、RS485 转换器、出入口控制器及智能卡读写器、全自动能够道闸、护柱（Ballard）、车辆检测期、电子显示屏等组成。

（1）Delta 路障

路障是重要设施或建筑的第一道安全防线，CBK 项目选用了 Delta 公司的 TT207S 型号系列的路障，能够阻挡货车高速闯入（图 4.18-15）。

（2）液压护柱和普通护柱（Bollard）

Bollard 用来保护军队、政府和其他高安全建筑的安全，防止车辆冲击闯入，能够抵抗以 50mph 的速度、15000lb（磅）冲击（图 4.18-16）。CBK 项目选用了 DSC800 系列的 Bollard，可以用液压，也还可以用气动的或者手动。DSC800 高 30 英寸，半径为 6.63 英寸。

CBK 项目有两种型号，有固定的和液压可以上升和下降型号的，应用在相应的区域。

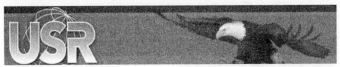

图 4.18-15　路障图片

图 4.18-16　Bollard 示意图

（3）全自动道闸

全自动道闸是通过出入口控制及控制的通道阻挡放行设备，安装在停车场入口处，离控制机 3m 左右，可分为入口自动道闸和出口自动道闸。由控制机箱、电动机、离合器、机械传动装置（齿轮和皮带传送带）、电子控制和闸杆等设备组成。

（4）车辆检测器

车辆检测器俗称地感线圈，由一组环绕线圈和电流感应数字电路板组成，与道闸或控制器配合使用。线圈埋于闸杆前后地下 20cm 处，只要路面上有车辆经过，经线圈产生感应电流信号，经过车辆检测器处理后发出控制信号控制道闸。闸杆前的检测器是输给主机工作状态的信号，闸杆后的检测器实际上是与电动闸杆连在一起，当车辆经过时起防砸功能。

4.18.8　大屏幕显示系统

CBK 项目大屏幕显示系统应用了 DLP 技术，DLP 是 Digital Light Processing 的缩写，意思是数字光学处理。DLP 技术是由美国德州仪器 TI 公司 Larry Hornbeck 博士于 1987 年发明专门用于投影和现实图像的全数字技术。DLP 技术已被广泛用于满足各种追求视觉图像优异质量的需要，它还是市场上的多功能显示技术，也是唯一能够同时支持世界上最小的投影机（低于 2 磅）和最大的电影屏幕（高达 75 英尺）的现实技术。这一技术能够使图像达到极高的保真度，给出清晰、明亮、色彩逼真的画面。DLP 技术广泛应用于投影和图像显示，包括商务投影仪、家庭影院/娱乐、电视墙、商业娱乐、其他应用。

CBK 项目 DLP 拼接系统组成架构由 3 个 DLP 显示单、Video Wall Controller、16RGB 或者 DVI Sources（PC、计算机、工作站）多屏幕处理器以及相关的授权软件组成（图 4.18-17）。

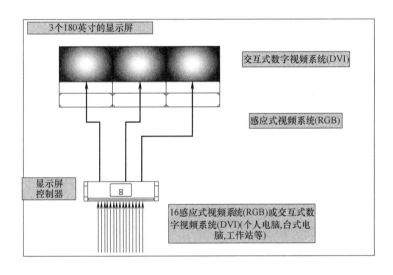

图 4.18-17　DLP 拼接原理图

如图 4.18-17 所示，CBK 有三个 DLP 显示模块，由这三个显示模块和下面的支架组成 CBK 安防监控大屏幕拼接。每一个显示模块都是 180 英寸的 SXGA＋分辨率的背投显示模块，每个显示模块的分辨率大小是 1400mm×1050mm，因此总的分辨率为 4200mm×1050mm，整个大屏幕大小为 4800mm×2200mm。每个显示模块使用不间断操作使用的 LED 光源技术，光源的平均使用寿命是 6000h。

视频控制器将会驱动大屏幕工作，视频控制器采用的是 BARCO Transform AX6 双核高速处理器，并且采用 Omni A12 总线技术能够容纳 12 个视频卡，还有一个备用的插槽为将来的增加使用做备份。整个系统能够处理 16 路不同的 DVI 和相应的视频源（计算机、工作站、DVR、NVR）。

显示墙应用管理系统软件是实现拼接显示系统所有功能的重要支持平台之一。它通常包括很多软件功能模块，如显示墙拼接管理系统、软件开发包、网络显示模块、虚拟扩展浏览模块、显示单元控制模块、专用调试控制模块和软件控制模块等。

4.18.9 防盗报警系统

1. 系统综述

防盗报警系统的设备一般分为：前端探测器，报警控制器。一个防盗报警系统报警控制器是必不可少的，报警控制器是一台主机（如电脑的主机一样）是用来处理有线/无线信号和系统本身故障的检测，由电源部分、信号输入、信号输出、内置拨号器等几个方面组成。前端探测器包括：门磁开关、玻璃破碎探测器、红外探测器和红外/微波双鉴器、紧急呼救按钮。

CBK 项目采用 HONEYWELL 自己旗下的防盗报警产品 Galaxy，本项目防盗报警主要包含门磁、热探测器、双鉴微波和红外探测器以及 360 度双鉴和微波探测器。集成软件 EBI 系统对防盗报警系统进行实时的监控。防盗报警系统对每一个入侵进行探测分析和报警，高安全的报警控制器通过指定的网络集成到 SMS（EBI）系统中。

按照 CBK 大楼安防设备要求，安防系统管理平台（SMS）服务器和所有安防系统工作站将通过指定的物理安防局域网连接起来。防盗报警工作站通过以太网网卡和安防系统管理平台集成，防盗报警工作站将通过以太网网卡（E080）使用 Galaxy Gold Protocol 协议和 SIA 协议和防盗报警控制器连接起来。

2. 安防系统管理平台

安防系统管理平台是基于客户/服务器模式的架构。安防服务器上面安装高性能和高稳定性的实时数据库，而安防系统的操作接口主要是在工作站上面。CBK 安防系统工作站分布整个建筑的不同部分，操作员能够监视系统，响应相关的报警和生成相应的报告。工作站上显示现场各种输入输出设备的状态，一旦事件触发会产生声光报警提醒控制台操作人员采取相关措施，关掉警报和生成报告，并且存储事件到数据库。

3. 系统组成

为了减少 CBK 大楼新址的风险，对大楼安装电子安防设备非常必要。电子防盗报警设备用来探测敏感区域，一旦探测到入侵则产生相应的报警提醒控制中心人员和采取相应的措施。

（1）防盗报警控制器

判断接收各种探测器传来的报警信号，接收到报警信号后即可以按预先设定的报警方式报警。如启动声光报警器、自动拨叫设定好的多组报警电话，若与小区报警中心联网即可以将信号传送至小区报警中心。报警主机配有遥控器，可以对主机进行远距离控制。

CBK 新址项目使用 HONEYWELL 的 GD-520 报警控制器（图 4.18-18），GD-520 将和输入输出设备相连接。每个输入输出设备有 8 个区域输入，每一个入侵输入设备将被连接到区域输入设备上，一个回路最多能挂载 128 个入侵输入设备，每个 Galaxy Dimension Panel 报警控制器能挂载 512 个输入入侵设备。每一个 RIO 能够挂载 4 个输出端，并且每个报警执行器能够连接到 RIO 上面。一个回路最多能挂载 64 个报警输出设备，每个 Galaxy Dimension Panel 能挂载 256 个报警输出设备。

Galaxy Dimension Panel 能够无缝地和整个安防系统管理平台集成，一旦发生入侵报警，Galaxy 控制器会传输信息给安防系统管理平台，让操作管理人员知道报警的地点，以便安防管理人员采取相应措施。

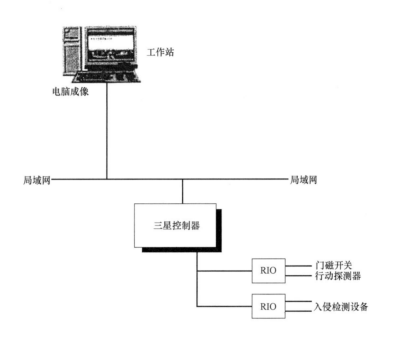

图 4.18-18　报警控制器

每一个 IPPS 工作站能够带动 20 个 Galaxy 报警控制器，如果要安装超过 20 个的 Galaxy 控制器的话需要增加额外的 IPPS 工作站。

（2）现场设备

1）360°双鉴探测器

为了克服单一技术探测器的缺陷，通常将两种不同技术原理的探测器整合在一起，只有当两种探测技术的传感器都探测到人体移动时才报警的探测器称为双鉴探测器。市面上常见的双鉴探测器以微波＋被动红外探测器。CBK 项目采用 HONETWYWELL 的 DT6360 微波＋红外双鉴探测器，内置微处理器，微波探测范围可调，双元 PIR 元件，自我诊断，减少误报率。

2）双技术空间探测器（Grade4）

采用双鉴技术，微波＋红外技术，当两种技术都探测到有入侵者时才发生报警，同时本探测器是基于微控制器技术，使用数字信号处理技术，使用模糊技术数码分析，很大程度上减少误报率。

3）门磁

159

门磁开关是由一个干簧管及磁条组成，它可分为有线/无线门磁。一般应用在门、窗户，只要磁条及干簧管离开距离<20mm之后就会有报警信号输出。

4）紧急按钮

它在防盗器材当中是最简单的一种器材，它是一个开关。有常开/闭输出，有开关量变化时它就会输出报警信号给主机了。

5）地音探测器（略）

6）热探测器（略）

4. 与其他系统集成

CBK防盗报警系统能够和项目上的CCTV监控系统集成，主要是通过安防系统管理平台来完成。一旦发现有入侵报警，报警控制器发送信息到安防系统管理平台EBI，操作人员能够迅速采取相应的措施，比如在工作站显示相应地区的录像，如果相应地区摄像机有PTZ功能的，操作人员通过摇杆控制相应的放大缩小等功能，实现更佳清晰的视频控制。

4.18.10 无线电集群移动通信系统

1. 系统概述

集群通信系统是专用调度通信系统，日本翻译为多信道接续或者多信道切换。所以，集群通信系统是多个用户（部门，群体）公用的一组无线电信道，并动态使用这些信道的专用移动通信系统，主要用于指挥调度通信。

CBK无线电集群通信系统要求覆盖整个CBK大楼，包括地下室，因此一系列的天线将从楼顶安装到整个大楼。同时在安防控制室内将安装对操作人员的屏蔽和控制设备。

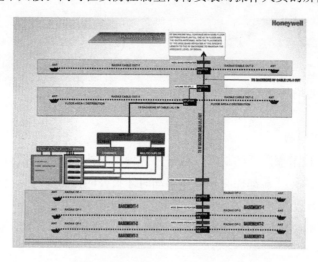

图4.18-19　集群无线电通信系统

2. 系统组成

集群移动通信系统组成如图4.18-19所示，CBK无线电集群通信系统主要使用了摩托罗拉的技术和产品。

（1）Fylde 无线电集群设备

无线电集群设备运输到现场进行安装，包括微控制器、摩托罗拉 MTR、中继器、UPS 供电设备、天线收发装置等。同时在现场安装电缆，要注意考虑现场的通风以及温度。集群系统最后还要和业主的公用电话系统 PSTN/PABX 留好相关接口。所有安装完成后，进行初始化测试。

（2）RF 和天线系统

在大楼的屋顶上面安装有主天线覆盖整栋大楼，塔楼的竖井里面安装光纤或者同轴电缆，在地下室 B2 和 B3 安装 2 通或者 3 通泄露电缆。在每隔 4 层安装一个信号放大器，同时每层楼里面通过同轴电缆连接到竖井的 3 个室内天线。在安装这些天线的同时还要考虑到防雷和接地装置。

4.19　项目结构化布线系统的介绍

4.19.1　概述

结构化布线系统为网络物理层提供完整的管理工具。系统采用的管理软件、线路扫描设备和智能配线架技术将会显示并且监测网络物理层，实时提供网络的连接状态。每个信息点连线变化都会立刻反馈给管理中心，能够为系统管理员快捷、有效地管理网路提供必要的信息。结构化布线系统为网络管理员提供包括水平子系统和垂直干线子系统的完整用户界面。基于用户/服务器 SQL 数据库管理软件，包含了物理层所有相关组成部分的信息，使系统信息在数据库中可以不断地更新，从而确保任何时候系统数据都 100％准确。

4.19.2　解决方案

结构化布线系统的解决方案将采用带宽为 1200MHz 的 CAT7A 屏蔽双绞线作为水平系统以及数据中心的连接线缆。各层机柜之间的内部连接采用带宽为 500MHz 的 CAT6A 双绞线缆。所有信息点模块采用超七类屏蔽模块。布线系统采用 LANmark-OF 单膜光缆作为主干光缆。语音大对数采用五类线。系统的解决方案采用 LANsense 智能产品，从而使系统达到完全智能化。这不仅仅限于采用智能配线架，还有带感应探针的数据跳线，线路分析仪，专用的输入/输出线缆，以及软件的支持。提供的系统软件是 iPLM。水平配线架、管理配线架、各层之间内部连接使用的配线架，以及光纤配线架考虑采用智能配线架，而所有的智能配线架都要与线路分析仪连接。语音配线架的选用已经考虑到了可以进行升级。

4.19.3　结构化布线系统 LANsense 智能产品的介绍

CBK 项目采用 Nexans（耐克森）结构化布线产品，而 LANsense 是 Nexans 产品中的智能产品部分。

1. LANsense 配线架

LANsense 配线架含有用来识别每个端口状态的内置感应器，以及一个连接线路分析仪的输入/输出端口。该配线架的智能性只有在线路分析仪以及软件作用下才能得到激活。

2. LANsense 数据跳线

LANsense 数据跳线的插头护套内上有一个不明显的外置探针，这个探针与 LANsense 配线架上端口感应器相匹配。

3. LANsense 线路分析仪

LANsense 线路分析仪要求能够监测网络上的所有端口，记录端口变化，能够不断更新并维持端口上的连接信息。它通过使用输入/输出线缆与配线架连接，同时与 SQL 数据库服务器连接。

4. LANsense 管理软件

采用的 LANsense 管理软件是 iPLM，通过管理软件可以显示出线路的连接，监视网络上的所有授权的和未授权信息点的改变，并发出报警信息，为文件管理和信息核查提供完整的数据信息。

因此，结构化布线系统智能管理就是管理连接的硬件，如带感应器的配线架以及带感应器的其他设备，以及管理带有与感应器匹配的探针的数据跳线。线路分析仪监视配线架上感应器的状态，并把感应器的状态信息提供给 iPLM 用户服务器。

4.19.4　系统图介绍

图 4.19-1 为系统图。CBK 项目主楼有 40 层，主机房位于 27 层。除了 B3、B2、B1、0、1 和 1M2 层设置了两个 IT 机房外，其他各层均设置了一个 IT 机房。每个 IT 机房内包含两个 45U 的开放式机架和一个 45U 的设备机柜。各层的 IT 机房通过 24 芯单膜紧密护套防水型的室内光缆分别通过两条路径与 27 层的 IT 主机房连接。各层机房内的语音系统是通过五类语音大对数电缆与 27 层主机房内的语音系统进行连接。各层的 IT 机房之间又通过 24 根超六类双绞线作为冗余备份进行内部连接。IT 机房内的所有配线架考虑采用智能配线架并且与线路分析仪连接。网络设备机柜与配线架之间采用带宽 1200MHz 的超七类双绞线缆连接，末端信息模块采用超七类屏蔽模块。每个 IT 机房为一个管理区，而每个管理区内由一个线路分析仪来管理。

4.19.5　主楼标准层的施工图

图 4.19-2 为主楼标准层施工图。在主楼办公区，信息点采用网格状布置，从而使信息点线缆能够遍及办公区地面，这样可以使用户十分灵活地设计装修布置。在每个网格信息点上要预留 5m 长的线缆，线缆穿在由网格信息点到信息盒之间固定的软管里。以 4 根超七类双绞线为一组的线缆与信息模块端接，然后安装在金属"桌盒"上。

水平线缆从 IT 机房呈放射状沿架空地板下，或吊顶内敷设到办公区。所有低位的水

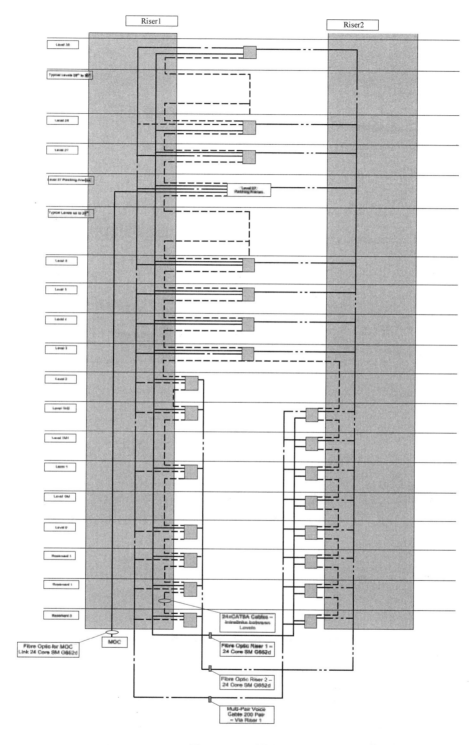

图 4.19-1　系统图

平双绞线缆沿架空地板下敷设，而高位的水平双绞线缆沿吊顶线槽敷设。

该项目从主 IT 机房与各层的 IT 机房之间设计了两条线缆连接路由。两条路由安

163

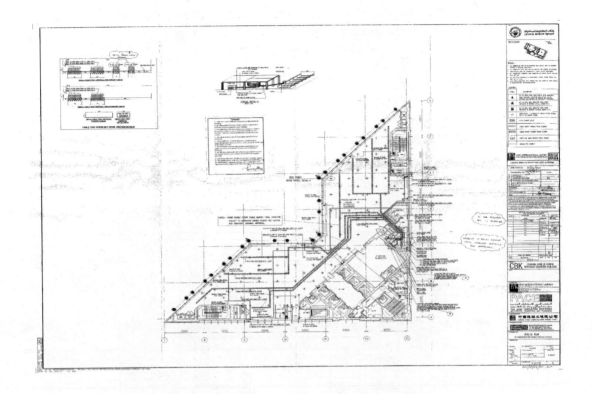

图 4.19-2　主楼标准层施工图

装了线缆梯架。每个 IT 机房内设置了一个设备机柜，以及两个高密度开放式机架（HDPF）。设备机柜用来安装网络设备、光纤配线架；而开放式机架用来安装 RJ45 数据配线架。主干光缆沿竖井，通过架空地板和高位线槽与设备机柜和开放式机架连接。

所有的设备机柜供电是在架空地板下分两路供电，并且配备了不间断电源（UPS）作为后备电源，这样就确保设备机柜内不会出现完全断电的现象。

4.20　CBK 项目 UPS 系统介绍

4.20.1　UPS 系统介绍

UPS 的中文意思为"不间断电源"，是一种含有储能装置，以逆变器为主要元件，稳压稳频输出的电源保护设备。不间断电源（UPS）在建筑物的电力系统中的应用越来越广泛。随着电力通讯、微机监控等电力自动化设备的普及和应用，建筑物中的电力系统对不间断电源提出了更高的要求。要保证毫无间断地给建筑物内的重要负载供电，保证信息设备的电源指标，就必须采用不间断电源（UPS）。

164

UPS 按其设计原理与工作方式可分为后备式、在线式与在线互动式三大类。

1. 后备式 UPS

以小功率（5kVA 以下）为主，主要对市电进行滤波、稳压调整，以便向负载提供更为稳定的电压，同时通过充电器把电能转变为化学能储存在蓄电池内，一旦电力中断、电网电压或电网频率超出 UPS 的输入范围，可在极短的时间内（几毫秒）开启自身的储备电源，向负载供电，此类 UPS 的特点是转换效率高、易于维护且价格低廉，为绝大多数中小功率用户电源保护的首选。

2. 在线式 UPS

以中大功率（5kVA 以上）为主，逆变器始终处于工作状态，与用电设备同时运行，在供电状态下的主要功能是稳压和防止电压波动和干扰，避免负载遭到长期低品质电力的侵害，一旦市电中断，UPS 中的逆变器会利用机内蓄电池所提供的电能来维持负载的正常运转，供电转换时间为零，真正实现了不间断供电。该类 UPS 供电质量高，但价格昂贵。

3. 在线互动式 UPS

结合了离线式效率高和在线式供电质量高的特点，与后备式 UPS 相比切换时间短。

常规在线式（ON-LINE）不间断电源原理如图 4.20-1 所示。

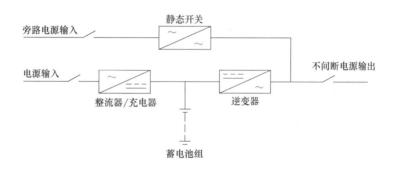

图 4.20-1　常规在线式（ON-LINE）不间断电源原理

由图 4.20-1 可以看出：不间断电源（UPS）主要由整流器、逆变器、交流静态开关和蓄电池组组成。平时，市电经整流器变为直流，对蓄电池浮充电，同时经逆变器输出高质量的交流纯净的电源供重要负载，使其不受市电的电压、频率、谐波干扰。当市电因故停电时，系统自动切换到蓄电池组，蓄电池放电，经逆变器对重要设备供电。

（1）整流器是一个整流装置，简单地说就是将交流（AC）转化为直流（DC）的装置。它有两个主要功能：第一，将交流电（AC）变成直流电（DC），经滤波后供给负载，或者供给逆变器；第二，给蓄电池提供充电电压。因此，它同时又起到一个充电器的作用。

（2）蓄电池是 UPS 用来作为储存电能的装置，它由若干个电池串联而成，其容量大小决定了其维持放电（供电）的时间。其主要功能是：第一，当市电正常时，将电能转换成化学能储存在电池内部。第二，当市电故障时，将化学能转换成电能提供给逆变器或负载。

（3）逆变器是一种将直流电（DC）转化为交流电（AC）的装置。它由逆变桥、控制逻辑和滤波电路组成。

（4）静态开关是一种无触点开关，是用两个可控硅（SCR）反向并联组成的一种交流开关，其闭合和断开由逻辑控制器控制。

4.20.2 CBK 项目 UPS 系统组成及采用的设备

CBK 项目 UPS 系统采用三台 APC（艾普斯）Galaxy 6000 系列 600kVA 的 UPS 设备平行冗余组合，并配备外部旁路控制箱（图 4.20-2、图 4.20-3）。

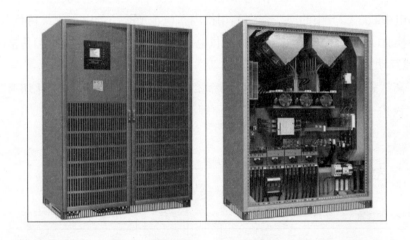

图 4.20-2 APC（艾普斯）Galaxy 6000 系列 600kVA 的 UPS 设备

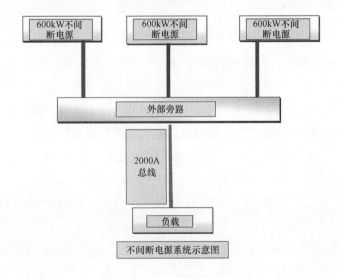

图 4.20-3 UPS 系统示意图

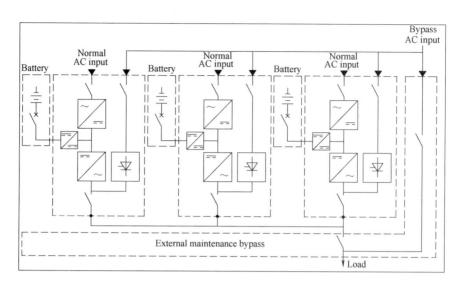

图 4.20-4　UPS 系统示意图

主要技术参数如表 4.20-1 所示。

设备主要技术参数　　　　　　　　　　　　　　　　表 4.20-1

功率/(kVA)	600
电源输入	
输入电压范围	三相交流电 320～470V
频率	50Hz/60Hz±10%
输入电流总的谐波失真度	<4% 带谐波过滤器
输入电源功率因数	>0.95 带谐波过滤器
旁路电源输入	
输入电压范围	三相交流电 320～470V
频率	50Hz/60Hz±10%
电源输出	
输出电压	三相交流电 380V-400V-415V±3%
电源调节范围	±1%
频率	50Hz/60Hz
过载允许时间	165%1min；125%10min
输出电压总的谐波失真度	THDU<3%
最大负荷振幅系数	3∶1
蓄电池组	
后备供电时间	8-10-15-20-30-60min
电池类型	密封铅酸电池、开放型液体铅酸电池、镍铬电池

4.20.3　UPS 系统

CBK 项目塔楼（Core Tower）不间断电源供电系统的配备方式采用"集中式"，三台 APC（艾普斯）Galaxy 6000 系列 600KVA 的 UPS 安装在地下二层 Uninterruptable Power Distribution Room 内，通过 2000A 母线沿塔楼配电室内的竖向竖井敷设，分别为配电室内的 UPS 配电箱提供不间断电源，以保证塔楼各层办公区的不间断电源备用时间为 15min。

项目共配置了 50 个 UPS 配电箱，在塔楼 G/F 以上的各层配电室内分别设置一个 UPS 配电箱，分别为各层 IT 机房内的网络设备机柜、Security Room 内的安全设备机柜、照明控制路由器以及办公区内的电源插座提供电源。

4.20.4　UPS 蓄电池组的计算与选用

蓄电池是 UPS 的心脏，不管 UPS 电路多么先进，其性能最终取决于它的电池，一旦电池失效，再好的 UPS 也无法提供不间断供电。CBK 项目 UPS 不间断电源供电系统配置的电池，选用的是容量为 12V/92AH，型号为 SWL2500 的蓄电池，电池组的计算及选用如表 4.20-2 所示。

蓄电池的计算与选择　　　　　　　　　　　　　　　　表 4.20-2

蓄电池组的计算	
选用的 UPS 型号	Galaxy 6000
功率(kVA)	600
功率因数($\cos\varphi$)	0.8
实际输出功率(kW)	480
备用时间	15min
逆变器效率	0.95
浮充电压(V_{DC})	459
临界放电电压(V_{DC})	336
蓄电池的选择	
电池最大节数(＝浮充电压/2.25)	204
使用的电池数量	204
每节电池临界放电电压	1.647
浮充电压设置(V_{DC})	459

根据以上数据，经过计算，需要选用电池容量为 12V/92AH，型号为 SWL2500 的蓄电池共 6 组，每组 34 节。

4.20.5　其他

塔楼 27F 为 IT 系统的主机房，为确保整个网络系统在供电系统出现故障时，仍然可以继续工作而不中断，在 27F 单独配置了两台 APC Galaxy 7000 系列 300kVA 的 UPS 设备，蓄电池选用的是容量为 12V/92AH，型号为 SWL2500 的蓄电池，蓄电池组备用时间为 15min。Galaxy 7000 系列 300kVA 的 UPS 设备的主要技术参数如表 4.20-3 所示。

设备主要技术参数 表 4. 20-3

功率(kVA)	300
电源输入	
输入电压范围	三相交流电 250～470V
频率	45～65Hz
输入电流总的谐波失真度	＜5％
输入电源功率因数	＞0.99
自动旁路电源输入	
输入电压范围	(380V,400V,415V)±10％
频率	(50Hz/60Hz)±8％
电源输出	
功率因数	0.9
输出电压设置	三相交流电 380/400/415/440V
电压调节范围	±3％
频率	(50Hz/60Hz)±0.1％
过载允许时间	150％30s；125％10min
输出电压总的谐波失真度	THDU＜2％
蓄电池组	
后备供电时间	从 5min 到 2h
电池类型	密封铅酸电池、开放型液体铅酸电池、镍铬电池

由于 Galaxy 7000 设备工作原理与 Galaxy 6000 系列相近，在这里就不再赘述了。

4. 21 英美标准下的钢筋施工

随着越来越多的中国施工企业参与国际工程施工，如何掌握按英美标规范进行钢筋施工，这是我们必须要掌握的基础技术项目。

热轧带肋钢筋在建筑工程中应用广泛。按英美标设计的项目，钢筋等级一般是 G60、G50、G40 等，其钢筋材料特性、检验、施工、技术要求等和国内标准有些共性的东西，但也有很多差异。下面从材料、施工、技术要求等方面进行对比归纳。

4. 21. 1 原材料对比

英美标带肋钢筋检验标准一般执行 BS4449：2007 或者 ASTM A-615 规范；而国产钢

筋目前执行 GB1499—2007《钢筋混凝土用热轧带肋钢筋》。上述两者均包括：解释归纳、定义、分类、牌号、尺寸、检验标准、重量、技术要求、实验方法、检验规则、包装、标志和质量证明书。英美标与国标带肋钢筋检验标准见表 4.21-1。

英美标与国标带肋钢筋检验标准比较　　　　　　　表 4.21-1

	国　标		英　标	
分类、牌号	HRB335/HRB400/HRB500		GB40/GB50/GB60/GB75	
公称直径	6、8、10、12、14、16、18、20、22、25、28、32、40		8、10、12、16、20、25、32、40	
理论重量	相同		相同	
表面形状	横肋方向相反		分 A/B 型,有相对或相反	
长度允许偏差	±50mm		0～100mm	
重量偏差	公称直径	允许偏差(%)	公称直径	允许偏差(%)
	6～12	±7	6	±9
	14～20	±5	8,10	±6.5
	22～50	±4	12 以上	±4.5
碳当量	HRB335	0.52	0.51	
	HRB400	0.54		
	HRB500	0.55		
检验项目	化学分析、力学、弯曲、反向弯曲、尺寸、表面、重量偏差		相同	
检验规则	按批次、每批不大于 60t 取样数量 2～6;复验与判定采用 GB/T17505		按批次	

4.21.2　力学性能比较

1. 国内钢筋力学要求

国内钢筋力学要求见表 4.21-2。

国内钢筋力学要求　　　　　　　表 4.21-2

牌　号	屈服强度(MPa)	抗拉强度(MPa)	延伸率(%)	最大力总伸长率(%)
HRB335	≥335	≥490	≥16	≥7.5
HRB400	≥400	≥570	≥14	
HRB500	≥500	≥630	≥12	

说明：对于抗震构造的结构，①钢筋的实测抗拉强度与实测屈服强度之比不小于 1.25；②钢筋的实测屈服强度与规定的最小屈服点之比不大于 1.30。

2. 英标钢筋力学要求

英标钢筋力学要求见表 4.21-3。

英标钢筋力学要求 表 4.21-3

牌 号	屈服强度（MPa）	抗拉强度（MPa）	延伸率（%）
G40	≥280	≥420	≥11&12
G60	≥420	≥620	≥9&7
G75	≥520	≥690	≥7&6

以 G60 与 HRB355 为例进行对比，前者抗拉强度远大于后者，但屈服强度指标很接近。G60 是英标最常用钢筋。

3. 化学成分比较

化学成分比较见表 4.21-4。

化学成分比较 表 4.21-4

国 标	化学成分（%）					
牌号	C	Si	Mn	P	S	Ce_q
HRB335	0.25	0.8	1.6	0.045	0.045	0.52
HRB	0.25	0.8	1.6	0.045	0.045	0.54
HRB	0.25	0.8	1.6	0.045	0.045	0.55
英标	化学成分（%）					
牌号	C	S		P		N
Grade 250	0.25	0.06		0.06		0.012
Grade 460	0.25	0.05		0.05		0.012

可以看出化学成分基本类似。

4.21.3 施工工艺

1. 连接方式

连接方式比较见表 4.21-5。

连接方式比较 表 4.21-5

	焊 接	搭 接 条 件	机 械 连 接
国标	允许	≤φ18（50%错开）	选择性。径向挤压连接、轴向挤压连接、锥螺纹连接、镦粗直螺纹套筒连接、钢筋滚压直螺纹连接
	电渣压力焊、气压焊、埋弧压力焊等形式		
英标	不允许	≤φ25，不强制错开	φ25 以上强制要求机械连接

注：由于常用的 G60 钢筋强度高，含碳量相应高，焊接性能差，故英标严禁焊接连接。

2. 施工习惯

施工习惯比较见表 4.21-6。

英标项目，保护层作为一个主控指标，检查非常严格，其目的是防止钢筋外漏而锈蚀，通常是监理工程师重点检查子目。英标下保护层大小类似于国标，仅基础部分墙体不同，其外侧保护层 5cm（土壤接触面），内侧 3cm。

施工习惯比较 表 4.21-6

序　号	英国标准	国　标
连接方式	机械连接、搭接	机械、搭接、焊接
保护层	从钢筋最外面算起	从主筋算起
搭接连接	柱筋搭接可从楼板处开始	高于楼板的起始位置
错开要求	大于 $\phi 32$ 才错开	国内强制要求错开
箍筋	一般没加密区、没有要求 135°弯	加密,必须 135°弯

4.21.4　纵向钢筋节点构造及配筋

1. 纵向柱节点构造

纵向柱节点构造比较见表 4.21-7。

纵向柱节点构造比较 表 4.21-7

类　别	国　标	英　标
指导性文件	03G101 图集《钢筋混凝土平面表示法图集》	ACI 308
基本规则	柱相邻纵向钢筋连接纵向错开,同一截面钢筋连接百分率不应大于 50%; 相邻钢筋搭接须错开 $0.3L_{le}$,对于机械连接或者焊接,须错开 $35d$; 柱纵向钢筋直径大于 28mm 时及偏心手拉钢筋,不宜采用绑扎搭接	搭接分受压区、受拉区;一般不要求错开,为了避免钢筋拥挤,进行错开处理
搭接长度	搭接长度见表 03G101 的 34 页; 其最小长度不小于 300,其与搭接百分率有关; 其等于锚固长度乘以修正系数,修正系数分别为 1.2;1.4;1.6,其对应的接头百分率分别为 25%,50%,100%; 锚固长度见 03 G101 的 34 页的表,其与混凝土等级及钢筋强度、抗震等级有关	对于柱子,通常受压,故按 $35d$ 来搭接; 对于墙体、柱子纵向筋的起步插筋,一般按 $35d$ 来搭接; 一般不要求错开,为了避免钢筋拥挤,进行错开处理
部位	抗震钢筋搭接应避开柱端的箍筋加密区(参见 03G101 的 36 页); 非连接区规定:楼板上、下 $1/6H_c$ 为非连接区 $(H_c$ 净层高),基础起步后 $1/3H_c$ 为非连接区	都是在楼板或者筏板起步处搭接(不用错加密区); 套筒:接头在非加密区,相连套筒错开 600mm

2. 剪力墙构造

剪力墙构造比较见表 4.21-8。

剪力墙构造比较 表 4.21-8

	国　标	英　标
搭接部位	起步搭接构造 $\geqslant L_0$,分布筋要错开,类似于纵向柱子	同柱子纵向处理
搭接长度	同框架柱	对于墙体,搭接区域有受拉或者受压,通常按 $60d$ 来搭接
分布筋	一般位于外侧,锚固于暗柱,分布搭接,并交错搭接,沿高度错开(参见 03G101-47 页)	对于挡土墙,分布于纵向筋内侧,对于其他部位,通常位于外侧
结构特点	通常暗柱多,按规律分布拉钩	通常不用拉钩,多用箍筋,见图 4.21-1

3. 英标示例

墙体、加密区及柱纵向搭接示意见图 4.21-1～图 4.21-3。

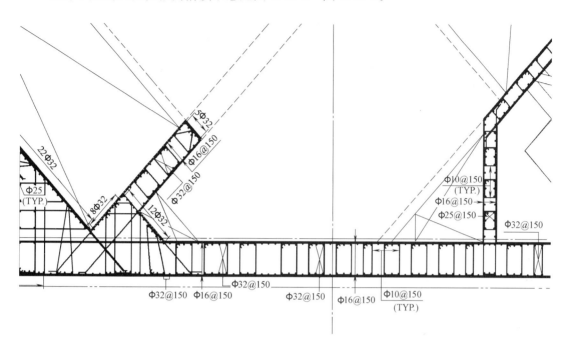

图 4.21-1　墙体示意

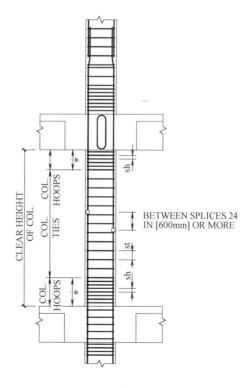

图 4.21-2　加密区示意

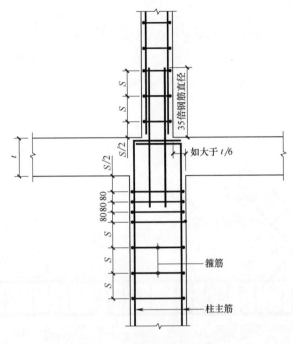

图 4.21-3　柱纵向搭接示意

4. 立柱箍筋加密

国内标准：纵向钢筋搭接范围内，箍筋按$\leqslant 5d$ 及$\leqslant 100$mm 的间距加密；刚性地面时，加密范围是柱端与上下范围之和，上下范围取柱子长边尺寸、500mm、$H_n/6$ 的最大值。加密区参见 03G101 的 40、41 页。

英国标准：加密范围在柱上下范围（不含柱端），上下范围各 $H_n/5$，箍筋按$\leqslant 5d$ 及$\leqslant 100$mm 的间距加密。

5. 框架梁节点

国标构造要求：参见 03G101-54 页。

边支座处锚固钢筋带弯钩 $15d$；锚固和搭接长度规则与柱相同，参见 03G101-34 页表；面筋搭接范围是跨中 1/3；面筋附加钢筋按跨度 1/3 布置；面筋 2 排附加钢筋按跨度 1/4 布置；底筋支座处锚固，并伸至柱外侧；当纵向筋直锚大于$\geqslant L_{ae}$，可以直锚；箍筋加密区通常$\geqslant 2H_b \geqslant 500$mm（参见 03G101 的 62 页）。

英标构造要求：面筋锚固 $50d$ 或 $60d$，一般带弯钩，并朝下。首排附加钢筋按 0.3 倍的跨度布置（相邻跨度的大值）。底筋边支座伸至柱外边，通常也要满足锚固长度。一般不分加密区、非加密区，要求全加密，见相关设计。框架梁节点（英标）示意见图 4.21-4。

6. 板支座

英标：面部钢筋锚固 $50d$；底部钢筋通常过墙中即可。由于通常墙柱先施工，故需要预埋板筋插筋，以后再与板筋搭接，如图 4.21-5 所示。

国标：底筋锚固长度 $12d$，面筋锚固长度是一个锚固长度。

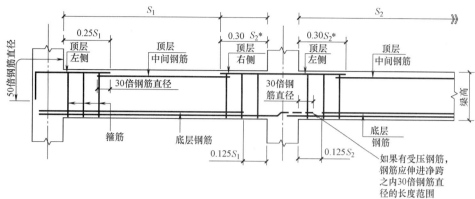

注：S_1 和 S_2 表示净梁跨

图 4.21-4　框架梁节点示意（英标）

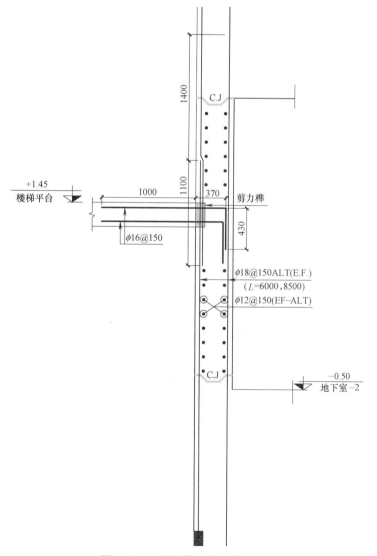

图 4.21-5　板插筋示意（英标）

7. 英标施工缝节点配筋

按英标标准，对于混凝土墙体施工，为了控制裂缝及膨胀，通常要求墙体分段施工，夏季施工段 10m，其余季节施工段 15m。外墙的每个施工段中间，要留设控制缝。施工缝均要做节点处理（图 4.21-6）。

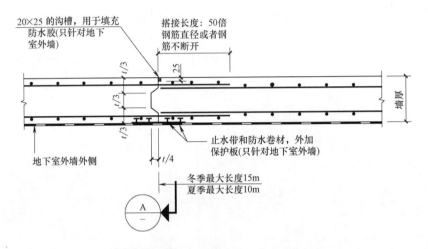

图 4.21-6 施工缝节点示意（英标）

施工缝说明：外侧安装止水带；钢筋搭接必须大于 $50d$；内侧装密封条 20mm×25mm；接头处要做凹槽处理。

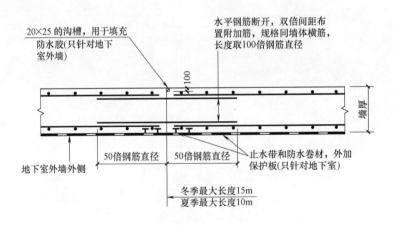

图 4.21-7 控制缝节点示意（英标）

控制缝左右要安装止水带；内侧要安装密封条 20mm×25mm；原来水平筋断开，另按双倍间距加附加筋，附加筋等直径规格，长度按 $100d$ 配置。内侧密封条拆模后，清除干净，并填充高强填充材料，如图 4.21-7 所示。

4.21.5 小结

经过对比研究发现，国内外钢筋施工的最大差别集中在施工工艺和施工习惯上。在钢筋的连接方式、搭接位置、锚固长度、弯起方式、加密方式等都有诸多明显的差异。在保护层厚度、锚固长度、搭接长度的计算方面，都值得国内同行借鉴。

4.22 高层建筑擦窗机的深化设计及技术协调

4.22.1 概述

随着高层建筑及群体建筑的与日俱增，特别是奇形怪状的建筑造型及高档装饰设计，对擦窗机设计及协调提出了较高的技术要求。

擦窗机是建筑物外立面、采光屋面、室内大型幕墙、天庭、透明石材的清洗设备，也是维护检修作业的专用设备。作为室外高空载人设备，对其安全性和可靠性要求非常高。

由于建筑物的立面结构形式、高度、外形千差万别，擦窗机布置除了要考虑建筑形式、设备机型、设备基础、停车位置，还要考虑吊篮滑行轨道、定位栓孔等，既要考虑到擦窗机覆盖建筑物范围，及其实用、安全经济性，又要考虑建筑物美观，所以擦窗机布置选型面临着复杂的与建筑设计及施工协调。

擦窗机布置通常有以下考虑：

（1）能否选用最少台数，完成整个大厦作业；

（2）选用的擦窗机及其辅助装置尽量不影响建筑物的美观，结构承载是否满足擦窗机的要求；

（3）楼顶空间通道、立面结构是否适合所选择的擦窗机形式；

（4）立面轨道及定位栓孔的优化布置（用于锁定吊篮位置），与建筑物的结构、建筑协调；

（5）优先考虑轨道式，自动化程度高；

（6）造价是否满足业主及工程师预算额度。

4.22.2 项目概况

CBK 项目总建筑面积约 16 万 m²，塔楼高 240m，由 40 层办公楼及 5 层裙楼组成。工程地点在中东某国。

塔楼主体是核心筒混凝土、钢结构组合结构，其结构造型奇特：立面从下往上逐渐收缩，呈 81°倾斜结构，首层核心墙体长度 69340mm，而屋面长度仅为 31746mm，收缩幅度近 40m。平面布置呈三角形，东南面是混凝土核心墙结构，北面是斜肋钢管柱组合结构，型钢楼层梁、压型钢板结构。西北立面 20～33 层还有凹进区域，5～7 层有外突出 25m 的悬挑礼堂区域。

斜肋钢管柱直径 800mm，逐层向核心筒及中心两个方向倾斜，角度 84.2°，与楼层边梁连接采用牛腿梁形式，幕墙跨在牛腿梁上。钢管柱外立面到幕墙间距 1200mm，这样增加了擦窗机吊篮到幕墙的距离。

　　该项目严格执行英美建造标准，FEIDIC 条款合同条件，合同技术规范对擦窗机产品有初步约定，合同图纸对擦窗机布置及基础条件有初步设计。以上合同条件的信息不足以完成擦窗机布置并投入使用。按照合同条件，总承包商有深化设计、相关技术协调的义务，故项目部和擦窗机分包商及供应商一道完成最终产品选型、深化设计工作，并做了大量的结构、建筑技术协调工作。

　　CBK 项目共布置有 7 台擦窗机，分布在不同部位，可满足整个项目清洗要求。

4.22.3　CBK 项目擦窗机分布及应用

　　塔楼屋面擦窗机（A 系统）见图 4.22-1，擦窗机分布及参数见表 4.22-1。

图 4.22-1　塔楼屋面擦窗机（A 系统）

　　A/G 系统技术协调最为复杂，都是非标准产品，下面重点介绍这 2 个系统。

擦窗机分布及参数　　　　　　　　　　　　　表 4.22-1

系统	擦窗机机型及技术参数、清洗范围	建筑、结构协调
A 塔楼擦窗机	卢森堡 secalt 公司。轨道行走式擦窗机，动臂式变幅，配有分配臂，伸臂变幅范围 12.7～23m，12m/2m 双吊篮，吊篮载重 300kg，机械净重 49.9t，工作状态下重量 50.93t，工作高度 255m。 清洗范围：外墙石材、幕墙	屋面机械定位与机电管道的协调，停车位置协调；工作原理及覆盖范围；外露轨道布置，混凝土、幕墙、钢管柱上的吊篮定位栓孔布置
B 屋面灯笼天窗擦窗机	单轨悬挂式，卢森堡 secalt 公司产品 Railscaf 系列；单轨电动吊篮；轻质高强铝合金轨道 120mm×40mm；轨道重量：6.05kg/m；轨道支架最大距离：3.0m；轨道通过支架吊装于屋面梁，最大工作荷载：350kg。 清洗范围：屋面灯笼幕墙造型及石材百叶窗	悬挑支架设计、定位及与钢结构连接，人员通道口位置
C 主入口门厅长廊内外立面清洗	车轮行走式升降平台车 AL-16，最大高度 16m，标准产品。 清洗范围：石材、幕墙、透明石材吊顶	高度及停车位置

系统	擦窗机机型及技术参数、清洗范围	建筑、结构协调
D 5-7 层空中礼堂清洗	轨道行走式，U 203 型梁，4m 间距双轨。 清洗范围：5～7 层塔楼空中礼堂	轨道基础设计及与结构协调，增加钢梁，与幕墙天窗、石材等的建筑协调，停车位置协调
E 裙楼屋面清洗	轨道轮载式；TIRAK unit：1 XD-312 P；安装高度：70m；臂长：3～8m；吊篮尺寸：2m×0.6m； 工作荷载：240kg；铰接式臂架；轮距：1.8m；提升速度 8.5m/min； 清洗范围：石材、百叶窗	轨道基础协调，穿越冷却塔的洞口尺寸及卷帘门的协调
F 屋面天庭清洗	O 型铝合金轨道，单轨悬挂式；铝合金截面 110mm×98mm；重量：9.0kg/m；最大轨道间距：3.0m；最大工作荷载：350kg； 清洗范围：幕墙、观光玻璃	支架设计、定位及与钢结构连接节点；增加屋面主钢梁连接支架；工人进入通道口位置
G 门厅入口透明石材吊顶内侧清洗	单轨悬挂式，卢森堡 secalt 公司产品 Railscaf 系列。单轨干电池电动吊篮。轻质高强铝合金轨道 120mm×40mm；轨道重量：6.05kg/m；轨道支架最大距离：3.0m；轨道通过支架吊装于屋面梁，最大工作荷载：350kg 清洗范围：透明石材吊顶（擦窗机布置在天窗及吊顶之间）	与石材吊杆、机电风管、桥架无冲突协调，连接支架的安装及增加二次钢梁布置，电源供应

4.22.4 塔楼擦窗机概念设计

1. 满足覆盖范围及变幅要求

首层核心墙体长度 69.4m，幕墙侧斜边长度 100m，选用轨道式擦窗机，轨道长度 30m，另选用俯仰臂架式（带附加分配臂），俯仰臂架变幅范围 12.7～23m，这样可解决覆盖范围及变幅问题。俯仰臂架端部安装分配臂（10m 长）分配臂可以旋转，可以有效增加覆盖范围。

沿屋面女儿墙的灯笼造型高度约 4.8m，没有采用水平臂架式，避免在停车后其超出女儿墙的视野范围。

轨道式具有行走平稳，就位准确、安全装置齐全、使用安全可靠、自动化程度高等特点。其楼面结构必须满足承载要求，结构设计阶段要考虑擦窗机荷载，施工阶段预留出行走轨道。

擦窗机布置如图 4.22-2 所示。

2. 吊篮设计的考虑

选用吊篮时要考虑导向轨道及栓孔的布置可满足吊篮运行需要。经过分析，吊篮选用 0.6m 宽，12m 和 2m 长的双吊篮，分别适应不同区域。12m 吊篮利用钢管柱上的铝合金轨道导向，在 12m 吊篮上配有一个辅助吊篮（可以延伸、折叠），其可有效解决吊篮到幕墙的 1200mm 间距问题，工人可以近距离清洗幕墙（图 4.22-3）。

系统B，屋面灯笼幕墙清洗

系统D，空中礼堂清洗

系统E，裙楼清洗

系统F，屋面天庭清洗

系统G，门厅吊顶上部清洗

凹进区域

系统C，门厅入口清洗

图 4.22-2　擦窗机布置

石材侧，由于窗台遮阳板外露，为了防止吊篮与石材碰撞，装有限位杆（图4.22-4）。

3. 固定导向装置

对应 12m、2m 吊篮范围内，分别设计不同的导向装置，前者安装通长滑道，后者安装定位栓孔。西北立面 20~33 层还有凹进区域，安装若干栓孔，操作工人通过挂缆绳到栓孔上对吊篮进行拽曳、限位，吊篮可以到达凹进区域（图 4.22-5）。

4.22.5　塔楼擦窗机深化设计及技术协调

需要做大量的商务、技术协调工作，通常按以下流程：

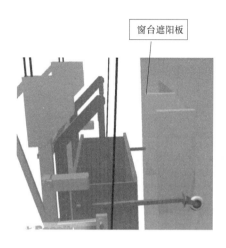

图 4.22-3 吊篮设计示意

图 4.22-4 限位杆示意

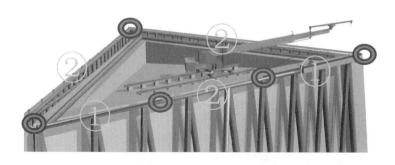

图 4.22-5 双电篮使用部位

注：图中编号为①的范围用 12m 吊篮、图中编号为②的范围使用 2m 吊篮。

（1）分包商完成设备初步选型及工作方案，明确相关技术参数、轨道布置及路线，该阶段要进行结构可行性分析，向业主、工程师做了大量的方案演示工作。

（2）考虑擦窗机各部分重量，工作状况下时的侧向力及风荷载引起的作用力。总包完成结构设计复核、轨道处附加结构设计，通常包括结构模型建立、风动试验复核、荷载加载、整体及节点计算。

（3）相关建筑、机电协调。修改擦窗机部分参数并确定相关产品。

（4）分包上报设备技术文件（设备厂家及技术参数），需经过工程师、业主或者第三方咨询公司批准。

（5）擦窗机概念图纸提交，产品图纸及相关结构图纸、建筑图纸、机电图纸提交。按照批复的图纸，可以进行设备加工及现场施工。

（6）设备基础底座等土建施工；安装、调试及使用。

4.22.6 擦窗机轨道在屋面的协调

1. 附加梁

沿屋面轨道增加 2 条通长轨道附加钢梁，钢梁尺寸 UB690mm×256mm，间距3500mm。钢梁按照相关规范与楼层梁进行连接，楼层梁要做相关连接处理。以上所有构件均在加工厂制作，故楼层梁加工前，必须完成擦窗机设计及协调，见图 4.22-6。

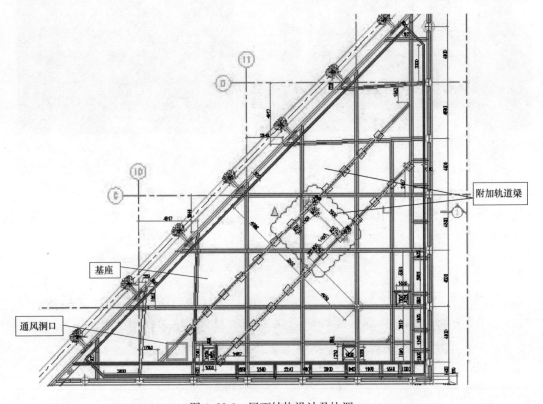

图 4.22-6　屋面结构设计及协调

2. 轨道基座

屋面上轨道处布置基础混凝土基座柱，尺寸 600mm×600mm、高 500mm、间距 1400mm，基础柱做相关配筋处理（图 4.22-7）。

基座柱施工过程做锚栓预埋处理，锚栓由分包商安装，轨道随后安装于基座上。

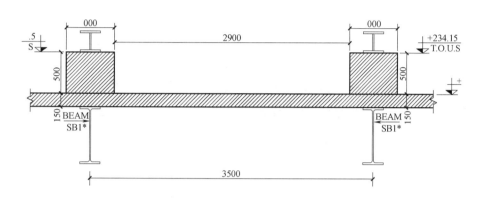

图 4.22-7　屋面轨道基础

3. 其他协调

确定栓孔及导轨位置，与相关专业（幕墙、钢结构、石材、机电）协调。

屋面通风口等机电设施协调，合理布置机电设施而避免与轨道位置冲突。本项目屋面通风口 1000mm×1000mm，正好在轨道之间，经过多次协调，解决了这一问题。

擦窗机电源供应施工协调。

屋面建筑（防水、保温、装饰）协调。

停车位置及相关协调，尽量减少设备在停车后对外立面的影响。

预埋件的锚固应符合建筑设计要求，轨道、连接附件和锚固件应做防腐、防锈处理。

考虑到温度变化引起的轨道的热胀冷缩对连接点及屋面装置所产生的影响，每根轨道的长度不大于 9m，伸缩缝间隙不大于 3mm，保证 2 条轨道伸缩缝的位置错开 2000mm 以上。轨道端头应设置限位挡板。

4.22.7　塔楼擦窗机导向轨道及栓孔布置

超高层建筑，在高空清洗作业时，遇到天气突变情况，特别是阵风情况下，吊篮很易发生碰撞外墙石材、幕墙。故外墙装有定位栓孔或者滑行轨道，作业时，吊绳临时挂在栓孔上，来固定吊篮及吊篮绳，有效防止其晃动。按照英美及中国规范，在作业高度超过 30m 时，宜配置固定的导向装置。

在建筑物的适当位置，应设置供擦窗机使用的电源插座，该插座应防雨、安全、可靠，紧急情况能方便切断电源。

1. 石材立面栓孔布置

按照使用要求，设计了两种栓孔：定位栓孔及牵引栓孔，其满足任意方向的 300kg

的设计荷载，均为 314 不锈钢材质。在角部区域，吊篮无法到达，需要挂牵引绳到牵引栓孔拽拉。操作工人通过挂缆绳到栓孔上对吊篮进行拽曳、吊篮可以到达角部区域，完成清洗工作。

牵引栓孔：每层一道（4.6m 间距），每道 2 只（图 4.22-8）。

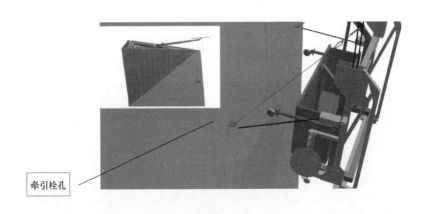

图 4.22-8　牵引栓孔

定位栓孔：每 4 层布置一道（18.4m 间距），水平间距 3m（与石材模数匹配，见图 4.22-9）。

1）定位栓孔（石材立面）

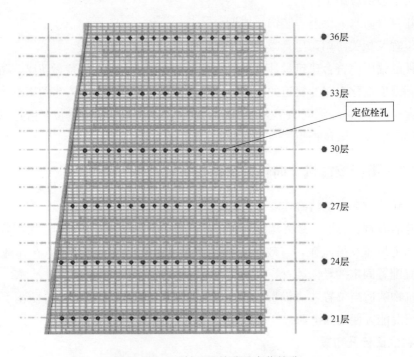

图 4.22-9　石材立面栓孔及定位栓孔

设计见图 4.22-10（a），其长度 20cm，要做结构计算。在安装就位后必须与装修石材面平，布置于石材角部，故其依据石材排版图进行精确定位，栓孔安装与石材同步。栓孔处石材做切割处理，如图 4.22-10（b）所示。

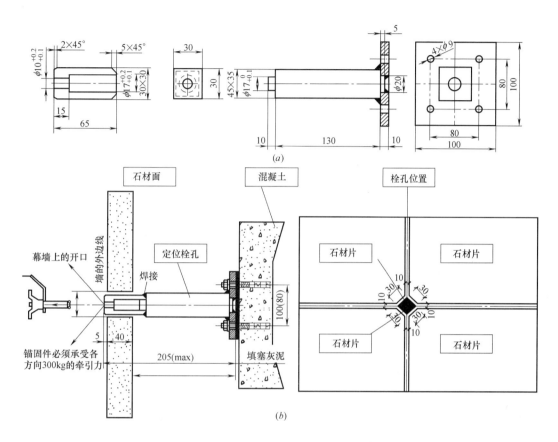

图 4.22-10　吊篮定位栓孔（石材立面）

（a）设计图；（b）安装图

2）牵引栓孔（石材立面）

由于楼层面积下大上小，每层混凝土墙长度收缩 65cm。在其角部区域，根据需要安装牵引栓孔，长度 250mm，其技术要求同定位栓孔（图 4.22-11）。

2. 导向轨道及栓孔（幕墙侧）

在西北立面幕墙，部分区域不具备安装通长轨道条件，特别在 20～33 层凹进区域，因此装有 3 种类型的定位栓孔。分别是 A 型（固定在幕墙龙骨上），B 型（焊接在钢管柱上，连接吊篮），C 型（焊接在钢管柱上，约束吊篮吊绳）。A 型是不锈钢材料，B、C 型是 A-572 碳钢材料。根据擦窗机工作方案，编制栓孔定位立面图。

1）导向轨道

部分幕墙区域，使用 12m 吊篮，沿倾斜的钢管柱（84.2°）装铝合金轨道（图 4.22-12），其通长布置宽度 200mm，厚度 165mm。

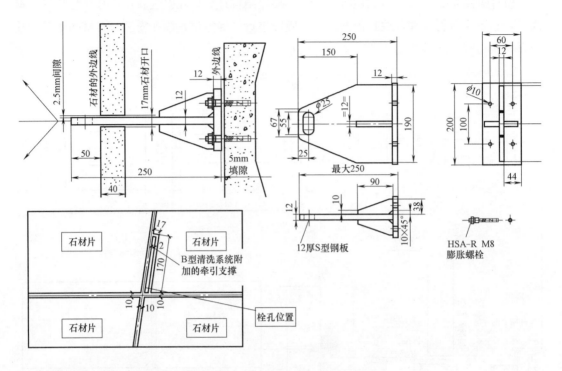

图 4.22-11　吊篮牵引栓孔（石材立面）

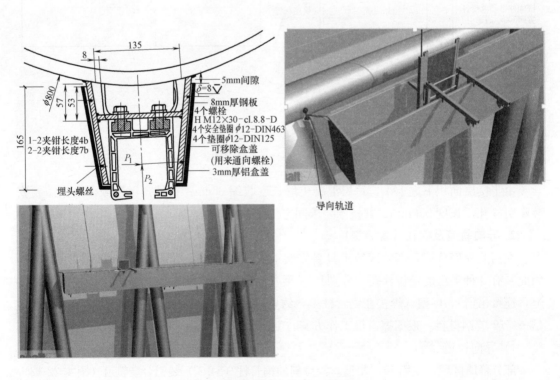

图 4.22-12　导向轨道（幕墙侧）

2）栓孔分布

栓孔分布示意见图 4.22-13。

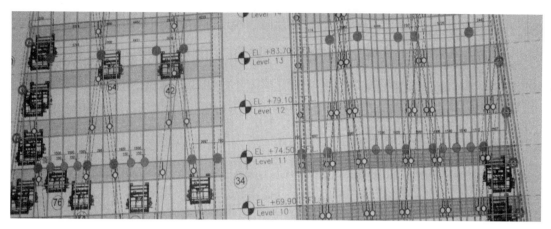

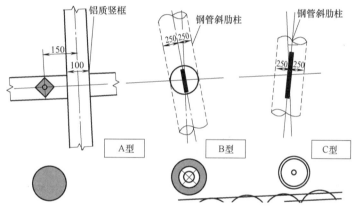

图 4.22-13　栓孔分布立面图

3）A 型栓孔配置（幕墙侧）

① A 型栓孔，装在单元式幕墙横梁上，其在幕墙制作时，必须先安装连接底板（图 4.22-14），故幕墙施工前，必须先确定擦窗机的相关栓孔位置。

② B 型、C 型栓孔

B 型、C 型栓孔设计（钢管柱上）见图 4.22-15。

B 型、C 型均选用 A572 碳钢，做表面处理，与钢管柱焊接，焊接完成后做防锈、防火漆处理。钢板厚度 12mm，B 型长度 100mm，C 型长度 275mm。

B 型、C 型栓孔（钢管柱上）示意见图 4.22-16。

B 型、C 型均选用 A572 碳钢，做表面处理，与钢管柱焊接，焊接完成后做防锈、防火漆处理。钢板厚度 12mm，B 型长度 100mm，C 型长度 275mm。

3. 石材立面定位栓孔施工协调

栓孔设计长度 20cm，为了保证建筑美观，栓孔必须与石材面平整，石材装修厚度也

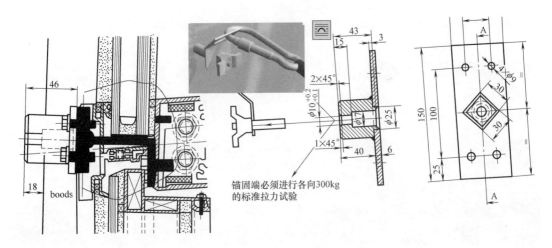

图 4.22-14 A 型栓孔（幕墙上）

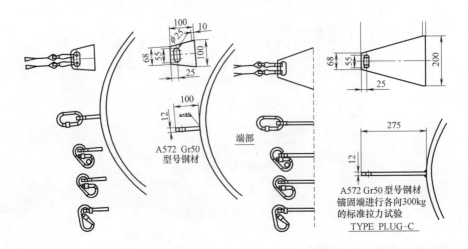

图 4.22-15 B 型、C 型栓孔设计（钢管柱上）

图 4.22-16 B 型、C 型栓孔（钢管柱上）示意

是20cm（从混凝土基面到石材面）。众所周知，混凝土施工时存在一定施工误差（±30mm）。故在现场石材排版后，栓孔实际长度要在现场实测后定做，确保定位栓孔与石材齐平。

同理，牵引栓孔外露石材5cm，用同样办法来消除误差。

4.22.8　G系统深化设计及技术协调

G系统深化设计及技术协调见图4.22-17。

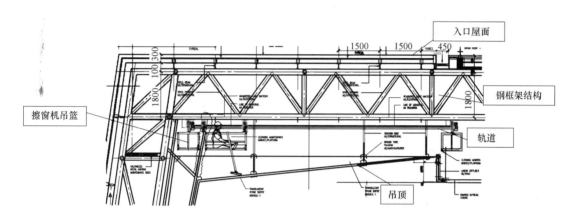

图4.22-17　G系统示意图

1. 概念设计

在主楼主门厅入口，它是钢结构框架，入口长度120m，高度在24m左右，钢框架屋面有2%的坡度，其屋面大部分是幕墙天窗，吊顶是透明石材吊顶。

擦窗机活动范围在吊顶之上与钢结构下弦杆之间，空间高度在1330～2150mm之间，该空间有吊顶吊杆、桥架、风管、灯具等，吊篮活动范围要避开以上设施。

采用单轨轨道式，为了解决电缆布置难题，选用干电池电动吊篮。

2. 轨道、轨道支架的布置

G系统轨道平面布置示意图见图4.22-18。

轨道支架连接在钢结构的下弦上，若支架连接点处无钢结构梁，需要增加二次钢结构梁来提供支架连接点（其附加在主结构下弦上，见图4.22-19），本项目二次结构梁选用了120mm×120mm×5mm的方钢。

支架选用了工字钢，间空高度44mm，轨道支架最大距离3m，并要做相关荷载计算。

轻质高强铝合金轨道120mm×40mm；轨道重量：6.05kg/m。

明确擦窗机荷载后，要复核计算主框架结构，并设计安装二次结构（方管等）。总而言之，必须尽早确定擦窗机产品及概念图纸，并做相关设计协调，完成最终的擦窗机设计及相关施工设计。G系统使用的二次结构大约20t。

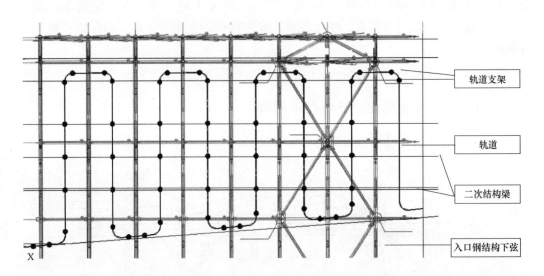

图 4.22-18　G 系统轨道平面布置示意图

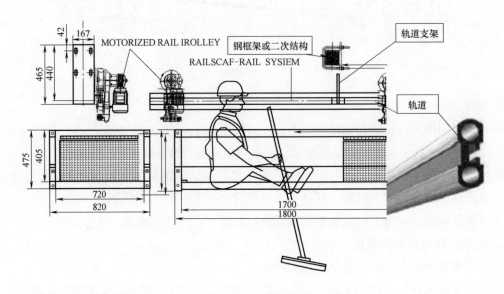

图 4.22-19　吊篮示意图（G 系统）

3. 其他协调

与吊顶吊杆的协调，通常是吊杆回避轨道支架（图 4.22-20）。

与机电的协调，主要是吊篮运行区域范围内，桥架、风管、灯具等必须错开布置，避免碰撞。通常是机电图纸、擦窗机概念图初稿完成后，协调有冲突区域，绘制综合图，确定最终方案。

轨道及轨道支架安装与钢结构的协调。主结构安装完成后，要及时安装二次结构，并完成相关防锈漆涂补及防火漆施工。

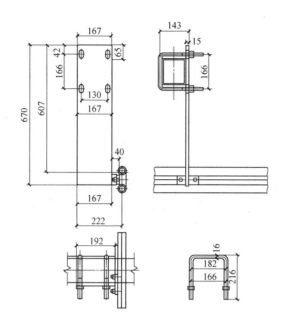

图 4.22-20　导轨支架（G 系统）

4.22.9　擦窗机存在的合约商务问题

按照合同要求，擦窗机是总价合同的一部分，属于承包商的工作范围。在投标阶段，仅有技术规程，其对产品有初步约定，没有详细的技术参数，更没有考虑结构附加梁及二次钢结构等工作内容。

1. 工作荷载的确定

A 系统擦窗机通常仅能载 2 人及携带小型材料，无法携带重型材料。该擦窗机工作荷载是 300kg。在施工阶段，业主提出擦窗机是否可以用于幕墙维修（幕墙单元每块 300kg），但该擦窗机根本无法承载幕墙单元及操作工人的重量。经过近半年的讨论，最终决定擦窗机仅用来载人（确定 300kg 荷载），幕墙维修更换通过其他手段解决。

2. 二次钢结构

合同图纸中，结构上完全没考虑结构附加梁及二次钢结构的工作内容，合同图仅有节点示意，总包单位被迫承担这部分工作且没有机会索赔。分包仅承担轨道支架、轨道、导轨、吊篮等工作内容。

3. 第三方咨询单位

在深化设计及产品报批阶段，报批了第三方咨询单位。第三方咨询单位的工作范围如何确定也是一个有争议的议题。第三方主要负责工作方案、图纸审核及验收调试。第三方咨询公司通常是国际公司，无法常驻现场，如果介入范围太多，也影响到项目成本及施工进度。

4.22.10　总结回顾

在投标阶段，一定要研究清楚擦窗机的初步技术参数、增加的结构件、轨道要求，适时地提出技术答疑，并向专业厂家咨询，可以最终合理报价。

在深化设计阶段，一定要与擦窗机专业公司、幕墙公司、结构设计做综合设计。

目前擦窗机的结构形式较多，各有特点和适用范围，为此在设计研制高层建筑及群体建筑擦窗机的过程中，应注重建筑物的建筑特点，设计不同的机型及配套装置，以满足用户需要。由于篇幅限制，对该项目擦窗机无法分开详细阐述，但协调都是面临共性的问题，部分标准产品相对简单。

在满足使用功能的情况下，尽量保持建筑物的结构统一和外形美观。

擦窗机具有安全、经济、实用性，具有广泛的推广应用前景。

4.23　温度对混凝土施工的影响与控制

4.23.1　工程概况

科威特中央银行总部办公大楼项目，位于科威特共和国科威特城中心地带，紧临海湾大道。

地下室结构 3 层，地上主体结构 40 层，建筑面积约 140000m²，占地面积 25872m²，建筑总高 238.475m。

基础采用 3m、2m、1.5m 厚板式筏基基础，竖向承重结构采用 925mm、650mm、400mm、300mm、250mm 厚剪力墙、直径 800mm 钢管柱，水平结构为无梁板（地下车库、人防顶板）、有梁板（发电机房顶板）和 150mm、120mm 厚压型钢板复合楼板（首层以上标准层）。

筏基基础混凝土设计强度标号为 K500，金库底板（螺旋钢筋部位）采用自密实混凝土，其他筏基部位采用普通混凝土；剪力墙墙体混凝土设计强度标号为 K650，金库剪力墙墙体（采用螺旋钢筋）和塔楼剪力墙等钢筋密集部位采用自密实混凝土，其他剪力墙墙体部位采用普通混凝土。

剪力墙墙体竖向配筋率要求不低于 0.4％，水平方向配筋率要求不低于 0.25％。

4.23.2　科威特的气候特点及对混凝土施工的影响

科威特中央银行项目，地处中东地区阿拉伯海湾腹地，科威特城中心地带。科威特的气候属于热带沙漠气候，夏季漫长炎热干燥，冬季短而湿润。1 月和 7 月平均气温分别为 12℃ 和 34℃，冬季最低气温 3℃，夏天最热时，树荫下温度可达 51℃，太阳直射处高达 80℃。每年的夏季 6、7、8、9 月份均有部分天数，白天室外温度超过规范要求（38℃），只能在晚上气温下降到规范要求温度以下后，才能进行混凝土的浇筑施工。

中央银行大楼部分底板基础（金库）和部分剪力墙（金库和主楼地上部分）由于配筋率高，钢筋密间距小，振动棒无法进入结构模板内部进行充分振捣，采用普通混凝土无法满足施工要求，故只能选用骨料粒径小、坍落度大、流动性好的自密实混凝土 K650SCC。

自密实混凝土的坍落度要求为 670mm±80mm，自密实混凝土对于施工环境温度和坍落度都有较高要求。商品混凝土搅拌站距离项目距离约 50min 车程。

现场混凝土施工中质量控制关键主要体现在三个方面：

（1）混凝土的温度控制；

（2）混凝土坍落度控制；

（3）混凝土浇筑时间控制。

4.23.3　混凝土温度过高对混凝土质量的影响与危害

（1）混凝土是不良导体，由于水泥水化作用释放出大量水化热，大体积混凝土内部温度不断上升，在内外温差过大，由此而引起的热应力超过混凝土的抗裂能力时，将产生表面裂缝；在混凝土不断降温过程中，混凝土的收缩变形受到基础或老混凝土的约束，也将产生拉应力，导致基础混凝土产生裂缝；气温的急剧下降，表层混凝土收缩，也会产生裂缝，这种现象称冷击。CBK 项目筏基基础是大体积混凝土结构，施工强度大，气温变化剧烈时，如果处理不当，常会引起过大的热应力，导致混凝土开裂。因此，在混凝土施工中要严格实施混凝土温度控制。

（2）混凝土裂缝按深度可分为表面裂缝、深层裂缝和贯穿裂缝。在一定条件下，表面裂缝会发展成深层裂缝，深层裂缝也会发展成贯穿裂缝，因此大体积混凝土的施工，要力求不产生裂缝。为防止产生裂缝，各国订有混凝土温差控制标准，对各种条件下的允许温差作了规定。对基础温差，中国和美国垦务局均根据浇筑块的长度和距离基底的高度规定了不同的允许温差。对内外温差，即中心温度与表面温度之差，苏联规定不大于 20～25℃；中国规定当日平均气温在 2～4d 内连续下降 6～9℃时，混凝土表面应有防护措施。对上下层温差，即老混凝土面上下各相当于 1/4 浇筑块长边的范围内，老混凝土上层平均温度与新混凝土开始浇筑时下层平均温度之差，中国规定允许为 15～20℃，在 CBK 项目中，采用的内外混凝土温差标准为不大于 25 ℃。

（3）混凝土温度裂缝的成因比较复杂，除了温差以外，与基底的弹性模量和平整度，混凝土的施工质量和抗裂能力，自身体积变形以及骨料的品质等因素均有关。因此，上述规定的差别与各自条件不同有关。

（4）混凝土温度控制措施，大体从三方面着手：①降低热源，缩小温差。如选用低热或中热水泥，搭盖骨料凉棚，加高成品料堆，从廊道取料，降低原材料温度；水冷或风冷骨料；加冰或加冷水拌和；缩短运输时间并加遮阳措施，仓面喷雾，用以防范外界高气温影响等。②进行表面防护，延期脱模，或脱模后覆盖防护材料，以防因气温骤降造成冷击，并防止湿度骤降。③强迫冷却，当上述各项措施尚不能满足温度控制时，可在大体积混凝土内部埋设冷却水管，通水冷却，削减温峰，迫使提前达到稳定温度。

4.23.4 CBK 项目施工规范及合同条件对商品混凝土施工温度的要求

（1）商品混凝土在混凝土供应站拌和作业时，环境气温（阴影下）不得高于 38℃，高于上述温度，不得进行混凝土搅拌作业。

（2）用于拌合混凝土的水泥自身的温度不得超过 50℃，对水泥应进行遮阴处理，不得在日光下暴晒。

（3）对搅拌混凝土用粗细骨料进行遮阴处理，不得在日光下曝晒，对骨料进行测温监控，必要时，可采用液氮冷却气体对粗细骨料进行降温处理。

（4）拌制混凝土用水，在进行拌制时，水温不得高于 20℃，必要时可以在水中加冰降低温度。

（5）对新拌制的混凝土温度进行监控，混凝土出罐温度不高于 30℃。

（6）对混凝土按搅拌批次进行坍落度监测，普通混凝土坍落度范围要求：180mm±20mm。

（7）对自密实混凝土每个搅拌批次进行坍落度监测，坍落度范围要求：670mm±80mm。

（8）普通混凝土和自密实混凝土在浇筑时，环境气温（阴影处）要求不高于 38℃。

（9）对到达现场的混凝土以车为单位批次进行实际温度测量监控，混凝土入模温度不得超过 30℃，高于温度要求的车次，按不合格品退回处理。

（10）当施工环境气温低于 4.4℃或高于 27℃时，应对混凝土的温度进行每小时一次进行实地监测。

（11）混凝土浇筑结束后，对混凝土进行遮阴处理，不得在日光下暴晒。

（12）混凝土养护用水的水温不得过低，与混凝土的温度相差不得超过 11 度。

（13）大体积混凝土浇筑结束，达到初凝时间时，开始温度监测并持续 7 天，混凝土内部与外表温差要求不大于 25℃，如超过 25℃，应进行保温处理。

（14）对混凝土试块的养护温度措施，混凝土每 40m³ 取试块 1 个批次，在试块制作成型后的 24h 内送入试验室，并在标准实验室温 21℃条件下养护至龄期（分别为 7d、14d 和 28d）后进行试压。

4.23.5 混凝土温度控制的措施

（1）对粗细骨料堆进行遮盖遮阳，也可采用液氮冷空气体吹抚粗细骨料，使粗细骨料在进入搅拌机拌合前温度不高于 20℃。

（2）夏季施工，加冰冷却拌制用水，使其温度低于 20℃。

（3）混凝土浇筑结束后，在混凝土上方采用遮阴措施，避免日光暴晒。

（4）避开白天高温环境，夜间进行混凝土浇筑施工。

（5）采用低水化热普通 1 级水泥（内墙和地上结构）和耐硫 5 级水泥（外墙等与地下水接触部位）。

（6）降低水灰比，不大于 0.28。

（7）采取措施保证同批次同一部位混凝土施工的连续性。

（8）在混凝土运输过程中，严格按照减水剂生产厂家推荐方法适量添加减水剂，增加混凝土和易性。

（9）由于泵管的影响，坍落度损失较大，2～4cm 泵管上加盖麻袋并浇水。

（10）每车每批次现场测温，超出要求者按不合格品退回，不得进行浇筑。

（11）现场监测环境气温，满足不高于 38℃ 的要求。

（12）混凝土试块的保温与保湿。

4.23.6　筏基基础的温度控制措施

（1）按照筏基基础混凝土浇筑量不大于 1300m³ （根据商品混凝土供应站及施工现场车辆限行、混凝土施工机械等限制条件，一次浇筑能完成的最大混凝土量），将 CBK 整体筏基基础划分为 44 块，依次进行浇筑，相邻两块混凝土的浇筑时间间隔应不少于 7d，尽量减少由于混凝土水化热对于混凝土质量的影响以及临近区块对相邻区块先期完成的混凝土的挠动。

（2）筏基混凝土内部温度在混凝土浇筑结束后约 12～20h 上升达到峰值，经实测内部温度超过 70℃，故在混凝土浇筑结束时，应立即开始混凝土内外温度的监测，并采取保温养护等措施保证筏基基础大体积混凝土内外温差不得大于 25℃。

（3）筏基基础施工顺序划分流水段施工，相邻区块的混凝土浇筑间隔施工 7 天以上，以保证先期浇筑混凝土达到一定的强度后，再浇筑相邻区块混凝土，减少后期浇筑筏基基础区块混凝土产生的水化热导致的混凝土膨胀收缩时，对先期浇筑混凝土挠动的影响。

（4）尽量避免邻近两个流水段区块混凝土均已浇筑完毕后，再浇中间区块混凝土的情况，以减少中间区块混凝土的水化热加热筏基基础钢筋，钢筋受热膨胀后再收缩时产生内部应力。

（5）筏基基础流水段施工缝的处理，施工缝断面按照筏基厚度的 1/3 留设企口，减小新旧混凝土间因龄期不同及水泥水化热导致的膨胀收缩产生的内部应力集中。

（6）筏基基础每个流水段区块混凝土在浇筑结束达到初凝后，应立即开始养护，冬季采用 40mm 聚苯隔热板进行覆盖保温，夏季筏基基础混凝土面上上蓄水水淹法进行养生，养护水水深不少于 150mm 深，养护时间不少于 7d。

（7）夏季炎热天气，在筏基基础混凝土浇筑完毕后，用不透明塑料布架空搭设通风遮阴篷，避免混凝土在日光下暴晒和热量积聚。

（8）如果浇筑同一区块混凝土施工时，下层混凝土已经达到初凝前来不及浇筑上层混凝土，则应在下层混凝土初凝前，在形成的施工缝断面上加插附加钢筋，分解上下两层混凝土膨胀收缩产生的内部应力。

（9）筏基基础底混凝土浇筑结束 4h 内开始进行温度监测，以后每 12h 测温一次，并根据混凝土内外温差情况，采用适当的保湿措施，避免内外温差超过 25℃。

4.23.7 剪力墙墙体施工的温度控制措施

（1）地下室及地上剪力墙墙体，在延长米方向上采用流水段分段、间隔施工，每个流水施工段的长度，夏季施工时，控制在 10m 以内；冬季施工时，控制 15m 以内，以减少由于混凝土水化热对混凝土质量的影响、膨胀收缩时产生的内部应力和裂缝。

（2）剪力墙采用流水段跳跃式间隔施工，相邻施工段浇筑混凝土的时间间隔在 7d 以上。

（3）相邻流水施工段的施工缝，按照墙厚 1/3 设置企口，避免和减少新旧混凝土收缩不同产生的裂缝。

（4）地下室剪力墙相邻施工段的施工控制缝处，按照 50% 的比率将水平钢筋切断断开，另加设 50% 附加筋，避免水化热导致钢筋膨胀收缩时产生的应力和变形。

（5）在塔楼 650mm 厚剪力墙施工时，为了增加模板对自密实混凝土侧向压力的承受能力，同时减少混凝土在冬季施工时温度降低过快，采用了双层模板的施工工艺。

（6）所有剪力墙在混凝土浇筑结束初凝后，24h 以后方可拆除剪力墙体侧模。

（7）剪力墙模板拆除后，立即在剪力墙混凝土面上喷洒清水，并及时涂刷养护剂进行养护。

（8）施工缝宜留设在拐角等应力非集中和应力较小处。

4.23.8 梁板混凝土的温度措施

（1）为了避免混凝土收缩产生裂缝，CBK 项目按照竖向结构与水平结构分开施工的原则，即先完成剪力墙和独立柱的施工后，再进行梁板等水平结构混凝土的浇筑，两者混凝土浇筑时间间隔不应小于 7d。

（2）地下室人防部位无梁板的厚度为 400mm，将施工缝布设在板跨度 1/3 应力较小的区域范围内，并按照科威特国防部规范要求，在所有施工缝部位增加 25% 的附加钢筋。

（3）梁板底模模板，必须在梁和板混凝土强度达到设计强度的 80% 以上方可拆除；上部有施工楼层的部位，应在上层混凝土浇筑结束后，方可开始拆除下层梁板底模（下层混凝土自身强度同时必须满足达到设计强度的 80% 以上的要求）。

（4）梁板混凝土浇筑结束达到初凝后，应立即开始养护，在冬季混凝土施工时，采用 40mm 厚聚苯隔热板进行覆盖保温养护；夏季混凝土施工可在梁板混凝土面上采用水淹法进行养生，蓄水不少于 150mm 深，或采用麻袋加塑料薄膜的养护方法。

4.23.9 灌浆的温度控制措施

（1）灌浆主要用于钢结构钢管柱脚和 Truss3、Truss5 的节点等部位，采用 BB80 高强高流动性灌浆料。

（2）灌浆料在现场采用小型搅拌机械搅拌。

（3）现场拌制灌浆浆料时应满足以下条件：环境气温（阴影下），不高于 38℃；浆料完成搅拌时，自身温度不高于 30℃。

（4）灌浆混合成品浆料和添加骨料应存放于阴凉处，不得暴晒。

（5）添加骨料在开始搅拌前，应用清水进行清洗除尘。

（6）夏季进行浆料搅拌作业时，拌和水的温度不高于 20℃，如果超过 20℃可采用加冰降温，现场用温度计测量水温，满足要求后，方可开始搅拌。

（7）灌浆施工结束浆料达到初凝后，应立即进行浇水覆盖养护。

（8）制取灌浆试块后应用塑料薄膜进行覆盖养护，并于 24h 内送至试验室，在标准温度（21℃）下养护至龄期后进行试压。

4.24　科威特中央银行大楼项目混凝土地坪施工

4.24.1　混凝土地坪施工范围

本工程混凝土地坪施工总面积约 60000m²，施工的主要区域为人防区，来访者停车场及员工停车场，施工面积约为 45000m²，本区域混凝土地坪施工要点主要是放坡，满足房间的排水要求。下面将重点介绍停车场区域混凝土地坪的施工方法。

4.24.2　混凝土地坪施工准备

1. 材料准备

（1）标号为 K-350OPC 的混凝土。

（2）硅酸盐水泥。

（3）水洗砂，中砂，含泥量不超过 3%。

（4）纯净的水，不含有油、盐、酸性或碱性等有害物质。

（5）粘结剂，选用 Polybond PVA。

（6）玻璃纤维，选用 Grace Cemfiber Polypropylene Fibres，长度为 12mm。

（7）角钢，尺寸为 50mm×50mm×3mm。

（8）钢筋网片，钢筋直径为 5mm，网孔面积为 150mm×150mm。

（9）膨胀螺栓。

（10）伸缩性填充材料。

2. 机具准备

搅拌机、水准仪、压气机、运输小车、刮杠、铁抹子、压光机、混凝土切割机、锤子、凿子、小桶。

4. 24. 3　混凝土地坪施工工艺

本工程混凝土地坪施工工艺流程如下：

弹水平标高控制线──→基层处理──→标高控制──→钢筋网片施工──→粘结层施工──→浇筑混凝土──→地坪面层压光──→地坪养护──→切割控制缝

1. 弹水平标高控制线

根据引测点测量人员利用水准仪在墙、柱、墙面上弹出 1.10m 水平标高控制线，并要与房间以外的楼道、楼梯平台、踏步的标高相呼应。

2. 基层处理

先将灰尘用压气机清理干净，然后将粘在基层上的浆皮铲掉，用碱水将油污刷掉，最后用清水将基层冲洗干净，要保持基层湿润，在浇筑混凝土之前不能小于 6h。

3. 标高控制

根据审批的图纸，停车场的混凝土地坪要满足排水的要求，因此，地坪需要向地漏方向找坡，以便于排水（图 4.24-1）。

根据图纸以地漏为中心划分片区，按片区轮流进行施工，确定片区地坪最高标高线的位置，沿最高标高线固定角钢。

平行于地漏四边 200mm 处安装角钢，以地漏为中心向外辐射状铺设角钢，用膨胀螺栓固定，根据区域的大小决定地漏每边放置角钢的数量，一般为 5 根角钢（图 4.24-2）。

在地漏四周 200mm 处布设角钢有两方面的原因：

（1）防止浇筑混凝土时有混凝土流到地漏里面，污染地漏。

（2）由于地漏外围角钢为放射状铺设，越靠近地漏位置，两角钢就会离得越近，混凝土会变得越薄弱，拆除角钢时混凝土容易被破坏。

（3）测量人员利用水准仪按照已经画好的 1.10m 水平线根据图纸调整地漏外围 200mm 处角钢的标高及最高标高线处角钢标高，同时校准所有放射状角钢尽端的标高，确定好两点的标高后，用尼龙绳固定在确定好标高的两点上面 100mm 处，将尼龙绳拉紧，用米尺检查尼龙绳与角钢之间的高度，通过调整膨胀螺栓来保证角钢与尼龙绳之间的高度为 100mm（图 4.24-3）。

4. 钢筋网片施工

在角钢之间铺设钢筋网片，铺设区域相互间隔，钢筋网片的搭接长度不应小于 200mm，按照图纸确定控制缝的位置，控制缝处的钢筋网片应该切断。在钢筋网片下面铺混凝土垫块，混凝土垫块的数量以人踩在钢筋网片上不下沉为宜，使钢筋网片位于地坪高度的中心位置。

5. 粘结层施工

在铺设混凝土之前，在已经湿润的基层上面喷洒由水泥、砂、粘结剂及水按照 1：1：1：3 比例拌制而成的水泥砂浆粘结层，粘结层厚度不得小于 16mm，保证粘结层湿润，避免时间过长粘结层风干导致面层空鼓。

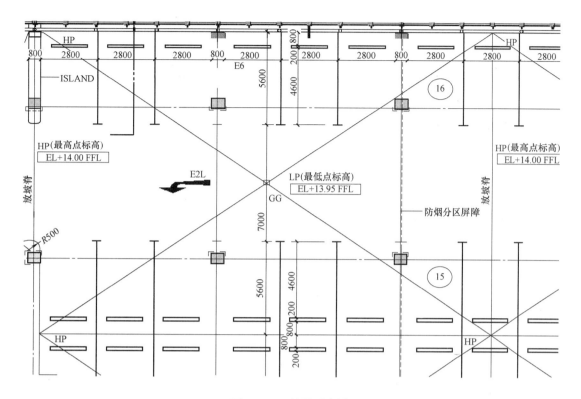

图 4.24-1　放坡示意图

图 4.24-2　角钢找坡

6. 浇筑混凝土

混凝土泵车到达泵管安装后，将玻璃纤维加入混凝土搅拌机中充分搅拌，每立方米混凝土加入 0.6kg 玻璃纤维。在混凝土搅拌均匀后，在指定区域浇筑混凝土，泵管不能到达的地方，用小车运送混凝土浇筑。每个片区分两次进行浇筑，浇筑混凝土时要用塑料薄膜将地漏包住，不得碰撞地漏造成地漏的沉降或移位。

7. 地坪面层压光

（1）第一遍抹压：浇筑完混凝土后，用长刮扛沿着角钢将混凝土刮平，然后用铁抹子

图 4.24-3　调整角钢标高

轻轻抹压一遍。

（2）第二遍抹压：当地坪混凝土初凝后，即人站在地坪上面上有脚印但走上去不下陷时，用铁抹子进行第二遍抹压，把凹坑、砂眼填实抹平，注意不得漏压。

（3）第三遍抹压：当混凝土终凝前，即人踩上去稍有脚印，用压光机压光，此遍要用力抹压，把所有抹纹压平压光，达到面层表面密实光洁。

压光后的地坪如图 4.24-4 所示。

图 4.24-4　压光后的地坪

8. 地坪养护

地坪压光 24h 后覆盖塑料薄膜养护进行浇水养护，每天不少于 2 次，养护时间一般至少不少于 7d（房间应封闭养护期间禁止进入）。

9. 切割控制缝

混凝土地坪养护完成后，按照图纸确定控制缝位置，并用混凝土切割机切割地坪，切割深度不小于地坪厚度的 1/3，将地坪分割成很多小的区域，每个区域的面积不大于 9m²，控制缝的尺寸为 4mm×30mm（图 4.24-5）。

4.24.4　地坪施工质量问题

1. 面层起砂、起皮

由于水泥标号不够或使用过期水泥、水灰比过大、抹压遍数不够、养护期间过早进行其他工序操作，都易造成起砂现象。

图 4.24-5 地坪控制缝

2. 面层空鼓、有裂缝

由于铺细石混凝土之前基层不干净，如有水泥浆皮及油污，或刷水泥浆结合层时面积过大，浇筑混凝土时结合层已经风干，致使混凝土与水泥砂浆结合层粘结不紧密。

3. 面层抹纹多，不光

主要原因是铁抹子、压光机抹压遍数不够或交活太早，最后一遍抹压时应抹压均匀，将抹纹压平压光。

4.25 科威特中央银行输送系统

4.25.1 电梯的分类和性能特点

科威特中央银行总部办公大楼的电梯分布在各个区域，种类繁多，功能齐全。

1. 电梯的分类

（1）大楼内电梯按功能分类

1）客梯：P1-P6，P7-P12，P14-P15，P16-P17，P18-P19，P20-P21，P22-P23；

2）E1，E2&E3，FF1，CP1～CP4，VCP1&2，VCP3&4，Shelter lift；

3）货梯：G1，G2，G3&G3A；

4）食物电梯：Dumbwaiter1&2，Dumbwaiter3&4；

5）扶梯：ESC1&2，ESC3&4；

（2）客梯和货梯按驱动类型分类

1）有机房无齿电力牵引电梯：P1-P6，P7-P12，E1，FF1，G1；

2）有机房有齿电梯：P22～P23，G2；

3）无机房无齿电力牵引电梯：P14-P15，P16-P17，P18-P19，P20-P21，E2&E3，G3&G3A，CP1-CP4，VCP1&2，VCP3&4；

4）螺杆式电梯：Shelter lift。将直顶式电梯的柱塞加工成矩形螺纹，再将带有推力轴承的大螺母安装于油缸顶，然后通过电机经减速机（或皮带）带动螺母旋转，从而使螺杆顶升轿厢上升或下降的电梯；

液压电梯：G3&G3A（因设计变更改为无齿有机房电梯）。

2. 无齿电梯的性能特点

大楼主要采用无齿有机房电梯和无齿无机房电梯，仅有 P22&23 和 G2 变更后采用有齿电梯。

（1）有齿电梯和无齿电梯的区别

电梯曳引机通常由电动机、制动器、减速箱及底座等组成。如果拖动装置的动力，不用中间的减速箱而直接传到曳引轮上的曳引机称为无齿轮曳引机。无齿轮曳引机的电动机电枢同制动轮和曳引轮同轴直接相连；而拖动装置的动力通过中间减速箱传到曳引轮的曳引机称为有齿轮曳引机。

（2）无机房无齿电梯的性能特点

在合理利用空间、节省建筑成本以及提高运行的效率等方面，无机房曳引机驱动的电梯给各种类型的建筑带来了独一无二的利益。无机房曳引机驱动的电梯在材料和能量效率方面的优越性正符合当今环保意识日渐增强的市场设计需要，进而使之成为现代建筑的最佳选择。无机房曳引技术采用具有永久磁铁构造的同步马达，并结合变频控制和低摩擦的无齿结构，是电梯技术的一个巨大飞跃，适用于乘客电梯、住宅电梯、病床电梯、观光电梯及客货电梯等。无机房无齿电梯示意见图 4.25-1。

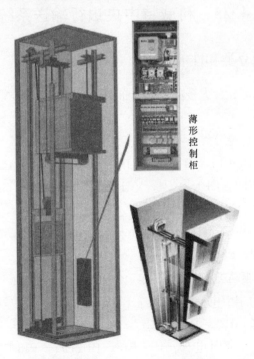

图 4.25-1　无机房无齿电梯示意图

智能无机房电梯曳引机的技术特点：能电梯的驱动系统采用永磁同步无齿轮曳引机驱动，体积小、重量轻、效率高、寿命长，比有齿轮电梯更省电（与有齿轮传动的 VVVF 电梯相比，可节省电力 20％～30％）。

无机房曳引机结构紧凑，无机房曳引机重量只有传统曳引机的一半。

紧凑的尺寸减小了电梯所需空间，便利了无机房电梯的布置。坚固可靠，无机房曳引机只有一个运动部件。这种无齿结构以非常低的速度转动，从而保证了电梯永恒的可靠运行。平稳安全，无机房曳引机驱动的电梯运行非常安静，极好的平层精度意味着使用上的安全和舒适。

（3）无机房无齿电梯的适用范围

无机房电梯的曳引机在轿箱顶或井道内，相对噪声较大；曳引机置于轿箱顶部与轿箱刚性连接有可能产生共振现象；因此，无机房电梯原则上适用于速度不大于 1.75m/s 的电梯。

井道壁和顶板承受的支撑力有限，所以，无机房电梯的载重量原则上不大于 1159kg。但随着无齿电梯技术的发展，无齿电梯的速度和载重量在不断提高。如，G3&G3A 的载重量为 2000kg，由液压电梯变更为无齿的电梯。

（4）有机房无齿电梯的使用

由于无机房电梯有以上的特点，大载量高速电梯使用有机房电梯比较合适。所以，P1-P6、P7-P12、E1、FF1、G1 采用有机房无齿电梯。

（5）有机房有齿电梯的使用

合同要求（P22&P23）G2 为无齿有机房电梯，由于这些电梯载重较大，需要较大的力矩，因此改用了有齿电梯。

4.25.2　电梯的组成

电梯是机电合一的大型复杂产品，机械部分相当于人的躯体，电器部分相当于人的神经，机与电的高度合一，使电梯成了现代科学技术的综合产品。对于电梯的结构而言，传统的方法是分为机械部分和电气部分，但以功能系统来描述，则更能反映电梯的特点。下面简单介绍电梯机械部分的结构（图 4.25-2），而我们的主要目的是怎样来控制它。

曳引式电梯是垂直交通运输工具中使用最普遍的一种电梯（图 4.25-3），其基本结构如下。

1. 曳引系统

曳引系统由曳引机、曳引钢丝绳、导向轮及反绳轮等组成。本工程采用直径不小于 6mm 的 8×（19）钢丝绳，8×（19）即绳股为 8，西鲁式每股芯数是 19。

曳引机由电动机、联轴器、制动器、减速箱（有齿电梯）、机座、曳引轮等组成，它是电梯的动力源。

曳引钢丝绳的两端分别连接轿厢和对重（或者两端固定在机房上），依靠钢丝绳与曳

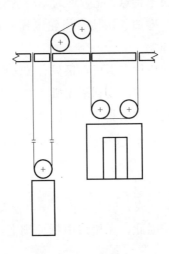

图 4.25-2　牵引系统示意

引轮绳槽之间的摩擦力来驱动轿厢升降。

导向轮的作用是分开轿厢和对重的间距,采用复绕型还可增加曳引能力。

2. 导向系统

导向系统由导轨、导靴和导轨架等组成。它的作用是限制轿厢和对重的活动自由度,使轿厢和对重只能沿着导轨作升降运动。

导轨固定在导轨架上,导轨架是承重导轨的组件,与井道壁连接。

导靴装在轿厢和对重架上,与导轨配合,强制轿厢和对重的运动服从于导轨的直立方向。

3. 门系统

门系统由轿厢门、层门、开门机、联动机构、门锁等组成。轿厢门设在轿厢入口,由门扇、门导轨架、门靴和门刀等组成。层门设在层站入口,由门扇、门导轨架、门靴、门锁装置及应急开锁装置组成。开门机设在轿厢上,是轿厢门和层门启闭的动力源。

4. 轿厢

轿厢用以运送乘客或货物的电梯组件。它是由轿厢架和轿厢体组成。轿厢架是轿厢体的承重构架,由横梁、立柱、底梁和斜拉杆等组成。轿厢体由轿厢底、轿厢壁、轿厢顶及照明、通风装置、轿厢装饰件和轿内操纵按钮板等组成。轿厢体空间的大小由额定载重量或额定载客人数决定。

5. 重量平衡系统

重量平衡系统由对重和重量补偿装置组成。对重由对重架和对重块组成。对重将平衡轿厢自重和部分的额定载重。重量补偿装置是补偿高层电梯中轿厢与对重侧曳引钢丝绳长度变化对电梯平衡设计影响的装置。配重的重量一般(也是本工程要求)是轿厢额定负荷的 40%。

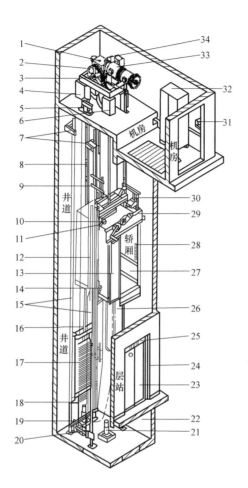

图 4.25-3　有机房电梯的基本结构剖视图

1—减速箱；2—曳引轮；3—曳引机底座；4—导向轮；5—限速器；6—机座；7—导轨支架；8—曳引钢丝绳；
9—开关碰铁；10—紧急终端开关；11—导靴；12—轿架；13—轿门；14—安全钳；15—导轨；16—绳头组合；
17—对重；18—补偿链；19—补偿链导轮；20—张紧装置；21—缓冲器；22—底坑；23—层门；24—呼梯盒；
25—层楼指示灯；26—随行电缆；27—轿壁；28—轿内操纵箱；29—开门机；30—井道传感器；
31—电源开关；32—控制柜；33—曳引电机；34—制动器

6. 电力拖动系统

电力拖动系统由曳引电机、供电系统、速度反馈装置、调速装置等组成，对电梯实行速度控制。调速装置对曳引电机实行调速控制。本工程利用（VVVF）变压变频调速控制。

7. 电气控制系统

电气控制系统由操纵装置、位置显示装置、控制屏、平层装置、选层器等组成，它的作用是对电梯的运行实行操纵和控制。

操纵装置包括轿厢内的按钮操作箱或手柄开关箱、层站召唤按钮、轿顶和机房中的检修或应急操纵箱。

控制屏安装在机房中，由各类电气控制元件组成，是电梯实行电气控制的集中组件。

位置显示是指轿内和层站的指层灯。层站上一般能显示电梯运行方向或轿厢所在的层站。

选层器能起到指示和反馈轿厢位置、决定运行方向、发出加减速信号等作用。

8. 安全保护系统

安全保护系统包括机械和电气的各类保护系统，可保护电梯安全使用。

机械方面的安全保护：限速器和安全钳起超速保护作用；缓冲器起冲顶和撞底保护作用；还有切断总电源的极限保护等。电气方面的安全保护在电梯的各个运行环节都有。

4.25.3　绳传动电梯系统的工作原理

本工程电梯的牵引主要是靠绳来传动的，因此，下面主要叙述绳传动电梯系统的工作原理。

绳传动电梯是最常见的一种电梯设计方案。在绳传动电梯中，电梯轿厢的上升和下降是通过牵引钢丝绳来完成的。

缆绳与电梯轿厢连接，并环绕在绳轮上。绳轮只是一个四周刻有凹槽的滑轮。它会将起重钢丝绳紧紧夹住，因此在旋转绳轮时，钢丝绳也会随之移动。

绳轮连接到一个电动机上。当电机朝某个方向旋转时，绳轮使电梯上升；当电机朝另一个方向旋转时，绳轮则使电梯下降。在无齿轮电梯中，电机直接转动绳轮。而在有齿轮电梯中，电机通过转动传动机构来转动绳轮。对于有机房电梯，绳轮、电机和控制系统均安装在电梯上方的机房内，对于无机房电梯，他们或安装在电梯内井道的上方或安装在轿厢顶部。

用来升高电梯轿厢的绳索也可以连接到对重装置上，对重装置悬挂在绳轮的另一侧。对重装置的重量与电梯轿厢负载为 40% 时的重量大致相同。这就是说，在电梯轿厢负载达到 40% 时（平均值），对重装置和电梯轿厢可以完全平衡。

实现平衡的目的是为了保存能量。当绳轮两侧的负载相同时，只需少许作用力即可在某个方向或另一个方向打破平衡。基本上，电机只需克服摩擦力即可，因为另一侧的重力将起到大部分作用。换句话说，平衡使整体系统中的势能基本维持在恒定的水平。利用电梯轿厢的全部势能（让电梯轿厢降至底层）可增加对重装置中的势能（对重装置升至升降机井的顶部）。在电梯上行时，情况恰好与此完全相反。这个系统就像一个跷跷板，两端分别坐着体重相同的两个小孩。

电梯轿厢和对重装置都安装在电梯升降机井两侧的导轨上。导轨使轿厢和对重装置来回滑动，并与安全系统共同发挥作用，以便在发生紧急情况时停住电梯轿厢。

绳传动电梯要灵活，效率较高。通常来说，这种系统也更为安全。下面叙述它们如何在出现故障时阻止电梯轿厢垂直坠向地面。

第一道安全防线是缆绳系统本身。每股电梯缆绳都由多种长度不同、彼此缠绕的钢丝材料构成。凭借这个坚固的结构，一股缆绳可以独自支撑电梯轿厢和对重装置的重量。但是电梯还是配有多股缆绳（通常在四股到八股之间）。这样，一旦出现某根缆绳断裂的情况，其余的缆绳将足以支撑电梯。

即使所有缆绳都发生断裂，或者缆绳从绳轮系统中滑出，电梯轿厢坠入升降机井底部的可能性也很小。绳传动电梯轿厢配有内置制动系统或安全装置，以便在轿厢移动速度过快时勾住导轨。

下面叙述内置制动系统。

调节器激活安全系统。大多数调节器系统都安装在位于电梯升降机井顶部的绳轮周围。调节器缆绳环绕着调节器绳轮和另一个位于升降机井底部的负重绳轮。此外，缆绳还与电梯轿厢连接，因此当轿厢上下运动时，缆绳也会随之运动。随着轿厢速度提高，调节器的速度也将随之提高。

在这个调节器中，绳轮配备了两个绕销转动的钩状飞臂（承重金属臂）。飞臂所采用的连接方式使得它们可以在调节器上来回自由旋转。但在大多数时间，飞臂还是通过一个高度拉紧的弹簧保持在适当的位置上。

随着调节器的转动逐渐加快，离心力会促使飞臂向外运动，进而拉动弹簧。如果电梯轿厢下落的速度足够快，那么所产生的离心力将足以让飞臂的末端接触到调节器的外缘。在这个位置旋转时，飞轮的钩状端将勾住绳轮周围固定缸体上所安装的棘齿，可使调节器停止转动。

调节器缆绳通过一个附着在控制杆连接装置上的可移动传动臂连接到电梯轿厢上。当调节器缆绳可以自由移动时，此臂与电梯轿厢的相对位置不变（通过拉伸弹簧可以做到这一点）。但是当调节器绳轮自我锁定时，调节器缆绳会猛地向上举起传动臂。这将使控制杆连接装置发生移动，从而操作制动器。

在这个设计中，连接装置停靠在一个楔状安全设备上，此安全设备位于一个固定楔状导条中。在楔状物上移时，它会被导条的倾斜面推入到导轨中，这可以使电梯轿厢逐渐停下来。

电磁制动器，它在电梯轿厢停下来的过程中参与作用。电磁体实际是使制动器处于开启状态，而不是关闭状态。利用这种设计，在电梯失电时，制动器可自动夹紧锁闩。

此外，电梯升降机井的顶部和底部附近均安装了自动制动系统。如果电梯轿厢朝某个方向的运动速度过快，则制动系统会使其停下来。

如果其他装置均告失效，而电梯已经在电梯升降机井中下坠，那么还有最后一项安全措施也许可以拯救乘客的生命。电梯升降机井的底部装有耐受力很强的减震系统——通常是一个安装在注油缸体中的活塞。减震器就像一块巨大的软垫，可以缓冲电梯轿厢的坠地过程。

除了这些复杂而精巧的应急系统外，电梯还需要大量的机械设备让其停下来。电梯运行时要知道：乘客想去的楼层，每个楼层的所在位置，电梯轿厢的所在位置。

要想知道乘客想去的楼层和所在位置很简单。电梯轿厢中的按钮和每个楼层上的按钮都通过线路接到计算机上。当你按下某个按钮时，计算机便会记下此请求。

确定电梯轿厢位置的方法有很多种。在一个常见系统中，轿厢侧面的光传感器或磁传感器会读取电梯升降机井中一个垂直长带上的一系列洞孔。通过计算通过的洞孔数，计算机可确定轿厢在电梯升降机井中的准确位置。计算机可以改变电机的运转速度，使轿厢在到达各个楼层时逐渐减速。这样可以保证乘客平稳乘坐电梯。

在楼层很多的建筑物中，计算机必须采取某种策略，才能使轿厢尽可能高效地运行。在早一些的系统中，所采取的策略是避免电梯反向运行。也就是说，只要电梯轿厢上方楼层的人希望上行，电梯就会一直上行。电梯轿厢只有在满足所有"上行请求"后才会响应"下行请求"。但一旦开始下行，电梯就不会接纳任何希望上行的乘客，直到下面的楼层不再有下行请求。这个程序可以使每个人尽快到达自己希望到达的楼层。

很多先进的程序会将通行流量模式考虑进去。这些程序知道一天中哪个时段前往哪些楼层的需求最多，并相应地向电梯发出指令。在多轿厢系统中，电梯将基于其他轿厢的位置来向各个轿厢发出指令。

在一个先进系统中，电梯门厅的工作方式如同一个火车站。在电梯前等待的乘客不再是简单地按上行或者下行箭头，而是可以输入要去的具体楼层。根据所有电梯桥厢的位置和路线，计算机会告知乘客哪个轿厢会以最快的速度将他们带往目的地。

大多数系统还会在轿厢地板上装有负载传感器。负载传感器会通知计算机电梯轿厢的荷载重量。如果轿厢接近容量极限，则计算机不再允许在停靠时搭载，直到有人从电梯中下来。负载传感器还可以起到非常不错的安全作用，如果电梯超载，则计算机不会关闭电梯门，直到负荷减轻至许可值。

下面叙述电梯中的自动门。

电梯使用两组不同的门：轿厢上的门和开向电梯升降机井的门。轿厢上的门由一个电动机控制，而电动机则通过电梯计算机控制。

电机旋转一个附在长金属臂上的轮子。该金属臂连接到另一个臂上，而该臂又连接到门上。门可以在一个金属导轨上面前后滑动。

在电机转动轮子时，轮子会旋转第一个金属臂，第一个金属臂又会拉动第二个金属臂，从而将所连接的门拉到左侧。门由两个面板组成，在门打开时，两个面板相向关闭，而在门关闭时，两个面板就会拉开。在轿厢运行至某个楼层时，计算机会指示电机打开门，在轿厢再次开始移动之前关上门。很多电梯都配有运动传感器系统，该系统可在门中间有人时防止门关闭。

轿厢门包括一个离合机构，该机构可在每个楼层解锁外门并将外门拉开。这样，只有轿厢停靠在某楼层（或强制开启外门）时，该楼层的外门才会打开。这可防止在一个空电梯升降机井中开启外门。

在相对短暂的时间里，电梯已成为一种不可或缺的机器。由于人们在继续建造摩天大楼，并且更多的小建筑物在建造时会考虑到残障人士的需求，因此在现代社会中，电梯将变得越来越普及。电梯确实是现代社会中最重要的机器之一，它的安全性关系到每一个人。

4.25.4 电梯和其他专业工程的联系和协调

电梯工程是一个综合性的工程，是机电一体化的代表，同时与其他专业系统密不可分。

1. 与其他专业的联系

结构工程的井道、基坑、机房；装修工程的电梯厅的装修；强电工程的动力、照明、接地；弱电工程的消防报警、安防监控、楼宇控制等，还涉及井道的通风，基坑的排水等。

2. 同其他专业的协调

（1）与结构工程的协调

工程进行结构施工前，应核对合同范围内规定的电梯参数和结构图上电梯井道平面尺寸、电梯门尺寸、电梯基坑深度、电梯井道顶部高度（overhead）、电梯机房尺寸等等，避免这些尺寸与电梯参数冲突。

在施工过程中，本工程进行了以下方面的协调：

39M1层P7~P12、G1电梯机房内的结构柱与P10、P11、G1电梯的曳引机冲突，占据曳引机位置（图4.25-4~图4.25-6），经与结构协调，通过将结构柱基础由四边形改

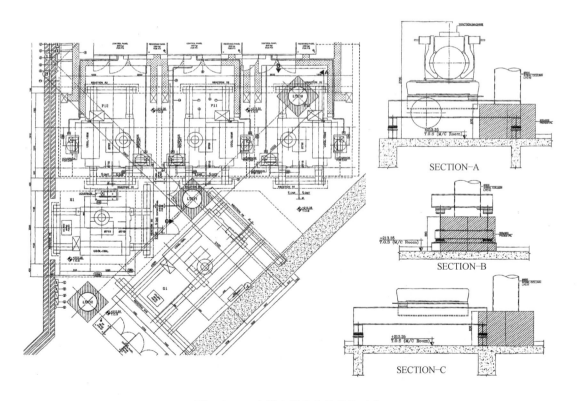

图4.25-4　电梯曳引机和结构柱冲突

为八角形，电梯支架跨度加大，增加高度，来满足各专业要求。

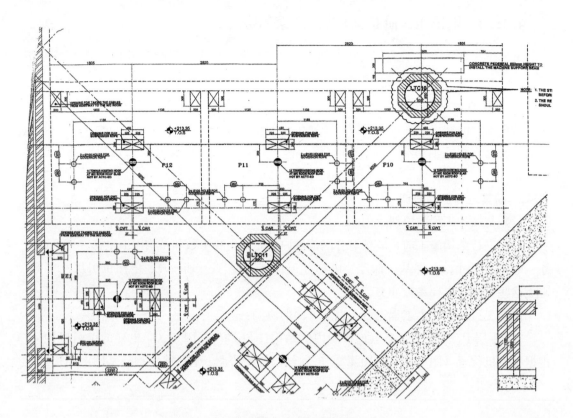

图 4.25-5　修改后的结构柱

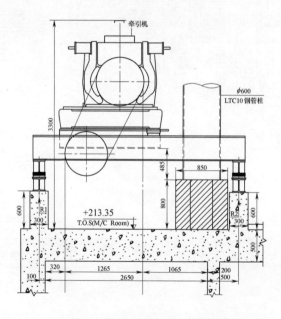

图 4.25-6　修改后的结构柱和曳引机支架详图

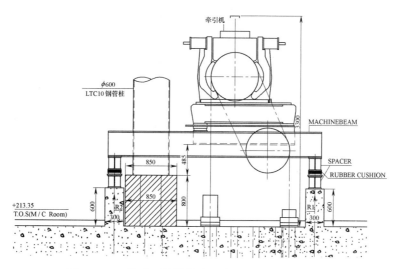

图 4.25-6　修改后的结构柱和曳引机支架详图（续）

电梯 EF1 的井道顶部间距 6.80m，结构图上的间距为 6.23m，机房高度也不足，如单方面抬高井道顶板，提升楼板后更不能满足要求，经过协调，机房楼板下降，电梯 overhead 降为 5.95m（图 4-25-7、图 4-25-8）。

G3 和 G3A 为金库货梯，要求电梯门开度较大，但是门移动空间不够，经协调在侧墙开槽，满足电梯门移动空间（图 4-25-9）。

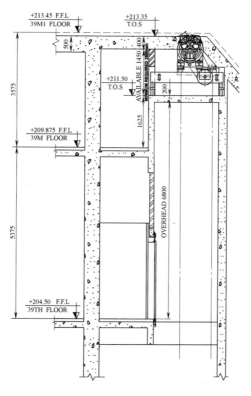

图 4.25-7　FF1 电梯和顶板冲突

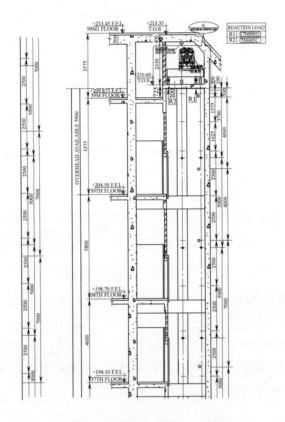

图 4.25-8　协调后的 FF1 电梯

　　由于电梯运行在狭窄的井道内，如果高速运行，因轿厢周围所产生的涡流而导致轿厢内噪声变大，速度越快此现象越明显，特别是设置在单井道的电梯更加明显。因此，对于大于 6m/s 的电梯应采取措施。E1 电梯是总裁电梯，舒适性要求高，为了解决上述问题，合同规定井道墙体上须有不少于 10m² 的洞口用于空气流通，以便减少压力，经各方协调，日立公司认可，在每层均布 200 个套管来满足要求。

　　另外，CP1-4 和 VCP1&2 需要与玻璃幕墙协调解决电梯承重问题；P22、P23 电梯需要与钢结构协调钢结构井道的钢结构布置；电梯井道内安装导轨的隔梁、结构需浇筑结构柱；结构没有牛腿，机房曳引机基座嵌入墙体等等，这些都和结构专业进行了大量的协调。

　　（2）与装修工程的协调

　　所有的电梯都有电梯厅，电梯门与电梯厅墙体装修密切相关，电梯选层按钮、楼层显示器等的选配、安装需与装修配合协调。本工程电梯厅墙体均为石材，电梯和装修进行了大量的协调。

　　（3）与强电的协调

　　电梯动力用电需与电气专业协调电梯用电容量、电源位置、接口等；电梯井道内有照明，照明灯具和供电需与电气协调灯具布置和管线走向；电梯井道内的所有金属支架需与

212

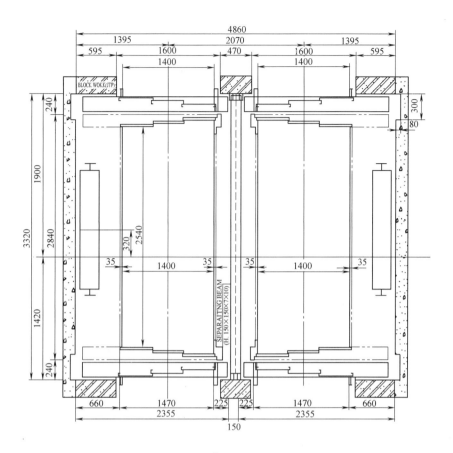

图 4.25-9　G3&G3A 电梯门安装

接地系统连接，需与电气专业协调接点位置。

（4）与弱电各专业的协调

电梯工程是一个复杂的机电一体化工程，在使用过程中，要求它的人身安全性、大楼安全性、舒适性。

因此，电梯在首层设有消防按钮，与消防控制室连通，当大楼出现火灾时，电梯按消防程序运行。EF1 为消防电梯，P7 和 P12 平时为客梯，当发生火灾时作为消防电梯使用。

E1、E2、E3、G1、G2、FF1、P14、P15、P18、P19、P20、P21 电梯内装有摄像机和读卡器，G3、G3A 电梯中装有摄像机，来控制和监控人员的流动。

电梯具有复杂的控制系统，其功能通过控制程序来实现，同时，大楼自控系统对其进行监控和控制。

所有这些功能都需与弱电各系统进行接口、位置的协调，以达到电梯在大楼内的统一性。

4.25.5　电梯分包商、电梯材料/技术性能、深化图

1. 电梯分包商及电梯设备的批复

（1）本工程电梯工程需由专业分包商供货和安装，分包商和所使用的电梯设备均须得

213

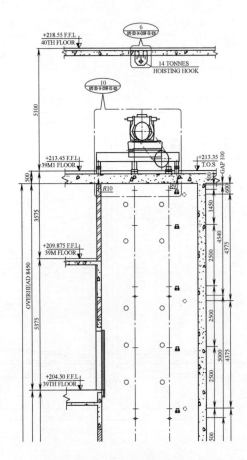

图 4.25-10   E1 电梯井道通气孔布置

到 KFD 的批复，具有资格后才能参与工程投标。本工程选用的施工单位是 ACTC（Ah-madiah Cont. & Trading Co.），选用的电梯设备为 HITACHI（日立电梯）。

（2）工程开始前，承包商应提交施工图和产品目录供 KFD 批复。

2. 电梯设备和技术资料的送审

电梯分包商和电梯设备选定后，开始设备和技术资料的送审，包括合同规定的电梯的技术参数，技术规范对组件的各种要求，符合规范、标准、合同规定的与安全性能有关的试验报告及产品说明书等。对于与合同要求的技术差异必须提出并说明，根据情况同监理和业主进行协调。本工程有以下变更：

（1）G3 和 G3A 电梯，由原合同规定的液压电梯变更为无齿无机房电梯，变更原因是液压电梯安装困难，占有空间大，性能不好；无齿无机房电梯技术已有较大的发展，能满足 G3 和 G3A 电梯的性能要求，且安装方便，节省空间，各项技术性能更优。

（2）P22、P23、G1 电梯，根据合同要求的功能，这些电梯要求的力矩较大，采用有齿电梯才能满足需要，因此这些电梯由有无齿电梯改为有齿电梯。

（3）合同中规定的电梯品牌（Otis/Schindler/Roydan Mitsubishi）不生产或不满足食

214

物电梯要求，经与监理和业主协调送审其他品牌（Daldoss Elevetonic Ltaly）的食物电梯后获批复。

（4）设计变更：在人防 B2～B1 增加一台残疾人电梯，合同品牌内生产厂不生产此种电梯，我们送审其他品牌电梯。

（5）部分电梯的参数（如速度）与技术规范不一样，但是，这些改变对电梯的技术性能和使用没有不好的影响，经与监理和业主协调，得到批准。

（6）根据 KFD 规定需确认、增加功能或有不符合要求的问题：

① 根据 KFD 要求每个电梯需要有疏散层，要求监理确认电梯的疏散层。如电梯 P22 和 P23，B2 层到 B3 层的高度为 14.2m，没有应急门，根据 KFD 要求 B2 和 B3 层间应加应急门。

② 根据 KFD 要求，电梯机房门应该是向外开，P1～P6 机房门向内开，这些门应改为向外开。

3. 图纸的送审

设备和技术送审得到批复后，需进行深化图纸的送审，电梯送审图纸包括以下内容：

（1）电梯井道、基坑平面图，包括轿厢、对重位置等。

（2）电梯井道、基坑剖面图及其详图，包括导轨及支架、缓冲器、控制箱、曳引机安装详图。

（3）电梯机房留洞图及机房布置平面、立面、详图；包括曳引机、限速器、控制柜及与其他专业的接口等。

（4）门立面、门洞、门安装详图；包括厅内按钮、厅位置显示器、轿厢位置显示器、消防开关等。

（5）轿厢内部详图。

电梯图纸的深化设计需与结构、装修、强电、弱电、通风、排水等专业进行协调，需符合 KFD 的要求，并最终得到监理批复。

4.25.6 电梯施工工序

（1）放线：这是整个电梯安装质量的基础，必须高度重视。

（2）导轨组装：这是电梯安装质量的关键，要仔细、认真，包括：

① 导轨支架的安装，注意水平度及垂直间距。

② 导轨安装及校验：导轨安装必须达到规范标准的要求。

（3）安装曳引机组、控制柜：

① 承重钢梁两端必须过墙中心 20mm 以上，最小不得小于 75mm。

② 曳引机安装调试：注意水平度，曳引轮与导向轮的垂直度和平行度。

③ 控制柜安装：注意位置符合要求，基础牢固，注意柜的垂直度。

（4）安装厅门系统：包括厅门、地坎、门上梁、门立柱（门套）厅门门锁，注意水平度、垂直度及地坎间隙，并调整合格。

（5）组装轿厢架、轿底及对重架：

① 轿架组装：注意轿架两侧立柱的垂直度、上下梁的水平度。

② 安装导靴：注意与导轨下面和侧面的间隙，组装轿底。

③ 安装对重架：适当加配对重铁。

（6）安装钢丝绳：包括按规范制作钢丝绳头，各钢丝绳张力调整均匀。

（7）拆脚手架。

（8）安装限速器、安全钳、缓冲器，按规范标准要求进行。

（9）安装机房、井道线槽、线管及井道内分线盒，要求安装牢固。

（10）机房控制柜配线，电机电源配线，井道配线，安装随行电缆。

（11）组装轿厢：

① 组装轿壁、轿顶，注意前轿壁的垂直度。

② 安装轿门、安全触板、开门机。

（12）轿顶、操纵盘配线及附件安装（风扇、照明等）。

（13）安装井道内各种安全装置及各种开关。

（14）安装呼梯盒、楼层显示器、驳门刀。

（15）电梯调试：

① 对电梯进行全面检查、整理（安全系统、润滑系统、曳引能力等）。

② 电梯调试（电梯功能、平衡系数、舒适感、平层准确度等）。

（16）依据规范（KFD，EN81）全面检测验收，不合格之处进行整改。

① 内部检测验收。

② 业主及政府有关部门检测验收，电梯检测由 KFD 认可的第三家专业公司进行。

上述电梯安装工序，可根据施工现场情况调整，但不得互相干扰。

（17）资料整理、交付。

4.26 CBK 项目抹灰施工技术总结

CBK（科威特中央银行总部大楼）项目是中建总公司承建的一座高层项目，建筑面积约 16 万 m^2，造价约 3.5 亿美元。在建筑装修领域，根据区域功能的不同，塔楼、裙楼和地下室采用不同的装饰风格，其中项目的营业大厅、办公区等公共场所多采用高档装饰，如石材、地毯、架空地板、高档石膏板等。抹灰装饰项目在整个装饰工程中所占工程量比例不大，主要集中在塔楼区域的 Staircase、IT Room、Security room 等功能房间，这类房间不属于人流集中的地方，也没有隔声等特殊的要求，所以选择抹灰作为装饰比较经济。

抹灰，是装修作业中一项十分重要的湿作业，抹灰砂浆在建筑工程中的用量仅次于混凝土，是建筑中重要的组成部分，它具有造价经济、材料采购方便、人工安排灵活等特点。具体地讲，抹灰是一项为立面结构或隔断的基层找平的工艺，从施工的顺序来看，它属于相应分区的紧前作业，很多时候甚至位于关键线路之中，因此，在深入把握抹灰施工工艺的前提下，如何安排人工以提高工效，是保证工期的关键。

本工程抹灰项目的内容主要包括材料的报审、与相关专业交叉的图纸深化设计（shopdrawing）、现场作业及验收等一系列项目。下面主要针对抹灰施工的材料、施工工艺和工效及验收标准进行重点描述。

4.26.1　抹灰的施工工艺

1. 材料准备

抹灰的原材料可分为主材和辅材两类。主材主要包括水泥、精骨料、水洗沙、石灰和粘合剂，通过一定的配合比混合出所需的砂浆，其中水泥选用普通的波兰特水泥，粘合剂选用 Henkel 公司的 Polybond SBR 产品；辅材主要包括阴阳角转角、金属收头、金属网片、粘合胶等，以达到抹面层与基层粘结紧密、转角处线条明晰、增加抹面层耐久性的效果，其中阴阳角转角和金属收头的相同点是都带有金属网片，可提高与砂浆的粘合性能，不同点在于前者覆盖转角处两侧的墙体，而后者只附着于单面墙体。粘合胶选用经过硅化处理的丙烯酸胶乳，产品系列为 Tremflex 834，用于砖墙和混凝土的接缝处。

材料　　　　　　　　　　　　　　　　　　　　　　表 4.26-1

主材	水泥(Porland)	波兰特水泥
	精骨料(Fine aggregate)	提高底浆的附着性能
	石灰(Lime)	提高砂浆的和易性,减少开裂
	水洗砂	普通水洗砂
	粘合剂(Bonding agent)	Polybond SBR
辅材	阴阳角转角(Corner bead)	双面金属网
	金属收头(Plaster stop)	单面金属网
	金属网片(Strip lath)	铺于不同材料之间
	粘合胶(Sealant)	用于砖墙或混凝土接缝处

CBK 项目采用 Polybond SBR 作为粘合剂（Bonding agent），Polybond SBR 是一种以苯乙烯丁二烯橡胶共聚物为基础的产品，主要用于砂浆粘合剂和混凝土掺合料来增加它的耐水性和耐久性，其主要特性如下：

（1）提供良好的抗水蒸气渗透性能。

（2）提高了砂浆的化学和耐磨性能。

（3）降低水灰比。

（4）兼容所有类型的水泥。

（5）减少收缩。

（6）优异的附着力，适用于大多数建筑材料。

（7）良好的耐盐渗透，长时间的腐蚀保护。

2. 工具准备

抹灰的工具相对比较简便，主要包括砂浆搅拌机、小灰铲、铁抹子、尼龙绳、水平尺、水平仪等。

3. 配合比

对于抹灰这项作业，砂浆配合比起着十分重要的作用，它直接决定了砂浆的和易性和耐久性，是抹灰质量的保证。抹灰可分为三层，每层都有不同的粗糙程度和外观要求，每层的砂浆配合比要求如下：

（1）底层抹灰（Scartch coat）。按体积配比，水泥：砂：精骨料＝1：0.5：0.5，附加少量粘合剂（Bonding agent）。

（2）二道抹灰（Brown coat）。按体积配比，水泥：砂：石灰＝1：3：0.25。

（3）面层抹灰（Finish coat）。按体积配比，水泥：砂：粘合剂：石灰＝1：1：3：0.25。

4. 工序

（1）协调机电作业，在抹灰前应先封堵墙面上洞口的缝隙。

（2）在甩浆之前，须在墙面喷洒 Bonding agent，以提高粘合性。

（3）在不同材料的交接处安放金属网，以提高粘合性（图 4.26-1）。

图 4.26-1　不同材料交接处安放金属网

（4）甩浆，形成粗糙度很高的底浆 Scatch coat，厚度约为 20～25mm，形成下一层 Brown coat 的基层。

（5）打灰饼（Button guide），为下一层 Brown coat 形成找平点。面积为 25mm×15mm，上下左右间距为 1.5m。

（6）以灰饼为参照点，将 corner bead 和 Plaster stop 安放到相应位置（一般为门窗洞口），形成比较整齐的边角，同时抹灰形成粗糙程度较低的 Brown coat，厚度约为 10～20mm，在这个阶段完成墙面平整度和垂直度的调整。

（7）涂抹最后一道 Finish coat，厚度不超过 5mm，在砂浆初凝之后开始养护，每天养护 3 次，最少持续 4d。

（8）确定没有空鼓和大范围的裂缝，开始刷漆。

4.26.2　抹灰的验收标准

本工程抹灰施工过程中每一道工序都经过了监理严格检查，以保证工程质量，验收要点如下：

（1）墙体甩毛之前须在墙体喷洒粘合剂（bonding agent），以加强底浆和墙面的结合程度。

（2）保证底层抹灰（Scatch coat）的粗糙程度和厚度（图 4.26-2），厚度不得小于 2cm。

（3）甩底浆遇到不同材料的结合处（砌体和混凝土），须用金属网连接，以达到更好的粘合效果。

（4）在 Brown coat 阶段（图 4.26-3），前面必须保证垂直度，不得将垂直度放到 finish coat 这一环节来调节。

（5）垂直度的误差控制：1800mm 的尺子误差不得超过 3mm，不得出现大的裂缝，不得出现空鼓。

图 4.26-2　Scatch coat

图 4.26-3　Brown coat

（6）横向或竖向的跨度超过 9m 时，须设控制缝（图 4.26-4、图 4.26-5）。

图 4.26-4 Finish coat

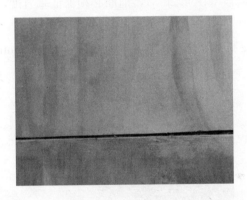

图 4.26-5 Control joint

4.26.3 抹灰的工效

CBK 工程的抹灰作业分包的是人工费，所需材料、现场的杂工和养护都由总包负责。在这种模式下，抹灰的工效相对比较透明，经过长时间的现场跟踪和摸底，总结科威特地区抹灰的工效如表 4.26-2 所示。

抹灰工效 表 4.26-2

作　业	班组人员	日完成量
底涂层	3 人	75～200m² / 人 / 天
板条	2 人	100～150m² / 人 / 天
钮槽和墙角护条	3 人	50～75m² / 人 / 天
二道抹灰	3 人	25～50m² / 人 / 天
面漆	3 人	50～100m² / 人 / 天

由表 4.26-2 可见，抹灰一般可分为 5 个班组，其中打灰饼和安放 Corner bead 的班组技术含量最高，他们直接决定了抹面层的平整度和垂直度，而且 Corner bead 和 Plaster

stop 的造价也是最贵的。抹灰作业的工效与施工面的几何形状有很大关系，拐角比较多的房间对应的是表 4.26-2 中数据的下限，走廊一类的大开间则对应数据的上限，其中人工不负责材料搬运和脚手架的搭建。

4.26.4 深化设计和施工中与其他专业的协调

抹灰和其他专业的交叉不是很多，在图纸深化设计方面，主要是对不同节点的处理，图 4.26-6～图 4.26-9 为比较常见的节点形式，关键是在于抹灰转角和收口的时候如何运用 corner bead 和 plaster stop 达到边角线条明晰的效果。

在施工过程中，抹灰作业会面临很多和机电洞口的协调问题，在机电作业结束后，在正式开始抹灰作业前，首先应用砂浆封堵洞口；如果机电的管线采用竖向路径，则需在抹灰结束后进行管线架设等作业，保证不影响边缘墙体的直线边角。在与门窗的交叉区域，尤其需要注意抹灰的厚度，在打灰饼的阶段务必要做好与门窗分包的协调工作。

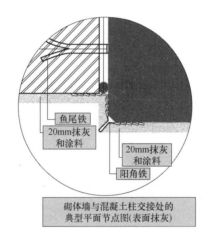

图 4.26-6　砌体和混凝土的转角

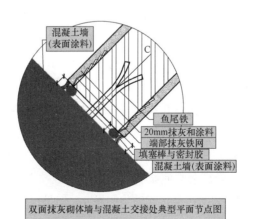

图 4.26-7　砌体和混凝土正交

221

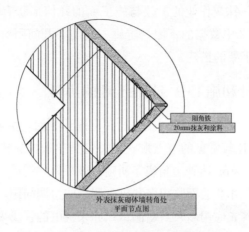

图 4.26-8　砌体自身转角

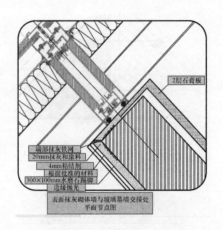

图 4.26-9　砌体和幕墙的节点

　　以上可以看出,抹灰涉及的节点不多,只要在深化设计阶段考虑周全,就不会出现技术上的问题,作为现场工程师,最重要的还是应多关注与其他专业的协调,在保证抹灰作业质量和效率的同时,也为后续作业打好基础。

4.26.5　质量问题的应对措施

　　抹灰工程最容易出现的问题就是开裂和空鼓,开裂是其最致命的伤害,开裂之后容易造成水的渗入,造成抹面层的脱落,破坏整个抹面层体系。开裂的原因主要包括水泥用量过多、抹灰厚度过大及养护不当等。空鼓和开裂一般都是相伴出现的,当有裂缝出现时,说明面层水泥过度收缩,一般都会与底浆剥离,形成空鼓。

　　从配合比上考虑,水泥用量过少会影响砂浆的强度,但是水泥用量过大会造成砂浆收缩加剧,从而造成砂浆的开裂等不良影响,耐久性变差。本项目采用加入一定量的石灰来提高砂浆和易性和柔韧性,柔韧性对砂浆的抗裂性能有较大的提高,还可以起到一定的抗冲击作用。

从抹面厚度考虑，CBK 工程的面层厚度不得超过 5mm，以防止水泥的过度收缩，如果出现开裂和空鼓的问题，只能砸掉面层重新抹灰，所以最好的应对措施就是防患于未然，严格按配合比拌制砂浆，控制面层的厚度并及时养护。

4.26.6　小结

抹灰看似简单，却在建筑领域中起着重要的作用。从技术上分析，应深入把握配合比和施工工艺，以避免出现空鼓和开裂等质量；在抹灰的工效方面，只要保证流水作业，就可以满足后续作业的及时跟进，确保项目顺利进行。

4.27　透明石材百叶施工

4.27.1　百叶功能概述

百叶具有遮阳、通风的功能特性，避免阳光直射，防止眩光，降低空调能源的消耗，在绿色建筑中运用广泛。同时，百叶可以在光影条件下表现出虚实和不断变化的美感，增加建筑的表现力。伴随着建筑材料的不断更新，百叶材料也变得多样化，比较常见的有玻璃百叶、塑料百叶、金属百叶、木质百叶和石材百叶等等，恰当地选择石材的材料类型，可以使建筑在增加技术含量的同时令人获得美学上的享受。

CBK 项目选择透明石材作为百叶的叶片材料，百叶位于呼吸式幕墙内部，安装在预先完成的二次钢构上。结合建筑的石材装饰墙面，整个立面风格融为一体，整体性强，观赏性高。百叶的开合方式选择电动控制式，即根据外界的光照强度电动控制叶片的旋转角度调整室内光照条件，智能化程度高，满足高档场所的要求。这种建筑设计，将百叶的内在功能和外在形式有效地结合起来，百叶的优点得到淋漓尽致的发挥。经过多方比较，最终交由国际知名百叶公司 Colt International 来设计百叶系统。

4.27.2　材料选型

选择采用电动控制式的百叶类型，故按照马达数将立面分为若干个单元百叶，单元百叶由透明石材和百叶框架两部分构成，标准单元百叶如图 4.27-1 所示。

1. 透明石材

选择透明石材作为叶片，其美观程度直接决定了百叶整体的观赏性。透明石材是借助特定玻璃胶将两块玻璃和一块石材粘结成整体（图 4.27-2），石材面朝向室内，截面及材料尺寸如图 4.27-3 所示。

如表 4.27-1 所示的组成透明石材的三种材料，在材料选型的过程中花费了承包商大量的时间和精力。

由于天然白色玛瑙石比较罕见，石材的选择几乎遍历了整个欧洲和中东地区的所有矿山，最后在土耳其矿山和伊朗矿山的比较中考虑色泽等因素选择了前者。由于地区矿物的

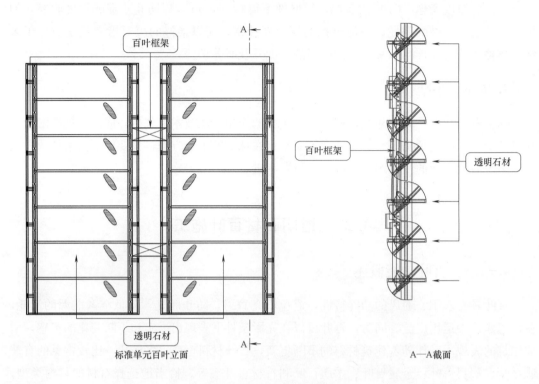

图 4.27-1　标准单元百叶

图 4.27-2　透明石材实物

原因，外观上带有淡黄色纹路。开采完的石材原矿通过海上运输运往意大利，由供应商 Savema 进行石材加工。根据产品需要，切割出 5mm 厚度长方形截面的石材，因为厚度小，拥有半透明的特征。

　　为了突出石材的颜色，最大程度与周围石材墙面配合形成统一的整体，玻璃的透明程度尤其重要。普通透明玻璃带有二价铁，显现出绿色，这种特征随着玻璃厚度的增加而越

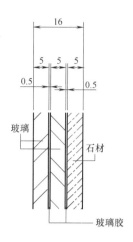

图 4.27-3 透明石材截面

来越明显。挑选的 SSG Diamant Glass 由于含铁量低，更为透明明亮，真正做到视觉上的无色。进行的透光试验数据表明在这种玻璃的制作厚度范围内（3～19mm），透光率稳定在 90%，厚度增加对其影响非常小，大大优于普通玻璃。最终选择了两片 5mm 透明的玻璃与 5mm 半透明石材组成的透明石材作为百叶的叶片材料，遮阳节能的同时体现出光影效果下朦胧的美感，最大程度表现出百叶的观赏性，满足设计初衷。

透明石材材料构成   表 4.27-1

材料图片	名称	材料说明	供应商
	石材	选择土耳其的天然白色玛瑙石（White Onyx Turkey），运至意大利工厂切割加工	SAVEMA
	玻璃	选择 SSG Diamant Glass，一种低铁玻璃，透明度高	Seeberger-Teich
	玻璃胶	选择 Evasafe 专业玻璃胶，提供玻璃与石材的粘结	BRIDGESTONE

玻璃胶采用 Bridgestone 公司的 Evasafe 胶水，除了拥有极好的粘结能力，能够提供石材和玻璃的粘结外，耐高温、耐潮湿、耐紫外线照射、透明透光程度高等优势也是选择的重要理由。

切割成型的石材从意大利运往德国，交由玻璃供应商 Seeberger-Teich 制成透明石材，最终海上运往科威特。由此可见，透明石材的材料选型考虑因素多，制作要求精细，供应商多样，采购周期长，这也是我们承包商遇到的难题之一。

2. 百叶框架

透明石材通过百叶框架固定（图 4.27-4），同时，百叶框架也控制着透明石材叶片的开合，是电动控制式百叶的重要组成部分。

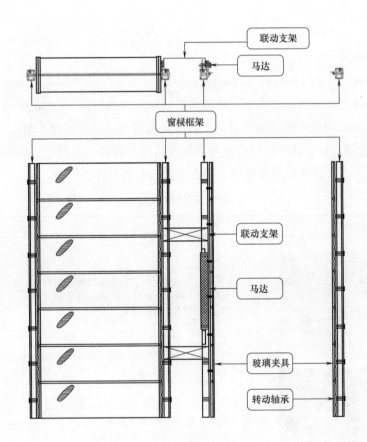

图 4.27-4　标准单元百叶框架

图 4.27-5 是框架局部图。该框架系统是 Colt International 公司设计并制作的，基本包括五个部分：窗棂（Mullion），联动支架（Linkage Arms），马达（Motor），转动轴承（Bearing Components），玻璃夹具（Glass Clamps）。各部分依靠螺栓固定在一起。标准单位百叶包括四个窗棂，每个窗棂通过螺栓固定在二次钢构上，一个马达控制两组相邻透明石材百叶叶片的开合，动力通过联动支架进行传递。百叶框架在工厂装运前预先将五个部分拼装完毕，运至现场后由分包组织进行百叶框架和透明石材的组装。百叶框架材料构

成见表 4.27-2。

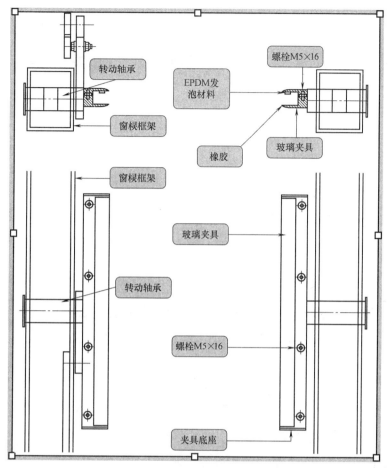

图 4.27-5　框架局部图

百叶框架材料构成

表 4.27-2

名称	材料说明	现场实图
窗棂	百叶的支撑框架,靠螺栓安装在二次钢构上	
联动支架	包括控制各叶片转动的联动装置和传导相邻百叶的连接板两个部分	
马达	提供叶片转动的动力	
转动轴承	固定在窗棂上,与玻璃夹具连接,保证叶片转动	
玻璃夹具	固定透明石材叶片,与透明石材间有一层橡胶保护,用硅酮胶粘结	
螺栓扣件	固定各部分连接	

4.27.3　系统控制

图 4.27-6 是 Colt International 公司设计并提供的百叶控制系统，可以清楚地看到，系统主要分为四个部分：气象站（Weather Station），控制仪器（ICS4-Link），终端盒 (Terminal Box)，驱动装置（Actuator）。这个系统是电动控制式百叶的核心，是智能化程度的体现。

气象站可以说是控制系统的"眼睛"。其主要配有光敏传感器，安装在屋顶上，基本位于百叶面的正上方，同时要求没有遮挡物和阴影，能够直接受到阳光的照射。按照工程师的要求，东南和西南两个立面拥有不同的感应器，得到的数据传输给屋内的控制室。

控制仪器是控制系统的"大脑"。作为智能化的控制仪器，ICS4-Link 可以根据时间或传感器的数据得出的阳光条件和天气信息保证百叶叶片转动到最合理的角度。

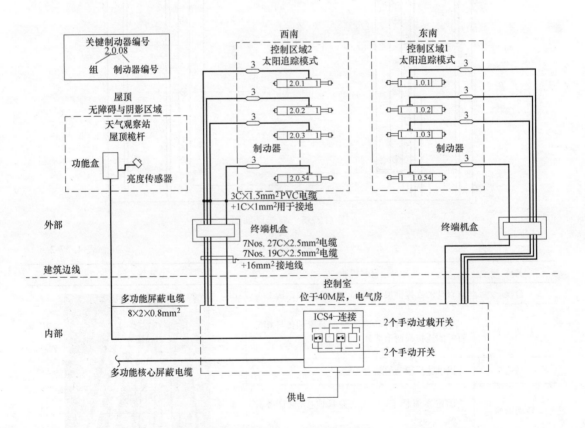

图 4.27-6　控制系统图

驱动装置时控制系统的"手"。驱动装置也就是上面介绍的马达（图 4.27-7），预先装在百叶框架上，位于窗棂的背部，室内无法直接看到，保证观赏的美观。为了便于安装，采用直线驱动马达（Linear Actuator）。装置外部是不锈钢圆柱形构造，导线采用抗紫外线材料保护，可在 60℃的环境下正常工作。

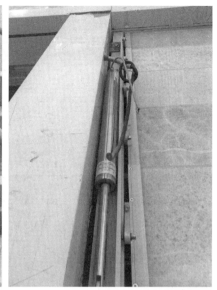

图 4.27-7 马达驱动

终端盒是对控制系统的进一步优化。如图 4.27-6 显示，原本每个立面 64 个导线通过终端盒后减少至 8 组导线，达到建筑美观简洁的要求。

4.27.4 图纸设计

图纸是工程施工的依据，类型分为立面排版图、百叶与呼吸式幕墙位置剖面图、平面布置图和安装节点图四种。

1. 立面排版图

如前文所述，项目共有两个相对称的透明石材百叶立面，安装在为其设计的二次钢构上。图纸设计依旧是由 Colt International 设计。

立面呈现三角形，两立面相交处二次钢构高度为 27.575m，贯穿 5 个楼层。从立面相交处向两侧延伸，高度随延伸方向不断减小，立面最长 32.5m 左右。立面由标准单元百叶和特殊单元百叶构成（图 4.27-8、图 4.27-9），每个立面含有 40 个标准单元 T1 和 9 个标准单元 T2，以及若干特殊单元（T3～T33），特殊单元分布在三角立面的边缘处，最边缘的透明石材在工厂切割加工成三角形或梯形，部分叶片的玻璃夹具直接固定在窗棂上，不能转动。

2. 百叶与幕墙布置图

百叶的设计与呼吸式幕墙设计相互关联，百叶安装于呼吸式幕墙竖向两层玻璃和顶部玻璃之间，配合成为新系统，整个系统空间被称作灯笼走廊（Lantern Passage）。百叶与呼吸式幕墙剖面图如图 4.27-10 所示。

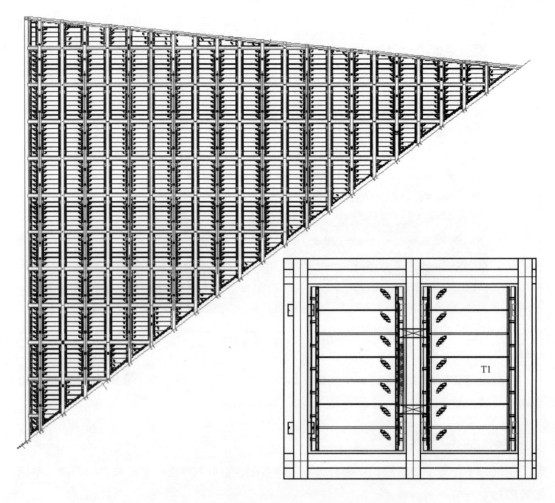

图 4.27-8　立面排版（西南）和标准单元百叶

　　幕墙竖向两层玻璃的立面同透明石材相似，均为两面对称的三角立面。二次钢构高度较高，除底部与斜面混凝土螺栓固定外，与外部玻璃框架和楼面梁，钢管混凝土柱作横向固定。外部玻璃和百叶之间为擦窗机留有足够的空间，保证玻璃和石材的清洁。内部玻璃同样固定在放置百叶的二次钢构上。顶部玻璃安装在为其单独设计的钢结构上，结合石材挂面保证系统空间的密闭性。

　　3. 平面布置图

　　由于贯穿楼层数较多，选取了屋顶平面图和 40 层平面图（图 4.27-11）。

　　4. 节点图

　　单元百叶通过钢片（Flitch Plate）与二次结构相连，标准单元百叶的钢片尺寸为 150mm×70mm×6mm（图 4.27-12），部分特殊单元宽度尺寸略有不同，长度、厚度尺寸不变（图 4.27-13）。连接采用双面焊，焊缝厚度 4mm，长度为钢片全长。百叶窗梀通过螺栓与钢片连接在一起，以便百叶固定在二次钢构上（图 4.27-14）。采用螺栓 M10×35mm，

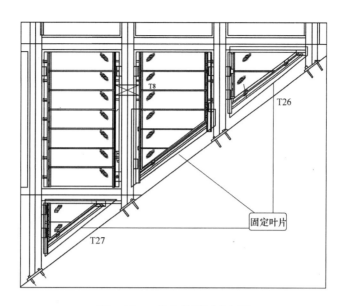

图 4.27-9　特殊单元百叶立面

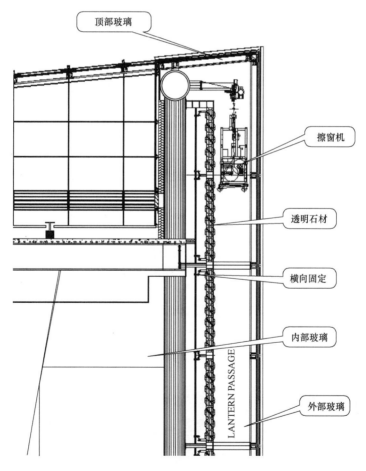

图 4.27-10　百叶与呼吸式幕墙剖面图

顶部螺栓完全固定拧紧，底部只需达到固定在钢片上的目的即可。

特殊单元百叶略有不同，部分百叶的玻璃夹具不在两侧，以底部为例，如图 4.27-15 和图 4.27-16 所示。

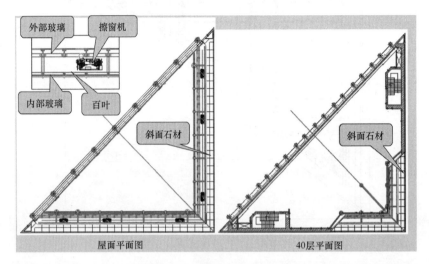

图 4.27-11　屋面及 40 层平面图

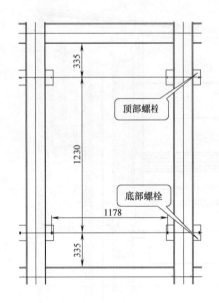

图 4.27-12　标准型号钢片立面

4.27.5　施工安装

考虑到对百叶控制系统装置的保护，也便于各专业的施工，气象站（Weather Station）、控制仪器（ICS4-Link）、终端盒（Terminal Box）会在其他装修工作完成后运至现场，本节所提到的施工安装不包括上述仪器，只是透明石材百叶安装在二次钢构上的

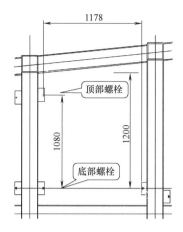

图 4.27-13 特殊型号钢片立面

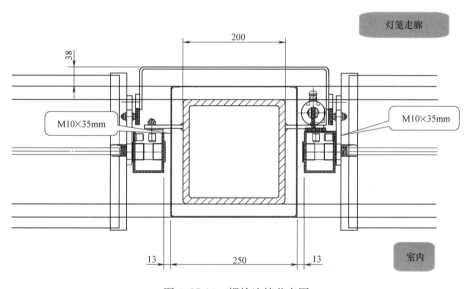

图 4.27-14 螺栓连接节点图

过程。

1. 施工准备

灯笼区域施工专业数量较多,包括二次钢构、二次钢构不锈钢扣板、擦窗机、幕墙、石材斜面、透明石材百叶等等。除透明石材百叶安装、斜面石材铺设是同一分包 ISG 之外,其余各专业分包都不相同,为了保证工程的速度和质量,各分包之间的协调,各专业的顺序尤为重要。

(1)相关专业准备

在透明石材百叶安装前,要确保这些专业施工按顺序完成并通过验收。

(2)机具准备

施工前需满足机具条件,保证顺利安装。

① 吊篮、起重机安在顶部玻璃的二次钢构上,吊篮位于外部玻璃和百叶设计位置

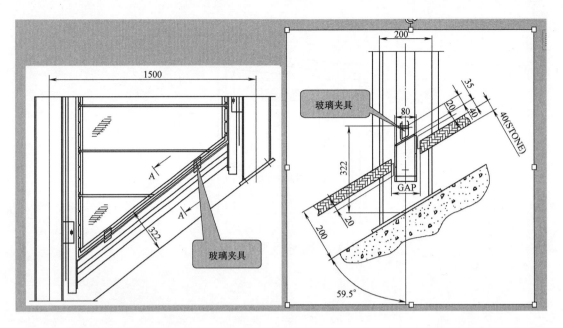

图 4.27-15　底部特殊单元百叶节点图　　　　　图 4.27-16　A-A 截面图

之间。

② 相关材料通过塔吊吊运到屋面指定区域安放，运送过程避免材料磕碰造成破坏。

2. 施工顺序

在正式安装前，设计方 Colt International 需要提交正式的施工方案，经过工程师批准后，施工方 ISG 方可按所提的方案安装一个完整单元作为模板（Mock up），经过工程师审查验收后，按模板进行大面积的施工安装。如果在施工过程中需要更换施工方案，以正式文件通知工程师并经其批准后，方可更改。

透明石材安装前专业验收　　　　　　　　　　表 4.27-3

步骤	专业分包	说明	照片展示
1	ALICO	幕墙的外侧玻璃，可以防止安装时杂物高空掉落造成危险，减小风对施工的影响	
2	KEI/Kharafi	所有相关的二次钢构以及其上焊接的小钢片，钢片位置要与图纸一致，利于百叶安装	

步骤	专业分包	说明	照片展示
3	Kharafi National	沿着二次钢构布置给马达供电的电线线路,借助小钢条固定	
4	Metal Center	遮挡线路,保证美观的不锈钢扣板,安装保证横平竖直	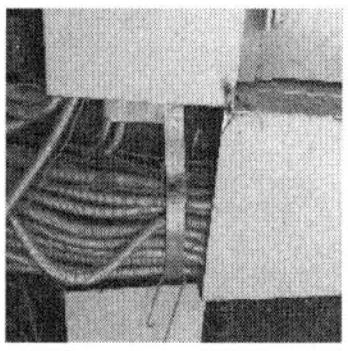
5	ALICO	内部玻璃"spider"构件安装,保证"spider"位置、间距满足幕墙玻璃安装要求	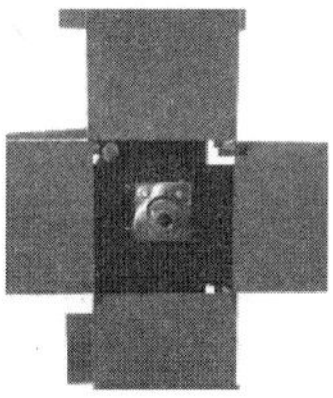

透明石材百叶施工过程中采取了两种施工方案。

（1）施工方案一

方案一采取的是先拼装叶片再整体安装的顺序，具体步骤如下：

1）前期准备

① 在焊接于二次钢构上的小钢片上钻出孔眼，孔眼间距要与图纸一致。

② 屋顶摆放桌子以便百叶拼装，事先准备好吊运固定框架（Transport frames），方便起重机吊运百叶，框架大小尺寸严格按照要求，保证运送时的牢固。

2）组合拼装

① 将两片窗棂摆放在桌上，旋开玻璃夹具的螺栓，将夹具的侧面取下。

② 用一层橡胶将透明石材叶片两端作 U 型保护（图 4.28-17），置于玻璃夹具上，并滴上硅酮胶固定。

③ 将取下的夹具侧面用螺栓重新安上，保证两面都与夹具紧密接触（图 4.27-18）。

④ 将所有叶片按步骤组装起来（图 4.27-19）。

3）吊运安装

① 将拼装完成的百叶的每个窗棂用两条布带与固定框架绑扎在一起（图 4.27-20），框架和百叶周围填有泡沫板，作为吊运的缓冲保护。

② 用起重机将材料整体通过二次钢构和楼面板之间的空隙吊运到安装位置，吊运过

程中注意材料的保护（图 4.27-21）。

图 4.27-17　叶片保护

图 4.27-18　螺栓固定

③ 站在吊篮里的施工人员，将窗棂框架的背面与小钢片上钻出的孔眼用螺栓连接，保证固定，完成安装（图 4.27-22）。

（2）施工方案二

该方案采用的是先安装框架再拼装叶片的顺序，步骤如下：

1）吊篮运送

将百叶相关材料及安装工具放入吊篮中，并吊运到相关位置（图 4.27-23）。

图 4.27-19　拼装完成

图 4.27-20　框架固定

2）窗棂安装

① 在小钢片上钻出孔眼，保证孔眼间距满足要求（图 4.27-24）。

② 将窗棂框架的背面与小钢片用螺栓连接（图 4.27-25）。

3）叶片拼装

① 安装前保证两窗棂框架垂直，间距符合要求，并在同一平面内（图 4.27-26）。

② 按第一种施工方案的组合拼装顺序将叶片拼装起来，在拼装过程中，避免透明石材磕碰造成损坏（图 4.27-27）。

③ 叶片拼装完毕后，水平放置一段时间（图 4.27-28），等待硅酮胶凝固。

（3）两种施工方案的比较

图 4.27-21　吊运保护

图 4.27-22　现场实图

图 4.27-23　吊篮运送

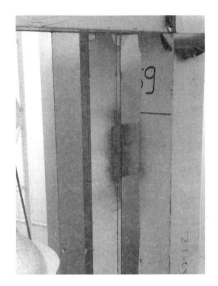

图 4.27-24　钢片钻孔

图 4.27-25　框架安装

　　如上面所述，石材带有淡黄色纹路，采用第一种方案在屋顶上先拼装，方便比较颜色效果，保证同一框架上的叶片色差较小，较为美观。但是由于二次钢构和楼面板之间的空隙较小，影响吊运的速度，并且作为一个整体，重量较大，还需搭建必要的脚手架方便施工人员，确保不受磕碰，这两方面的原因使得第一种方案安装效率不高。

　　第二种方案显然可免去吊运材料的麻烦，施工人员在吊篮里就能完成安装和拼装的过程，对比相同位置的百叶安装，第二种方案的工效是第一种的两至三倍。该方案甚至不影响幕墙内部玻璃的安装，两个专业可以同时进行，加快了整个走廊区域施工速度。

　　由于第二种方案在提高工效、材料保护上优点明显，大部分的百叶安装采用先安装再

239

图 4.27-26　误差检查

图 4.27-27　叶片拼装

拼装的施工顺序。

3. 经验总结

（1）遵循正确的施工顺序：除施工准备所述专业外，顶部玻璃的安装会影响吊篮和起重机的使用，斜面石材的铺设会给安装底部百叶带来不便，石材的过早铺设也不利于石材的保护。采用第一种施工方法时，施工人员要在百叶两侧操作，影响内部玻璃安装。

（2）测量放线：二次钢构测量放线的准确度直接影响百叶的安装，在斜面混凝土上找准钢构柱脚位置，并进行检验复合，每段焊接的构件长度也要严格按照图纸要求。

（3）误差控制：二次钢构整体完成后，再次测量构件间距，并根据现场尺寸绘出材料（透明石材和窗棂框架）尺寸图纸，供应商根据图纸制作生产材料；钢构上的不锈钢扣板可以在一定范围内减少误差，调整扣板与钢构之间间距，保证百叶的窗棂框架与扣板间缝

图 4.27-28　水平放置

隙合适（6～10mm）。

4.27.6　系统集成

本项目呼吸式幕墙共有外侧、内侧、顶部三处玻璃组成，玻璃出于防尘、安全等因素的考虑是全封闭的。排风口和出风口位置如图 4.27-29 所示。

科威特夏季温度很高，最高温度在 50℃以上，百叶叶片落下，防止阳光进入室内，减少热量的摄入。控制排风口阀门的开启，可以将室内热空气传至这一区域，通过上方的出风口排至室外，在实现室内外空气交换的同时降低室内温度，减少能量消耗。

冬季百叶叶片开启，阳光直接进入室内，双层玻璃也进一步阻止了室内热量的损失。

这种系统提高了建筑的舒适度，其优点具体体现在：隔热、隔声效果好，光能利用率高，本身外观观赏性好。同时，采取百叶在两层玻璃中间这种形式，相比于外遮阳式百叶，对价格昂贵的透明石材百叶材料也是一种保护。

4.27.7　结语

回首百叶施工，我们经历了两个阶段：质量控制和专业协调。质量控制主要包括百叶与扣板间距控制，安装过程材料保护，石材颜色统一性等。专业协调保证施工准备的相关专业完成施工，正确的专业施工顺序是提高工效、省钱省力的保证，前一个专业的施工情况会影响到后面专业的作业，要求每一个专业准确、精细，及时解决发现的问题。

世界在高速发展，建筑设计、思维创新、建筑材料、施工方法也在不断进步更新，回顾透明石材百叶从设计到施工完成整个过程，每一步都有不同的体会。设计阶段感受智能化程度高，材料阶段体会选型的困难、采购周期长，施工阶段领悟要求的精细、专业的协调，这些领悟对于我们施工人员都是宝贵的财富，而这种节能美观的透明石材百叶相信也会受到更多人的青睐。

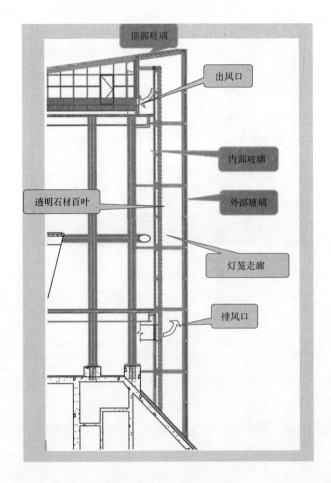

图 4.27-29　系统截面图

4.28　CBK 项目铝合金带形窗深化设计

4.28.1　工程概述

CBK 项目是中建总公司在科威特唯一的在建项目，建筑面积约 16 万 m^2，地下 3 层，塔楼地上 41 层，标准层层高 4.6m。裙楼主要由员工停车场及金库上部营业厅两部分组成。地下室包括员工停车场地下部分、人防区、金库、顾客停车场及塔楼地下设备区五部分组成。

CBK 工程塔楼平面呈三角形，且面积由下至上逐层收缩，东、北立面外装饰为玻璃幕墙，南、西立面采用干挂石材及铝合金带形窗外装饰面。铝合金带形窗由第 3 层至第 39 层，其每层长度由下至上逐渐缩短，铝窗高度始终保持 930mm。第 3 层至第 10 层爆炸荷载设计考虑为 121kPa，第 11 层至第 20 层爆炸荷载设计考虑为 29kPa。本工程采用单元式铝合金带形窗，其组件包括铝框、双层玻璃、垫板、密封胶、饰面、安装件（角钢、支承件等）。

本工程铝合金带形窗由 ALICO 公司专业分包，其承包范围主要有玻璃幕墙、铝合金窗、玻璃隔断、铝百叶等。工作内容包括概念设计、图纸深化设计、结构设计及验算等。设计时全部采用英美标准及规范为依据，相关标准如下所述。

4.28.2　相关参考标准及规范

1. 美国建筑业协会（AAMA）

AAMA TIR A7-83：斜向玻璃窗准则；

AAMA 800-86：密封剂非官方标准规范及试验方法。

2. 美国国家标准协会（ANSI）

ANSI Z97.1-84：建筑安全实施标准规范和试验方法用安全抛光材料。

3. 美国试验和材料协会（ASTM）

（1）ASTM C 509-90：多孔弹性预成型垫片和密封材料标准规范；

（2）ASTM C 542-90：锁条式密封垫标准规范；

（3）ASTM C 716-87：锁条式密封垫安装和玻璃填充材料标准规范；

（4）ASTM C 719-86：在循环运动条件下弹性接合密封料的粘着性和粘结力的测试方法；

（5）ASTM C 920-87 弹性接合密封料标准规范；

（6）ASTM C 1036-90 平板玻璃标准规范；

（7）ASTM C 1048-90 热处理平板玻璃-HS，FT 镀膜玻璃及非镀膜玻璃标准规范；

（8）ASTM C 1115-89 密实弹性硅橡胶衬垫及附件标准规范；

（9）ASTM C 1172-91 建筑用夹层平板玻璃标准规范；

（10）ASTM E 119-88 建筑结构防火试验测试方法；

（11）ASTM E 163-84 玻璃窗防火测试；

（12）ASTM E 774-88 密封绝缘玻璃部件标准规范；

（13）ASTM E 1300-89 抗指定荷载退火玻璃最小厚度测定。

4.28.3　铝合金带形窗概念设计及相关标准

1. 概念设计

本工程中带形窗及玻璃幕墙由英国 SCHUECO 公司完成初步设计，一些部位的玻璃系统结构要求具有承受爆炸荷载的能力，玻璃及铝合金框的基本参数由 OVE ARUP 公司在 2009 年 11 月提供的报告中所确定，其与建筑物连接部件的反作用力的大小在报告中已指出。

（1）恒荷载

对于铝合金带形窗恒荷载计算主要包括玻璃及铝合金框及支承件的重量，设计时按

$25kg/m^2$ 考虑。

（2）风荷载

风荷载大小的取值基于建筑物整体外形的风洞试验，试验地点在 2009 年 9 月上海宝冶 BMT 公司的流体力学试验所，确定 6.4kPa 正负压力值。

（3）爆炸荷载

爆炸荷载值由 OVE ARUP 公司爆破工程师提供。

2. 设计标准

（1）总体标准：铝合金窗户设计图纸中应按要求标示尺寸、轮廓和大小要求。窗户单元的大小和轮廓与图纸如有微小偏差，在不违背设计概念或表现意图并且为工程师认同的情况下可以接受。

（2）具体标准：

① 除另外注明，遵照所有适用要求包括漏风测试、防水性能测试以及在 AAMA101-93 规定的实用负荷测试。

② 设计、实施和安装铝合金窗户，以达成整体安装后的单元能够抵抗图纸所示的重力和风压力。

③ 窗户任何一个构件墙面的最大满负荷加载位移值不得超过窗户跨度的 1/175。由工程人员进行工程计算，以整个面板的载荷为基础，在已安装的玻璃窗上要一致分布，得出最大位移值。

④ 在负载或负压大于或小于设计预设的 1.5 倍的情况下，永久性变形、框架脱落损坏和焊接件或接合件损坏或折损不应发生。

⑤ 在安装单元受力相当于预设负荷 2.5 倍情况下支座脱落或损坏不应发生。

⑥ 底部提供排水和框架表面冷却设备。

⑦ 提供强密连接和有效密封窗户以防渗水漏气。渗水是指除了受冷凝结情况以外，在任何窗户或屏幕内部，在测试或处于实际天气条件下，不受控制的水迹。

⑧ 设计修改：作业设计修改仅限于为满足性能要求和配合施工必需时进行。不影响外观、耐用性和强度的细节或材料的变动，需要提交给工程人员核查。

（3）测试：窗户单元应满足或超过下列数值，测试报告表明与初期批准一致。

① 漏风——当空调机周边静态压力落差为 $30.46kg/m^2$（80km/h）时不超过0.046L/s/lin. m；

② 渗水——在窗户或屏幕区域处于一个静态压力低于 $30.46kg/m^2$（80km/h）情况下，用 15min 的 $204L/h·m^2$ 的检测过程中不应发生渗漏。

4.28.4 铝合金带形窗抗风荷载分析

本工程中的铝合金带形窗的深化设计与计算均由 ALICO 公司完成，计算范围包括所有铝合金带形窗相关部件，主要由以下部分组成：

（1）对铝合金窗玻璃在风荷载下的受力分析。

（2）对铝合金窗框的受力分析。

（3）对铝合金窗顶部支承构件的受力分析（包括：加强不锈钢螺栓、铝合金窗框、不锈钢固定件、镀锌角钢、化学螺栓、镀锌支撑钢板）。

（4）对铝合金窗底部支承构件的受力分析（包括：镀锌角钢、不锈钢固定件、角钢焊缝、化学螺栓、镀锌支撑钢板）。

由于第（2）、（3）、（4）项采用通常计算方法，主要验算构件的强度、抗剪、挠度等，与国内计算方法差别不大，故在此不描述。下面主要针对玻璃的验算进行描述。验算采用美标 ASTM E1300-04 为依据。铝合金带形窗采用双层真空玻璃，由外层全钢化玻璃厚度为 8mm＋A/S＋内层热处理玻璃厚度 10mm 组成。计算分玻璃强度及挠度值两部分，具体计算如下：

1）强度计算

风荷载：$P=5.5\text{kPa}$；

带形窗长度：$L=1445\text{mm}$；

带形窗高度：$W=990\text{mm}$；

外层玻璃厚度：$T=8\text{mm}$；

内层玻璃厚度：$T=10\text{mm}$；

纵横比：$AR=L/W=1.46$；

根据美标 ASTM E1300-04，可以查表 4.28-1。

短期荷载下中空玻璃的玻璃类型因素（GTF） 表 4.28-1

1号 单片玻璃或夹层玻璃	2号 单片玻璃或夹层玻璃					
	AN		HS		FT	
	GTF1	GTF2	GTF1	GTF2	GTF1	GTF2
AN	0.9	0.9	1.0	1.9	1.0	3.8
HS	1.9	1.0	1.8	1.8	1.9	3.8
FT	3.8	1.0	3.8	1.9	3.6	3.6

注：表中 FT 指全钢化玻璃，HS 指热处理玻璃。

参照图 4.28-1、图 4.28-2 得出：

外层 8mm 钢化玻璃非因素荷载值：NFL_1 （nonfactored load）$=4\text{kPa}$

玻璃类型因素值：GT_1 （glass type）$=3.8$

抗剪力因素值：$LS_1=2.8$

得出抵抗风荷载能力：$LR_1=NFT_1\times GT_1\times LS_1=42.56\text{kPa}>P=5.5\text{kPa}$

外层钢化玻璃强度满足要求。

内层 10mm 钢化玻璃非因素荷载值：NFL_2 （nonfactored load）$=5\text{kPa}$

玻璃类型因素值：GT_2 （glass type）$=1.9$

抗剪力因素值：$LS_2=1.56$

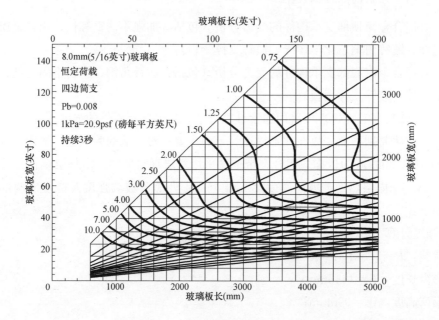

图 4.28-1　8mm 厚玻璃长度与重量关系

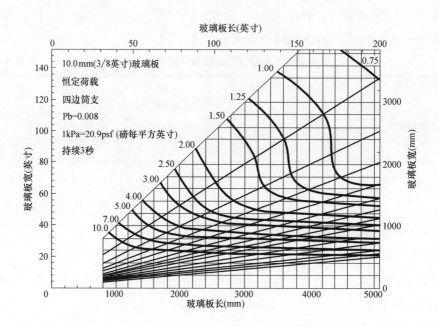

图 4.28-2　10mm 厚玻璃长度与重量关系

得出抵抗风荷载能力：$LR_2 = NFT_2 \times GT_2 \times LS_2 = 14.82kPa > P = 5.5kPa$ 内层热处理玻璃强度满足要求。

2）挠度值

计算玻璃中心挠度值（采用美标 ASTM E1300-04）

玻璃弹性模量：$E=71700\text{mPa}$

纵横比：$AR=1.46$（查表 4.28-2）

纵横比参数表　　　　　　　　　　　　　　　　　　表 4.28-2

No. 1	No. 2																					
单片玻璃	短期或长期荷载作用下单片玻璃或仅在短期荷载作用下的夹层玻璃																					
公称厚度	2.5 (3/32)		2.7 (lami)		3 (1/8)		4 (5/32)		5 (3/16)		6 (1/4)		8 (5/16)		10 (3/8)		12 (1/2)		16 (5/8)		19 (3/4)	
mm (in.)	LS1	LS2	LS1	LS2	LS1	LS2	LS1	LS2	LS1	LS2	LS1	LS2	LS1	LS2	LS1	LS2	LS1	LS2	LS1	LS2	LS1	LS2
2.5 (1/32)	2.00	2.00	2.73	1.58	3.48	1.40	6.39	1.19	10.5	1.11	18.1	1.06	41.5	1.02	73.8	1.01	169.	1.01	344.	1.00	606.	1.00
2.7 (lami)	1.58	2.73	2.00	2.00	2.43	1.70	4.12	1.32	6.50	1.18	10.9	1.10	24.5	1.04	43.2	1.02	98.2	1.01	199.	1.01	351.	1.00
3 (1/8)	1.40	3.48	1.70	2.43	2.00	2.00	3.18	1.46	4.83	1.26	7.91	1.14	17.4	1.06	30.4	1.03	68.8	1.01	140.	1.01	245.	1.00
4 (5/32)	1.19	6.39	1.32	4.12	1.46	3.18	2.00	2.00	2.76	1.57	4.18	1.31	8.53	1.13	14.5	1.07	32.2	1.03	64.7	1.02	113.	1.01
5 (3/16)	1.11	10.5	1.18	6.50	1.26	4.83	1.57	2.76	2.00	2.00	2.80	1.56	5.27	1.23	8.67	1.13	18.7	1.06	37.1	1.03	64.7	1.02
6 (1/4)	1.06	18.1	1.10	10.9	1.14	7.91	1.31	4.18	1.56	2.80	2.00	2.00	3.37	1.42	5.26	1.23	10.8	1.10	21.1	1.05	36.4	1.03
8 (5/16)	1.02	41.5	1.04	24.5	1.06	17.4	1.13	8.53	1.23	5.27	1.42	3.37	2.00	2.00	2.80	1.56	5.14	1.24	9.46	1.12	15.9	1.07
10 (3/8)	1.01	73.8	1.02	43.2	1.03	30.4	1.07	14.5	1.13	8.67	1.23	5.26	1.56	2.80	2.00	2.00	3.31	1.43	5.71	1.21	9.31	1.12
12 (1/2)	1.01	169.	1.01	98.2	1.01	68.8	1.03	32.2	1.06	18.7	1.10	10.8	1.24	5.14	1.43	3.31	2.00	2.00	3.04	1.49	4.60	1.28
16 (3/8)	1.00	344.	1.01	199.	1.01	140.	1.02	64.7	1.03	37.1	1.05	21.1	1.12	9.46	1.21	5.71	1.49	3.04	2.00	2.00	2 76	1.57
19 (3/4)	1.00	606.	1.00	351.	1.00	245.	1.01	113.	1.02	64.7	1.03	36.4	1.07	15.9	1.12	9.31	1.28	4.60	1.57	2.76	2.00	2.00

$$R_0=0.553-3.83AR-0.0969AR=-2.97$$

$$R_1=-2.29+5.83AR-2.17AR+0.2067AR=2.24$$

$$R_2=1.485-1.908AR+0.0822AR=0.18$$

$$X_3=\ln\{\ln[P\times(L\times W)/(E\times t)]\}=1.33$$

挠度值：$\delta=te(R_0+R_1\times1+R_2\times3)=11.19\text{mm}$

允许挠度值：$\delta_a=W/60=16.5\text{mm}>\delta=11.19\text{mm}$，满足要求。

4.28.5　铝合金带形窗抗爆炸荷载分析

针对 CBK 工程的铝合金带形窗各部位构件的爆炸荷载值由 OVE ARUP 公司爆破工程师提供。以爆炸物产生的冲击波对带形窗的破坏，设计时按照 1～10 层、11～20 层及 20 层以上分为三个不同的荷载区，冲击荷载由下至上阶段性减小。恒荷载如前所述为 25kg/m^2，包括玻璃、铝合金框及支承件等。爆炸荷载值如表 4.28-3～表 4.28-5 所示。

第 1～10 层爆炸荷载值　　　　　　　　　　　　　　　　表 4.28-3

部位	玻璃类型	窗户尺寸	铝框长度尺寸(m)		竖、横框端部及玻璃面作用力	
			竖框	横框	竖框作用力	横框作用力
铝合金带形窗	GL11.3	1.45mm×1.0mm	1.035	1.5	30kN	30kN

第 11～20 层爆炸荷载值　　　　　　　　　　　　　　　表 4.28-4

部位	玻璃类型	窗户尺寸	铝框长度尺寸(m)		竖、横框端部及玻璃面作用力	
			竖框	横框	竖框作用力	横框作用力
铝合金带形窗	GL11.3	1.45mm×1.0mm	1.035	1.5	11.4kN	9.5kN

第 21～顶层爆炸荷载值　　　　　　　　　　　　　　表 4.28-5

部位	玻璃类型	窗户尺寸(m)	铝框长度尺寸(m)		竖、横框端部及玻璃面作用力	
			竖框	横框	竖框作用力	横框作用力
铝合金带形窗	GL11.3	1.45mm×1.0mm	1.035	1.5	30	30

受力示意图如图 4.28-3 所示。

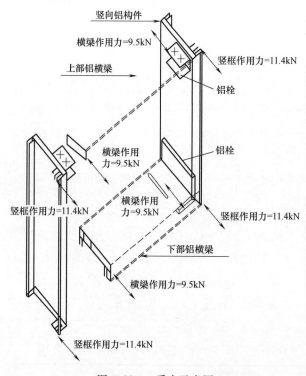

图 4.28-3　受力示意图

在分包商 ALICO 的深化设计计算书中，对玻璃的抗爆炸荷载未进行验算，其计算范围主要有铝合金带形窗相关部件，主要由以下部分组成：

（1）对铝合金窗框（横框、竖框）的受力分析。

（2）对铝合金窗顶部支承构件的受力分析（包括：加强不锈钢螺栓、铝合金窗框、不锈钢固定件、镀锌角钢、化学螺栓、镀锌支撑钢板）。

（3）对铝合金窗底部支承构件的受力分析（包括：镀锌角钢、不锈钢固定件、角钢焊缝、化学螺栓、镀锌支撑钢板）。

由于爆炸产生的冲击荷载首先对铝合金框产生破坏，故在此主要引用 ALICO 公司对铝合金带形窗横框及竖框的计算分析，验算以英标 BS 8118 第 1 分部（1991 年版）为依据。

1）铝合金带形窗竖框验算

铝竖框剖面大样如图 4.28-4 所示。

① 铝竖框截面特征值

$L_x = 12125492.51 \text{m}^4$；$L_y = 518152.96 \text{m}^4$

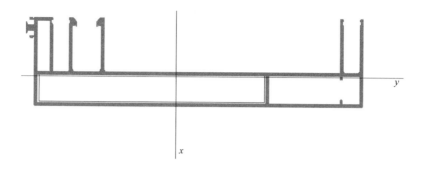

图 4.28-4　铝竖框剖面大样图

$W_x = 93542.2\text{mm}^4$ ；$W_y = 14924.41\text{mm}^4$

$A = 1868\text{m}^2$ ；$U = 884.7\text{mm}$　$G = 5.042\text{kg/m}$

② 铝合金竖框的刚性弯曲及截面系数

铝弹性模量　　$E_{al} = 70000\text{MPa}$

③ 在爆炸荷载下所需最小截面特征值

竖框刚性弯曲　　$EI_{min} = 165000\text{N} \cdot \text{m}^2$

竖框截面系数　　$SC_{min} = 40000\text{mm}^3$

④ 竖框截面特征值

$L_x = 12125492.51\text{m}^4$ ；$S_x = 93542.2\text{m}^3$（截面系数）

$E_{al} \times L_x = 848784.476\text{N} \cdot \text{m}^2$

⑤ 最小爆炸荷载值与铝框性能的比较

$E_{al} \times L_x = 848784.476\text{N} \cdot \text{m}^2 > EI_{min} = 165000\text{N} \cdot \text{m}^2$

故铝框截面抗弯刚度远大于最小弯曲刚度值。

$S_x = 93542.2\text{mm}^3 > SC_{min} = 40000\text{mm}^3$

故铝框截面系数远大于最小截面系数，铝框截面是足够的。

2）铝合金带形窗横框验算

铝横框剖面大样见图 4.28-5。

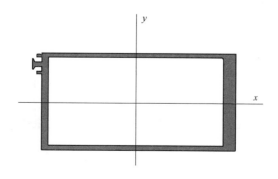

图 4.28-5　铝横框剖面大样图

铝竖框截面特征值：

$L_x = 3043023.81mm^4$；$L_y = 734043.95mm^4$

$W_x = 41710.68mm^4$；$W_y = 23940.78mm^4$

$A = 1344mm^2$；$U = 392.3mm$；$G = 3.63kg/m$

铝合金竖框的刚性弯曲及截面系数：

铝弹性模量　　　$E_{al} = 70000MPa$

在爆炸荷载下所需最小截面特征值：

竖框刚性弯曲　　　$EI_{min} = 165000N \cdot m^2$

$SC_{min} = 40000mm^3$　　　竖框截面系数

竖框截面特征值：

$L_x = 3043023.81mm^4$；$S_x = 41710.68mm^3$（截面系数）

$E_{al} \times L_x = 213011.667N \cdot m^2$

最小爆炸荷载值与铝框性能的比较：

$E_{al} \times L_x = 213011.667N \cdot m^2 > EI_{min} = 165000N \cdot m^2$

故铝框截面抗弯刚度远大于最小弯曲刚度值。

$S_x = 41710.68mm^3 > SC_{min} = 40000mm^3$

故铝框截面系数远大于最小截面系数，铝框截面是足够的。

4.28.6　铝合金带形窗导热性能分析

本工程铝合金带形窗设计图纸中为 G-1C，采用 8mm 厚的透明钢化玻璃＋空气隙（通向外面的出口）＋100mm 内层加热强化玻璃。导热性能分析主要依据英标 BS EN 12667（2001），并采用由德国 SCHUCO 公司开发的设计软件 WIN ISO 2D 5.04 进行最终计算而确定导热性能。单块铝合金带形窗立面图见图 4.28-6。

计算时不采用顾问公司最初要求的按科威特当地通常室内外温度为验算数据，而是按

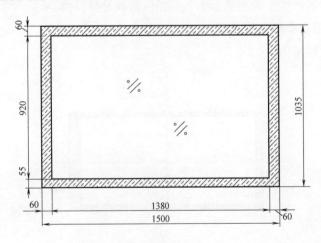

图 4.28-6　单块铝合金带形窗立面图

标准所确定的温度条件,即:外部温度为 0℃,内部温度为 20℃。对于铝合金带形窗框采用 UF-values 值进行验算,玻璃采用 U-values 值进行验算。

计算过程如表 4.28-6~表 4.28-8 所示。

铝合金带形窗框　　　　　　　　　　　　　表 4.28-6

序号	构件	外形面积特性				
		宽度（m）	长度（m）	面积(m²)	UF-values 值（W/m²·K）	最终值（W/K）
1	竖框 M01	0.060	1.035	0.062	2.379	0.148
2	顶部横框	0.060	1.380	0.083	1.953	0.162
3	底部横框	0.055	1.380	0.076	1.930	0.146
		小计面积	0.221			
		热量损失				0.456

铝合金带形窗玻璃（标准玻璃）　　　　　　　表 4.28-7

序号	构件	外形面积特性				
		宽度（m）	长度（m）	面积(m²)	UF-values 值（W/m²·K）	最终值（W/K）
1	标准玻璃	0.920	1.380	1.270	1.400	1.777
		小计面积	1.270			
		热量损失				1.777

铝合金带形窗玻璃（双层玻璃）　　　　　　　表 4.28-8

序号	构件	外形面积特性				
		宽度（m）	长度（m）	面积(m²)	UF-values 值（W/m²·K）	最终值（W/K）
1	双层玻璃	2×0.920	2×1.380	4.600	0.080	0.368
		小计面积	4.600			
		热量损失				0.368

总计热量损失:2.601W/m²·K　　　　面积总计:1.490m²

设计比率:14.81%　　　　　　　　热量传递综合效率:1.75

外部温度:0℃　　　　　　　　　　总体宽度:500mm

热量抵抗值:0.040m²·K/W　　　　刻度面板宽度:380mm

U-value 绝热值:0.844W/m²·K

内部温度:20℃　　　　　　　　　总体宽度:500mm

热量抵抗值:0.130m²·K/W　　　　刻度面板宽度:120mm

热量抵抗值:0.130m²·K/W

U-value 绝热值:2.379W/m²·K

结论：

DT 温度差　　20K　　　　　　　　铝框宽度：120mm

热量流动 Q　12.292W/m　　　　　Uf-value 计算值：2.379W/m² • K

热量传导性 L2D　0.615

相关值带入计算机，经计算 U-value 绝热值：0.844W/m² • K。

4.28.7　结语

CBK 工程铝合金带形窗的深化设计是整个 ALICO 公司施工中最重要环节之一，前期的技术准备是推动工程进度的关键。顾问公司对此予以高度重视，深化设计图纸（概念设计图及施工图）、计算书、材料报批等都经过严格审批，有些资料反复多次提交7~8次才获批准。以上仅仅是对 CBK 工程铝合金带形窗深化设计的简单介绍，大量相关内容因篇幅限制，在此不作详细描述。

4.29　金库施工组织

4.29.1　金库设计特点

金库底层、上层及立面如图 4.29-1~图 4.29-3 所示。

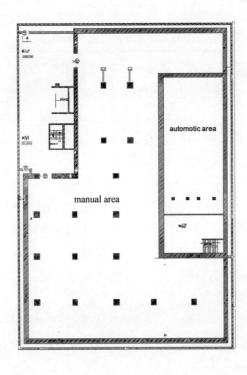

图 4.29-1　金库底层

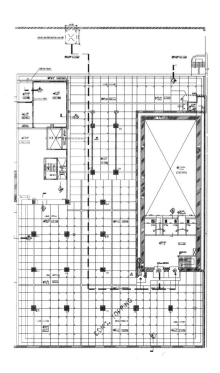

图 4.29-2　金库上层

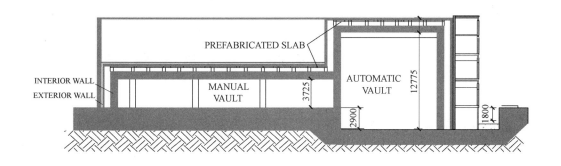

图 4.29-3　金库立面

设计依据：BS EN- 1522、50133、BS-1143 等英国规范及欧标。

双墙、双顶板、双底板组成封闭式现浇内外金库结构。结构、建筑要求防爆、防冲击、防撞击及各种热破坏等。

结构设计，除了正常的结构主筋外，均配有 ϕ12mm 螺旋钢筋，组成强化结构单元。螺旋钢筋必须互相胶结成整体，并填充满相应的墙、板结构。

内金库墙体、板厚度 975mm；外金库墙体、板厚度 400mm；两者结构空隙 700mm。

金库核心区入口及内外金库过道处（图 4.29-3），安装安防等级为 EN-1143Ⅶ级以上的金库门，与之对应的是日常控制门。金库门严格安全监控，由专业厂家定做。

机电系统，洞口尺寸均要求在 25mm 以内，不允许多个洞口临近，洞口钢筋不允许切断；消防系统采用干性灭火系统。执行严格的安防、消防联动，高等级的自动化控制。

按照建筑功能，分为自动金库区域、人工金库区域、活动保险柜区、交易区、安保区，以及控制室、检测区、交通区等辅助设施区域。

4.29.2 金库螺旋钢筋施工

螺旋钢筋绑扎施工是金库结构施工的重点。

螺旋钢筋优点：抵抗各个方向、各种形式的攻击，各个方向结构等强；交织的钢筋混凝土，确保了整个钢筋混凝土结构的整体性；可以消除部分冲击荷载，以保证螺旋内部混凝土的完整，抵抗爆炸损坏，不会引起大面积混凝土的破坏；钻取及热破坏无法穿透螺旋单元。

1. 螺旋钢筋特点

由 $\phi12$ 的钢筋制作成直径为 125mm、长度 1000mm 的标准螺旋箍单元，然后按照使用部位及使用层数，设计不同的标准化连接形式，如形成 6mm×6mm、3mm×6mm、2mm×6mm 的钢筋螺旋片（螺旋单元层×排），进行编号设计，分别应用于筏板、975mm 墙体、400mm 墙体。

螺旋网片尺寸在 1m×2m 内，易于运输、装卸。

装配简便：按照设计图纸，现场组装简便，安装接头处要考虑互相胶结、搓头，保证施工质量。

EN50131 将安防等级根据风险界定为四级：一级、二级、三级、四级。金库适用于最高级的四级。

2. 工艺原理

螺旋钢筋片由螺旋钢筋单元及附加定位钢筋构成。12.7mm 的光圆钢筋经冷加工成螺旋状的单元，并通过竖向附加定位钢筋，相互扭结，局部进行电焊，把相邻的螺旋单元联结在一起，就构成了完整稳固的钢筋片（图 4.29-4）。

图 4.29-4 螺旋钢筋片 3D 示意图

螺旋钢筋单元分为顺时针和逆时针两种（图 4.29-5），以便实现相邻螺旋之间的扭结。

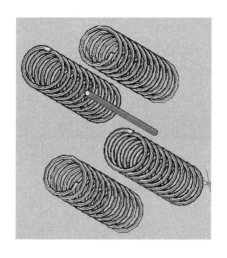

图 4.29-5　螺旋单元示意图

3. 螺旋单元构造

附加定位钢筋棍也是与螺旋单元等长的直径为 12.7mm 的圆钢，与螺旋单元连接的点焊位置一般不少于两点（图 4.29-6）。

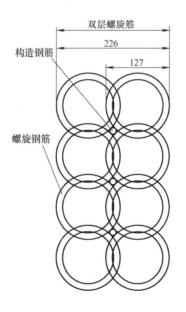

图 4.29-6　双层螺旋钢片构造

4. 工艺流程及操作要点

工厂预制加工 ⎫
              ⎬→运输、现场仓储→材料验收→装配→验收
施工图设计   ⎭

（1）预制加工及施工图设计

螺旋单元一般在专业加工厂进行预制加工。

1）施工图设计

包括平面布置图及细部节点图。根据螺旋钢筋片的单元尺寸、构筑物及构件的尺寸，螺旋钢筋层数要求合理布置，并对每个单元进行编号。

2）布置原则

考虑标准单元和非标准单元的布置，一般结束单元为非标准单元，以消化施工误差；考虑线向和径向的搭接；单元间要搓头错开，布置见图4.29-7。

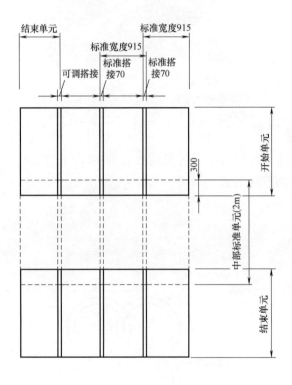

图 4.29-7　布置图原则示意图

3）细部节点

筏板（或楼板）中水平单元结构与竖向（墙体）单元结构节点如图4.29-8所示。

水平螺旋单元结构与柱交界处节点（水平螺旋钢筋片穿过柱底部），如图4.29-9所示。

（2）装配准备及要点

按照施工图的布置，根据具体施工部位（筏板、墙体、顶板）进行装配，具体装配要

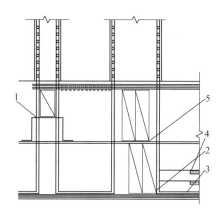

图 4.29-8　水平与竖向墙体节点示意图

1—马凳架立筋；2—墙体底部螺旋钢筋片紧贴竖向结构钢筋，以便其与水平螺旋筋构成封闭整体；

3—水平螺旋钢筋片与结构钢筋相距 40mm；4—水平螺旋片以楔口形式搭接 300mm；

5—墙体上层螺旋钢筋片与下层错开，以保证上层墙体结构钢筋的位置

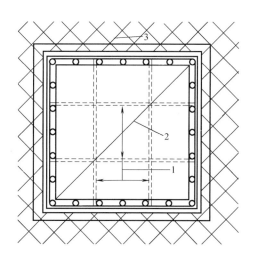

图 4.29-9　水平结构与柱交界节点示意图

1—螺旋钢筋穿越柱底部区域，建议取消穿越区域内的柱箍筋（与结构设计师协调）；

2—柱内底部至少布置 2 层螺旋钢筋，并根据柱尺寸，在现场对螺旋片进行修剪调整；

3—柱周边的螺旋片可在现场修剪调整，以便紧靠结构钢筋。

求如下：

1）施工机具

由于有一定重量，需要塔吊或者其他机具吊装，注意起吊位置。

2）总体装配顺序

与结构施工同步，与结构钢筋协调交叉进行，总体关系为水平结构先下后上；竖向结构先绑扎单侧外部结构钢筋，然后绑扎内部螺旋钢筋，最后绑扎另一外侧结构钢筋，最终局部处理。

3）装配要点

① 按照图纸，分层、分段安装，先以起始端为基准，先装标准螺旋片，后根据现场情况，切割后装非标准片，然后安装上层。

② 底层螺旋钢筋片，与水平结构间距不小于 40mm；长向搭接长度为 300mm；边侧搭接长度为 70mm，竖向墙体中不通配的部位，将其放置在马凳钢筋上，并用直径 12mm 的钢筋契合相邻的螺旋单元进行锚固。

③ 继续铺设上层螺旋钢筋片，确保上层螺旋片稳固并紧贴于下层螺旋片上，可以通过控制上下两层相邻的螺旋搭接长度不少于 60mm 来控制。

④ 螺旋钢筋片的锚固及搭接通过钢筋契合来实现，具体布置要求详见施工图节点。

⑤ 竖向结构螺旋钢筋的铺设及构造要求与水平结构相同。当起步为非贯通时，用 $\phi16$ 钢筋制作成马凳作为起步筋。

⑥ 部分墙体螺旋钢筋，按照几何尺寸，先进行预拼装（焊接、绑扎）成整片，用塔吊就位安装。

（3）切割处理及误差处理

在铺设端部，或者结构筋竖向与水平结构交接处，或者当遇到柱、洞口、设备基础等障碍时，无法安装完整的螺旋单元，需要进行现场切割，尽可能地保证最终螺旋结构的整体性及封闭性。在切割调整后要对松动的螺旋单元进行焊接加固处理。

其偏差可以通过控制边缘搭接长度来实现，边缘搭接原则要求为 70mm，可以根据现场实际情况进行调整消除加工误差。

（4）运输、现场仓储、材料验收

螺旋钢筋片在运输及现场仓储时应防止压坏、变形及其他破坏。

运输装箱时应按部位区分，并做好材料明细单。

螺旋钢筋片在运至现场后堆放时，下垫木方，防止与地面直接接触；当置于室外超过一周以上时，要做好防护遮蔽，防止雨淋。

螺旋钢筋片出厂时已做好标签，标识出应用部位及编号；到场后应分类就近堆放，并保护好其标签，以便后续铺设正确。

根据运输单据及材料明细单在核准数量的同时，检查有无损坏情况。

检查标签的完整性，抽检相应标签构件的几何尺寸。

5. 施工缝处节点处理

（1）垂直施工缝螺旋单元边缘处理（筏板、楼板）

水平结构与柱交界节点见图 4.29-10，施工缝示意见图 4.29-11。

（2）垂直施工缝螺旋单元（墙体）

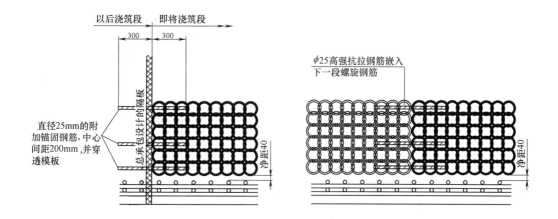

图 4.29-10　水平结构与柱交界节点示意图

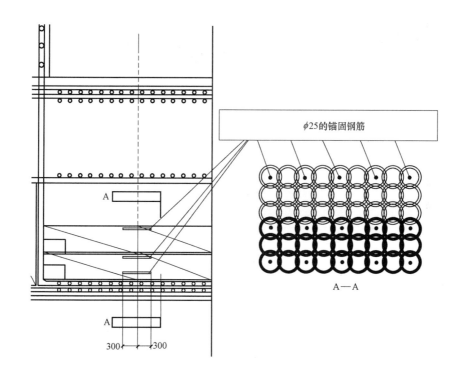

图 4.29-11　施工缝示意图

垂直施工缝示意如图 4.29-12 所示。

（3）水平施工缝处理

水平施工缝处理见图 4.29-13、图 4.29-14。

在端部施工缝处，由直径为 25mm 的钢筋贯穿模板来实现搭接及锚固要求。在浇筑混凝土后及时移除模板，剔除多余的混凝土，以实现相邻螺旋单元搭接的要求。

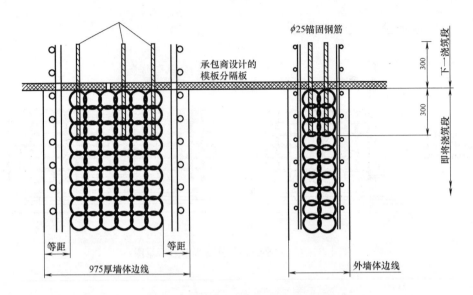

图 4.29-12　垂直施工缝示意图

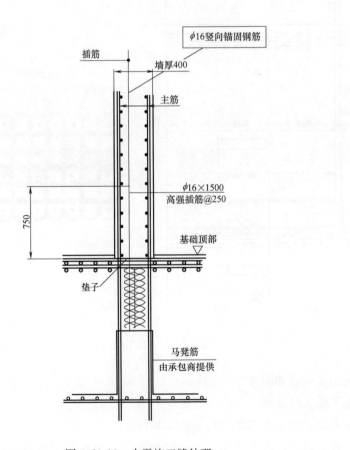

图 4.29-13　水平施工缝处理一

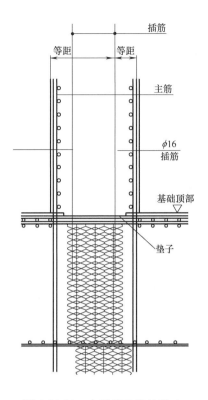

图 4.29-14 水平施工缝处理二

对于水平施工缝，需要在对应的螺旋单元位置，留设 $\phi16$、长 1500mm 的定位筋，其中 750mm 用在下部结构中，750mm 用于上部搭接。

施工缝处要凿毛处理、清理干净，满足结构要求。

4.29.3 金库区域自密实混凝土浇筑

由于金库内钢筋密集，无法使用振捣泵进行振捣。为了保证混凝土密实，故采用自密实混凝土。经过试配及模拟浇筑，效果良好。

1. 混凝土配比及性能要求

配合比如下：52.5OPC 水泥 480kg，粉剂 40kg，20mm 骨料 700kg、10mm 骨料 300kg，粗砂 500kg，净砂 360kg，清洁水 145kg，外加剂 11kg，水灰比 0.28。

需要骨料均匀，最大骨料直径 2cm，小骨料直径 1cm，必须按配合比搭配混合均匀，要求流动性好，具备可泵送性，每车入泵前必须进行混凝土流动性检查，流动性控制在 650～800mm 范围内。

2. 施工要点

分段施工，原则上每段在 12m 左右。

严格控制浇筑落差在 2m 内、流淌范围在 5m 内。

分层布料、防止离析，每层浇筑在 600mm 内，禁止振捣。

墙体单次施工高度在 4m 左右，在 2m 高度处开浇筑孔。

控制浇筑速度，每小时浇筑高度控制在 1.5m 内，建议使用塔吊浇筑。

模板加固一定要牢靠，防止混凝土外流。拼缝紧凑，根部采用砂浆或者木条封实，穿墙螺杆、拼缝处贴胶带封闭。自密实混凝土浇筑侧压力是普通混凝土的 2 倍，浇筑时要注意监控。洞口浇筑如图 4.29-15 所示。

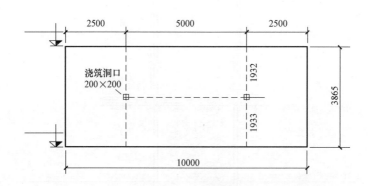

图 4.29-15　混凝土浇筑洞口

4.29.4　金库门安装

1. 金库门特点

Ⅷ级金库门，由多层实心钢板制作组成，门整体厚度约 700mm 以上，依次为：38mm 厚外层板、305mm 屏蔽密封材料、25mm 厚中层板、101mm 填充材料、38mm 厚内层板。考虑到运输要求，还有周边各 40cm 的包装尺寸。

门的开启角度必须在 180°以上，并装有配套的机械装置锁。

设计起吊点，要便于安装及运输。

操作要受自动化安全系统控制。

2. 安装、运输方案

根据现场条件，专业厂商编制金库门的安装及运输方案（图 4.29-16、图 4.29-17）。由于金库门重约 10t，如何装卸、运输、楼层如何存放、运输设备及通道准备都是要考虑的技术问题。要绝对保证产品完好，无碰撞发生。

考虑到运输通道，要和土建施工协调，做结构预留洞口和预埋。

安装、运输工具：由于机动机械无法到金库，运输以吊装架、多个葫芦、千斤顶、平板手动推车、倒链、手动工具等为主，跨楼层运输可应用井道。

临时堆放处，要做结构承载计算，或者做加固卸载处理。

安装运输由有资质的专业人士完成。

3. 安装过程

如图 4.29-18 所示。

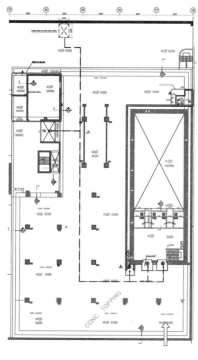

132层金库大门运输线路

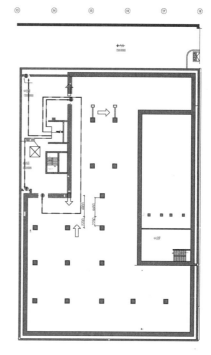

133层金库大门运输线路

图 4.29-16　水平运输过程

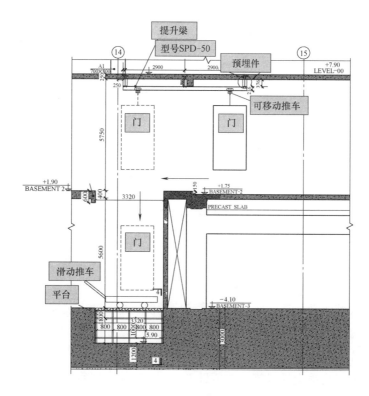

图 4.29-17　垂直运输过程

263

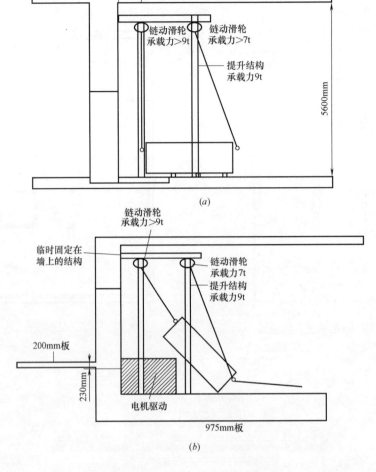

图 4.29-18　安装示意图

4.29.5　结构预留

1. 预留计划

为了金库门安装，结构施工阶段要做相应的预留预埋（图 4.29-19）。

运输通道预留：该项目在正负零楼板处预留了吊装通道。

金库门门框周边结构：预留洞口并留设钢筋，洞口每侧比门框大 300mm，待安装就位后，再二次浇筑。

另外，为了安装驱动马达，底部也做了基坑预留，待马达安装完后，再做处理。

2. 与银行设备配合

通常自动金库区域底层没有留设出入口，在结构封闭前，银行设备须提前就位。银行设备有自动储存架、自动交易机等。本项目由于商务问题，银行设备还没有到位，故设有 4m×6m 的结构洞口。

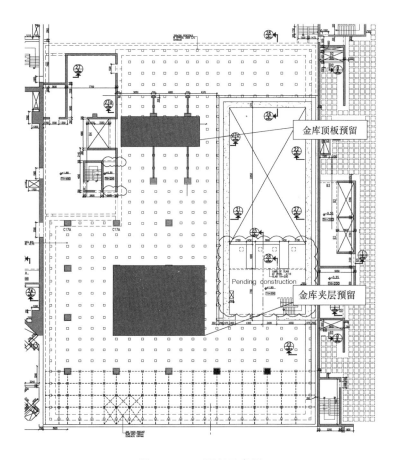

图 4.29-19　预留示意图

4.29.6　金库机电施工

洞口留设尺寸在 25cm 内，且洞口内钢筋仍保留，做防锈、防腐处理。

消防系统采用哈龙气体代替喷淋系统，哈龙气体消防系统是干性系统，有利于金库的防潮、防水处理。

金库人工操作区，设置了安全分区，防弹玻璃、安全门、安全门锁形成系统的安全系统。

通风系统封口均做了特殊的封闭处理。

4.30　科威特中央银行瓷砖施工技术

4.30.1　工程概述及说明

CBK（科威特中央银行总部大楼）项目的瓷砖装饰主要集中在卫生间、茶水室、地下室机电设备用房等功能区域，其基面有石膏板、砖墙、混凝土墙等，对瓷砖具有的防水、防滑、耐磨、抗酸等性能有所要求。

本工程瓷砖施工的工作内容包括瓷砖及粘贴、材料供应商的报审、图纸深化（shop-drawings）设计、材料进场验收、瓷砖铺贴及验收等一系列项目。整个过程全部以英美标准及规范为依据。

4.30.2 瓷砖施工工艺概述

1. 粘贴材料的不同

国内瓷砖施工（墙面、地面）通常粘贴材料往往是水泥浆。

CBK 工程瓷砖施工选用专用的粘贴材料。通常会针对不同施工部位（如：墙，地面，混凝土，石膏基层等）采用不同类型的粘贴材料、外加粘结剂（如：Nitobond PVA，Nitotile GP）。

2. 基层处理不同

国内地面瓷砖施工：通常取一定配合比的干拌水泥沙为基层，与瓷砖同步施工，基层随瓷砖一起进行找坡。

CBK 项目瓷砖铺贴前先用细石混凝土做基层（4～9cm），做找坡处理，其面层标高是最终装修标高扣减瓷砖及粘贴厚度。7d 养护后，再铺贴瓷砖。

3. 施工细节

除此以外，施工工艺方面更加强调质量控制，比如基层膨胀缝切割，排版控制如地、墙对缝等。

4.30.3 施工前期准备

1. 技术准备

施工前期的技术准备包括相关材料的数据、shop drawings、施工方案的提交及样品的报批等。

（1）材料技术数据

提交给监理工程师的材料厂商的技术数据需要各种瓷砖、凝结材料和指定的水泥浆的信息，其中包括说明书和装配指南，并严格遵守合同文件要求。

（2）施工图（shop drawings）

根据合同文件向工程师提交施工图（shop drawings），其中包括（但不限于）所有现场瓷砖的排版图（平面及立面图）、瓷砖附件的布置、节点大样（比例 1∶20）。同时要提供膨胀缝、控制缝、特殊瓷砖、金属条纹等相关图例。

本工程在绘制瓷砖排版图时应注意：

① 墙砖与地砖的砖缝形成一致通缝，即砖缝的宽度及位置相同。

② 小房间的墙地砖通常从中间向两边对称排列，矩形柱采用对称排列，大房间的墙地砖应先确定起始线，然后从一端墙角的两边向另外两边排列。

③ 尽量减少溜条砖的使用。

④ 附件瓷砖（阴、阳角瓷砖）不得切割。

（3）施工方案

施工前由项目 QA/QC 向监理工程师提交施工方案，获批准后实施。

（4）样品

根据合同文件向工程师提交样品，其中包括：厂商的颜色图表（水泥浆的所有颜色），每一种样式和颜色的瓷砖（要求装在大小至少 300mm^2 的夹板上，并按要求用水泥浆填充）。

2. 材料准备

（1）瓷砖

本工程目前所采用的瓷砖均由德国瓷器第一品牌 Villeroy&Boch 公司提供，该公司是德国最大陶瓷产品生产企业，距今已有 250 多年的历史，其质量和性能在市场上有很强的竞争力，并且有多年的行业经验。本工程所用瓷砖的详细情况可参见图纸设计。

另外、本工程中还大量使用瓷砖附件，以提高瓷砖整体效果及施工质量，使铺贴完成后的装饰面更美观大方，如踢脚线砖、阴阳角砖等，见图 4.30-1。

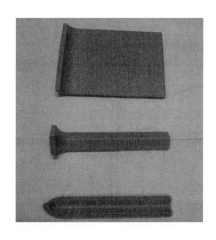

图 4.30-1　阴、阳角及踢脚线瓷砖

（2）粘贴材料

本工程瓷砖粘贴材料大体上分为两种，分别用于墙面（包括：混凝土面、砌块面及石膏板面）和地面，墙面粘贴材料不含砂，地面粘贴材料含少量砂。另外，还有各种外加粘结剂。

1）Nitobond PVA 外加剂

本工程瓷砖粘贴材料大体上分为两种，分别用于墙面（包括：混凝土面、砌块面及石膏，阴、阳角及踢脚线瓷砖板面）和地面，墙面粘贴材料不含砂，地面粘贴材料含少量砂。另外，还有各种外加粘结剂。

Nitobond PVA 外加剂是英国 FOSROC 系列产品中的一种，具有多重功效的液体粘贴剂。其主要作用：粘贴、封底、混合搅拌各种固体粘贴材料（如：Nitotile GP），同时还可用于抹灰砂浆、混凝土及人造地板的粘结、修补混凝土及石材缺陷、防尘地板、沥青油性层的隔离等。Nitobond PVA 外加剂的运用十分广泛、效果十分显著。本工程瓷砖施工过程中曾大量使用，很少出现空鼓、剥落等现象，从而保证了施工质量。

① Nitobond PVA 外加剂主要技术参数（表 4.30-1）

Nitobond PVA 外加剂主要技术参数　　　　　　　　　表 4.30-1

自然状态	细微粉末	耐潮湿性	优良
颜色	白色或灰色	抗油、碱性	优良
施工环境温度	5～40℃	自然状态	细微粉末
最小初凝时间	>20min	颜色	白色或灰色

② Nitobond PVA 外加剂使用方法

由于 Nitobond PVA 外加剂的使用十分广泛，在此仅对瓷砖粘贴中 Nitobond PVA 的使用进行简单介绍：

Nitobond PVA 材料用瓷砖、陶瓷、水磨石块粘贴时，按照 1∶5 的比例与水混合稀释，并涂刷于瓷砖背面后进行粘贴。对于聚苯乙烯块材、石膏板粘贴时，应采用 Nitobond PVA 材料按照 1∶1 的比例与水混合稀释后，与其他粘贴材料（如：Nitotile GP）搅拌均匀后，再用于瓷砖粘贴，这样就能达到较好的粘贴效果。

2）墙面粘贴材料

为了保证墙面瓷砖有较高强度的抗拉拔能力，防止空鼓及剥落，墙面粘贴选用 FOSROC 产品——高性能水泥基瓷砖粘贴材料（图 4.30-2），产品型号为 Nitotile GP。该种材料不仅能将瓷砖粘贴于混凝土、砂浆墙面，对于石膏板墙面也有很好的粘贴效果，完全满足英标 BS5980 class AA type 1 及 BS6920 part 1。

图 4.30-2　袋装 FOSROC 产品

① Nitotile GP 主要技术参数

如表 4.30-2 所示。

Nitotile GP 主要技术参数　　　　　　　表 4.30-2

自然状态	细微粉末	密度	2000kg/m²
颜色	白色或灰色	pH 值	13
施工环境温度	5~40℃	正常初凝时间	45min
最小初凝时间	>20min	耐久性	优良
耐潮湿性	优良	抗酸性	好(pH>3)
抗油、碱性	优良		

② Nitotile GP 使用方法

对于 Nitotile GP 粘贴材料的使用方法在 FOSROC 系列产品说明上有详细指导，主要内容如下：

• 粘贴基层为石膏板墙面时，须先采用稀释后的 Nitobond PVA（用 3 倍水稀释）溶液涂刷石膏板面，再用 Nitotile GP 打底。

• 袋装 20kg 的 Nitotile GP 材料须使用 5kg 的水进行混合搅拌，袋装 25kg 的 Nitotile GP 材料使用 6.25kg 的水进行混合搅拌。搅拌器采用 FOSROC 专用搅拌叶片（MR4 型）。

• 搅拌时应向水中逐渐添加粉末状的 Nitotile GP 使用，搅拌时间应控制在 3min 以上，以最终形成均匀一致的固体状的粘贴材料为止。

3）地面粘贴材料

本工程地面瓷砖粘贴材料选用科威特 Ahlia Chemical Industries 公司的 CAPTILE ADHESIVE 品牌产品（图 4.30-3），是一种高质量瓷砖粘贴材料，自然状态为水泥基类白色粉末，主要成分由水泥、筛分石英砂、增强黏性聚合体、保水剂以及疏水剂组成。CAPTILE ADHESIVE 产品适合粘贴室内外瓷砖、马赛克、玻璃瓷砖等，具有很好的防潮、防水性能。采用规范为英标 BS 5385 Part 1，1995。

图 4.30-3　袋装 CAPTILE ADHESIVE 产品

CAPTILE ADHESIVE 材料适用于各种粘贴基层，如：混凝土面、水泥砂浆面、石灰砂浆面、加气轻质混凝土面等。在其使用指导书中有详细说明，主要内容如下：

① CAPTILE ADHESIVE 材料采用普通自来水按 3：1（体积比）的比例进行混合搅拌，推荐采用 6～7L 的水混合 25kg 的袋装粘贴材料。

② 须向水中逐渐倒入袋装粘贴材料，混合时采用低速搅拌，避免吸入过多空气。可以停止搅拌 5～10min 后再次搅拌，以提高材料的适用性。另外，在天气炎热的中东地区用冷冻水搅拌可延长粘贴材料的使用时间。

（3）勾缝剂

本工程中使用的瓷砖勾缝材料目前主要有 CAPTILE GROUT 勾缝剂、CERESIT CE 37 勾缝剂，颜色有灰色及白色两种。两种勾缝剂的区别在于：CAPTILE GROUT 勾缝剂适用于墙面瓷砖，CERESIT CE 37 勾缝剂适用于地面瓷砖。

1）CERESIT CE 37 勾缝剂

勾缝剂由世界知名品牌德国 HenkelPolybit industries Ltd 公司（汉高公司）生产。CERESIT CE 37 勾缝剂是汉高旗下众多品牌中的一种，适用于墙、地面瓷砖，玻璃马赛克，砖缝宽度在 1～12mm 之间均可施工。CERESIT CE 37 勾缝剂使用方法如下：

① 袋装 10kg 的 CERESIT CE 37 材料使用 3kg 的水进行混合搅拌，袋装 5kg 的 CERESIT CE 37 材料使用 1.5kg 的水进行混合搅拌。搅拌时间应控制在 3min 以上，直至形成统一、均匀的颜色，搅拌器采用专用搅拌叶片（MR4 型）。

② 由于不同的瓷砖边具有不同的吸水率，不同的比例搅拌的勾缝剂及不同的干燥、潮湿程度都会造成最终瓷砖缝处颜色不一致。因此、首先应保持在勾缝完成后 24h 的养护，同时尽量采用同一批次的袋装勾缝剂施工同一房间，以减少瓷砖缝颜色不一致。

③ 施工过程中环境温度须在 5～40℃，瓷砖勾缝完成后，勾缝剂尚未凝固前，应用湿海绵及时清理瓷砖表面。对于已经凝固的勾缝剂应用柔软的抹布清理。

④ 勾缝完成后 24h 内，瓷砖缝处应保持湿润，地面砖 24h 内不可以上人走动。

2）CAPTILE GROUT 勾缝剂

本工程墙面瓷砖勾缝采用科威特 Ahlia Chemical Industries 公司的 CAPTILE GROUT 品牌产品。CAPTILE GROUT 是一种由水泥、细砂、填充料、专用化学剂、染色剂组成的粉末状混合物，加水搅拌后的初凝时间为 45min（环境温度 20℃）。主要颜色为白色、灰色以及其他 20 种标准颜色。其适用于厨房、洗手间、游泳池等的墙、地面瓷砖勾缝，特别适用于有高洁净度要求的房间，如：食品加工间、手术室、疾病试验室等，但不宜使用于有强酸区域。CAPTILE GROUT 材料采用规范为英标 BS 5385 Part I，1995。

CAPTILE GROUT 勾缝剂的使用方法：其使用方法在 CAPTILE 系列产品说明上有详细指导，采用向水中边搅拌边加入适量的 CAPTILE GROUT 材料，直至形成糨糊状的水泥团，也可以稍微调节用水量以获得不同稠度的水泥团，便于不同部位的施工。

（4）SPACER（垫块）

SPACER 采用硬塑料制作，呈"十"字，结构非常简单，价格也便宜。在瓷砖粘贴时放置于相邻瓷砖之间用于控制砖缝大小，从而保证每块砖的正确位置。这种材料在国内瓷砖粘贴时很少采用，基本都是在粘贴基层上按瓷砖大小预先弹出每块砖的位置线，再根据线的位置粘贴瓷砖，这样虽然也能保证砖缝一致，但是增加了工作内容，降低了工效。

本工程瓷砖粘贴时使用的 SPACER 根据所要求的砖缝大小，分为 3mm、4mm、5mm 三种规格，如图 4.30-4 所示。

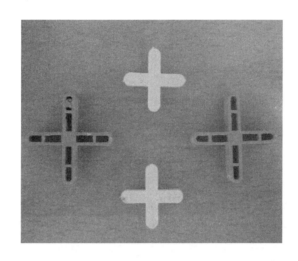

图 4.30-4　SPACER

3. 工具准备

CBK 工程瓷砖粘贴采用的施工工具基本与国内相同，如：瓷砖切割机、小灰铲、铁抹子、水平尺、水准仪、橡胶锤等。区别较大的是本项目广泛使用齿状铁抹子在基层上抹粘贴材料，而国内工程则使用较少。齿状铁抹子能保证涂抹的粘贴材料厚度均匀一致，如图 4.30-5 所示。

图 4.30-5　齿状铁制抹子

4.30.4 施工工艺

1. 地面瓷砖施工

本工程目前施工瓷砖装饰项目位于人防卫生间、地下室机电设备用房等功能区域，现以地下室机电设备室施工为例进行工艺说明。地下室机电设备室地面标准做法如图 4.30-6 所示。

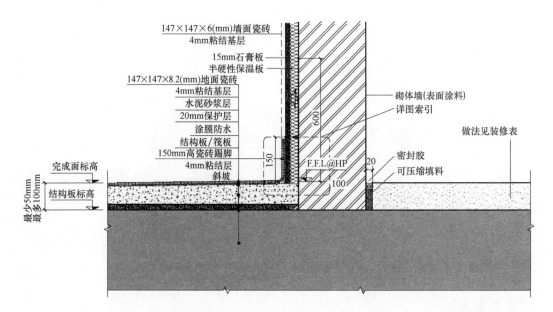

图 4.30-6 地下室机电设备室标准地面做法

由图 4.30-6 可知地下室机电设备室地面做法工序流程如下：

地面基层修补处理→涂防水涂料→砂浆保护层→瓷砖砂浆基层找坡→粘贴瓷砖。

（1）结构面基层处理

地下室地面基层处理主要为施工防水涂料做准备。采用人工清理为主，主要配备的工具为电动角磨机、吸尘器、砂浆铁抹等。其工作内容为：割除地面钢筋头等铁件，对地面的凸凹部位进行打磨、修补，清扫垃圾。处理后的地面须光滑、平整、干净，无外露铁件。

（2）涂防水涂料

本工程室内湿作业区（卫生间、机房、茶水间等）防水全部采用液体防水涂膜。选用巴林 M/S AL BAHAR BARDAWIL 公司的 Tremproof 201/60 防水产品。采用刷一道隔离剂、两道防水涂膜的做法，总厚度为 2mm，施工前须再次将地面的灰尘清扫，并随清理随涂刷。施工完成后须做 48h 的闭水试验，并请监理检查验收后进行下道工序。

（3）砂浆保护层

砂浆保护层用于防止防水层不被破坏，施工时应注意保护防水层。

（4）细石混凝土基层找坡

细石混凝土基层找坡在整个地面瓷砖施工过程中是极其重要的一个环节，直接关系到瓷砖面的平整度及排水坡度。本工程的机电设备房由于面积大，排水坡度缓，又必须保证积水能及时排出，施工时有一定的难度。

本工程采用在地面上密集设置冲筋的方式，严格控制每个点的标高，收到了不错的效果，既保证了局部位置的平整度，而大面上又形成了有效的排水坡度，在最终瓷砖完成面的排水测验中顺利通过监理验收。

（5）控制线瓷砖排版铺贴

控制线瓷砖铺贴在整个地面瓷砖施工过程中也是相当重要的一个环节，铺贴时主要根据已获批准的 shop drawings 图纸并结合现场的实际情况（如：房间的实际尺寸、形状）进行合理的调整，以期获得最优、最美观的铺贴方案。

控制线瓷砖铺贴通常选择具有代表性的部位，如：房间地面的四边与墙体交接处的瓷砖、地面排水分脊线（地面高点线）、控制缝两侧瓷砖等。总之，应合理地选择控制线瓷砖的数量及位置，过多过少均不利于施工。通常至少应保证铺贴完房间四边线与两条纵横相交到墙边的"十"字瓷砖线。

控制线瓷砖铺贴完后，须请监理对其标高、位置进行检查，验收通过后才能进行大面积瓷砖铺贴。

通过检查控制线瓷砖不仅可以保证后续大面积瓷砖施工的正确性，又可以预测到整个房间地面瓷砖完成后的整体情况，并做出必要的修改、调整，同时节省了人工、材料，减少了不必要的返工。

（6）大面积瓷砖铺贴

在控制线瓷砖验收通过后即可进行大面积瓷砖铺贴。由于上两道工序（细石混凝土基层找坡、控制线瓷砖铺贴）中已严格控制地面标高及坡度，本工序施工时主要控制瓷砖的铺贴位置与局部平整度。其施工步骤如图 4.30-7 所示。

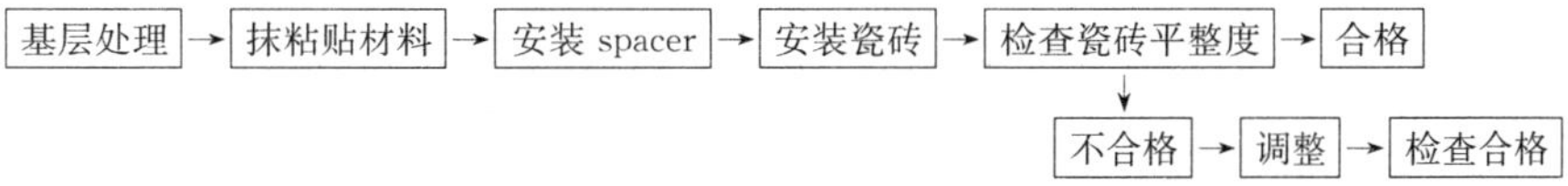

基层处理 → 抹粘贴材料 → 安装 spacer → 安装瓷砖 → 检查瓷砖平整度 → 合格
　　　　　　　　　　　　　　　　　　　　　　　　　　　↓
　　　　　　　　　　　　　　　　　不合格 → 调整 → 检查合格

图 4.30-7 施工步骤

① 瓷砖基层处理

基层处理主要是清扫及涂刷 Nitobond PVA 溶液（须按上述材料介绍进行配制），瓷砖的粘贴应随基层处理及时进行。

② 抹粘贴材料

采用铁抹子将已配制好的粘贴材料均匀抹在基层上（图 4.30-8），由于使用齿状铁抹子敷抹粘贴材料，从而保证了瓷砖粘贴层的厚度一致。

③ 安装 spacer

将 spacer 安装在瓷砖之间，本工程所有瓷砖缝均为 3mm，控制缝为 5mm。

图 4.30-8　抹粘贴材料

④ 安装瓷砖

将瓷砖平稳地安装在粘贴材料上，并用橡皮锤敲击地砖面，使其与地面压实，铺粘好的瓷砖应紧密、坚实，砂浆要饱满（图 4.30-9）。

图 4.30-9　安装 spacer 及瓷砖

⑤ 检查瓷砖平整度

采用铝合金长靠尺检查瓷砖平整度。

⑥ 瓷砖勾缝

地面瓷砖勾缝前须清除所有的 spacer 及砖缝之间的粘贴材料，并请监理检查验收。

本工程地面瓷砖勾缝采用 CAPTILE GROUT 勾缝剂，按该材料使用说明书的配比将勾缝剂调制成液体状后，倾倒在瓷砖缝隙处，勾缝剂将沿砖缝流淌从而填满缝隙，再用专用橡胶刮抹子刮掉瓷砖表面的勾缝剂即可。

⑦ 瓷砖验收

瓷砖施工完后，采用专用清洁剂清理其表面，在项目 QA/QC 检查合格后，报请监理验收。对于有排水要求的房间，还应做排水测试。

2. 墙体瓷砖施工

本工程墙体瓷砖主要为 CT2、CT6、CT8，分别用于厨房、茶水间、机房、人防卫生间等的墙面，其粘贴面基层为石膏板面、混凝土面及抹灰砂浆面。由于基层无需找坡，其做法相对较简单，对基层面的平整度、垂直度自检合格后，即可开始墙体瓷砖施工，其施工工艺及材料与地面瓷砖施工基本一致。关键工序如下：

（1）瓷砖排版施工

瓷砖排版施工须根据 shop drawings 中墙体立面瓷砖排版图，并结合现场实际情况分别粘贴墙体最下一排及墙体转角处瓷砖，经过监理验收通过后进行墙体大面积瓷砖施工。

（2）大面积瓷砖粘贴

墙体瓷砖粘贴选用 Nitotile GP 粘贴材料，其施工步骤同图 4.30-7。

（3）瓷砖勾缝

墙体瓷砖勾缝选用 CAPTILE GROUT 及 CERESIT CE 36 两种勾缝剂分别用于 CT2、CT6、CT8 瓷砖墙面。施工时先按照材料说明书中的配比配制勾缝剂，再用抹子将勾缝剂抹于墙面，然后用浸水海绵清理瓷砖面勾缝剂即可，如图 4.30-10 所示。

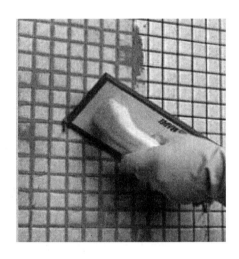

图 4.30-10　瓷砖勾缝

3. 瓷砖伸缩缝设置

根据 shopdrawings 要求在较大面积房间的墙、地砖施工时应设置伸缩缝，其纵横间距不超过 9m 设置一条，缝宽为 5mm，深度为 5mm。在瓷砖勾缝前，用混凝土切割机在砖缝间按图纸设计要求切割而成，勾缝完成后，用硅酮胶填充伸缩缝。伸缩缝设置主要为防止粘贴材料收缩及温度变化引起瓷砖开裂。

4.30.5　成品保护

本工程墙、地面瓷砖粘贴是与室内其他专业施工穿插进行的，如：B3-14 机电设备房目前只完成部分的水箱安装，还有大量安装工作即将展开，这就对地面瓷砖成品保护提出了较高要求。本工程采用在地面瓷砖上及时满铺一层塑料膜及 6mm 厚五层板的方法进行成品保护。

4.30.6 瓷砖质量验收

本工程瓷砖施工过程中每一道工序都经过了监理严格检查，以保证工程质量。验收标准主要采用英美规范，其要点如下：

1. 瓷砖粘贴基层检验

（1）粘贴基层为砂浆地板：水平方向上不得超过 1/500 的距离和 9mm 的误差。

（2）粘贴基层为砂浆墙面：在平面上不得超过 1/400 的距离和 6mm 的误差。

（3）采用薄型粘贴时基层应与瓷砖成品允许的误差一样。

（4）打磨或修补混凝土、砌体和抹灰基层，使其表面保持在误差范围之内。填充和打底混凝土、砌体和抹灰时，用一份波特兰水泥与三份砂和足量 Laticrete3701 混成砂浆混合物。

（5）按要求用 10% 浓度的盐酸溶液除掉养护液，或其他会妨碍粘贴材料对瓷砖的粘合的物质，再用水清洗所有用酸的痕迹。

（6）根据灰泥，或粘合剂厂商的建议，对基层涂刷粘结剂。

2. 瓷砖粘贴检验

厂商的说明：对于每件材料的安装，遵循厂商的说明。

瓷砖完成面的允许误差：在水平或垂直度、立面、位置、坡度和排列上不要超过如下误差：

（1）地板：各方向上均为 1/1000 误差；在任何位置上误差范围 ±3mm；在任何点上只能有 0.8mm 偏移。

（2）墙面：各方向上均为 1/800 误差，在任何位置上误差范围 ±3mm；在任何点上只能有 0.8mm 偏移。

（3）砖缝：在各个部位砖缝误差为 ±0.8mm；在竖直方向、精准度以及砖缝排列上均为 1/600 的误差。

（4）按 shop drawings 安装普通瓷砖及附件瓷砖。在每个地面和墙面上将瓷砖由正中向两个方向铺贴，最大程度减小瓷砖的切割。瓷砖接缝宽度统一为 1.5mm，除非图示另有要求。切割普通瓷砖，而非附件瓷砖，除非图示另有要求。

（5）根据 ANSI 或 TCA 标准的要求或具体的工作条件设置控制接缝或伸缩缝。在瓷砖和粘贴基层上安装合适宽度和深度的分割缝塞缝材料。在粘合瓷砖和护理工作结束后将这些塞缝材料清除。在控制接缝和伸缩缝中安装填充物或密封物，种类参照瓷砖厂商的建议。

4.30.7 总结

CBK 工程地下室瓷砖粘贴，通过项目各级施工人员的共同努力，以及监理工程师对每道工序的严格检查，其施工质量得到了保证。通过参与 CBK 工程瓷砖施工各项管理工作，体会到与国内同类项目之间存在的一些差异，在粘贴材料的选择方面（如：Nitobond PVA、Nitotile GP）及施工工艺方面（如：粘贴基层找坡、控制线瓷砖施工）值得国内同行借鉴。

4.31 科威特中央银行项目机电专业管道及绝热材料选用

科威特中央银行新办公楼项目（CBK）总建筑面积 16 万 m^2，包括塔楼、金库、车库（Visitor Parking、Staf Parking）、人防等几个部分，地下 3 层（局部 2 层）、地上 41 层，是集办公、金库、银行业务、停车、餐饮、战时人员掩蔽等功能于一体的综合性多功能智能建筑，结构复杂、功能齐全、建筑等级高、规模大。中国建筑股份有限公司为工程总承包商，机电分包商选用当地非常知名的 Kharafi National 机电公司。

本工程的特点是边设计、边施工，装修和机电设备安装随结构施工插入比较早，而且机电专业系统复杂、施工量大、技术规范要求严格。在项目实施过程中，按照合同技术规范和相关技术标准，各个不同专业系统的材料、设备都必须按照各个系统本身的要求，逐一、分批次进行材料供应商以及产品选用的技术提交（有的材料需要替换）。

科威特中央银行项目机电设备专业拥有非常齐全的专业系统，包括：中央空调系统、楼宇控制系统、车库消防通风系统、楼梯（电梯井）正压送风系统、战时人防通风（空调）系统、生活给水系统、生活排水以及雨水排放系统、消火栓及水喷淋灭火系统、哈龙气体灭火系统、泡沫灭火系统、绿化（种植）灌溉给水系统、室外喷泉给水系统、室内景观水墙给水系统、厨房液化天然气供应系统、发电机燃油供应系统等。

4.31.1 空调系统管道

CBK 项目空调水系统管道（冷冻水、冷却水）13200m，空调冷凝水管道 2100m，通风、空调系统风管总面积 57000m^2（镀锌和非镀锌风管合计 420t），各种消防系统（消火栓、喷淋、泡沫等灭火系统）管道 46000m，生活给水系统管道（冷水、热水）11000m，雨水及生活排水系统管道 17000m，绿化灌溉系统管道 4200m，室外喷泉、室内水墙系统管道 500m，天然液化气系统管道 400m，发电机燃油供应系统管道约 700m。空调水系统管道铝箔玻璃棉保温管大约 12000 延长米，机房聚氨酯保温管壳 240m，空调风管铝箔玻璃棉保温大约 23000m^2，厨房排油烟管道的矿岩棉保温 650m^2。

空调水系统管道的选用考虑系统耐压强度、热胀冷缩、工程造价等因素，CBK 项目在空调水系统（冷冻水、冷却水、冷凝水、制冷剂）管道材料选择依据不同用途的管道、综合了以上因素进行了多次材料提交才得以通过。空调水系统管道合同技术规范推荐的厂家有：日本的 Nippon 和 Sumitomo、美国的 U. S. Steel Corp.、韩国的 Seah Corp.、意大利的 Dalmine。

在项目实施过程中综合耐压强度（系统工作压力 300PSI）、热胀冷缩、工程造价各种因素进行了材料替换，空调水系统的钢管材料没有选择技术规范中的厂家，冷冻水、冷却水、制冷剂管道采用 ASTM A53/A 106 Grade B SCH40 非镀锌无缝钢管。公称直径 20～200mm 的管道选用中国无锡太湖无缝钢管厂钢管及配件产品；公称直径 250～750mm 的管道选用我国河北中海钢管厂的非镀锌无缝钢管及配件产品。但是，在施工过程中由于我国河北中海的产品系列中缺少公称直径 750mm 的产品，所以又进行了材料替换，最终公称直径 750mm 的非镀锌大型管道选用了 Seah steel corporation，South Korea 公司的产品。

由于当地气候原因，空调系统运行期间会有大量空调冷凝水产生，考虑节约水资源，本工程的空调冷凝水没有随意排入废水系统，而是进行有组织的系统回收后流入空调冷却水系统的补水水箱内再次利用，空调冷凝水管道采用 U-PVC 压力塑料管道（PN16），U-PVC 管道选用科威特当地 Al-Adsani 公司的塑料管道及配件产品。

空调风系统金属风管的加工材料使用镀锌钢板（厚度等级有：G18、G20、G22、G24），合同规范中推荐的厂家有：日本的 Nippon Steel Corporation 和 Nishin 公司。但是，在项目实施过程中考虑各种因素，通过有效的材料替换和提交选择，最后镀锌钢板厂家选用韩国的 HyundaiHysco 公司。针对工程的餐饮功能楼内设置了厨房，厨房油烟排放系统的通风管道采用 G16（厚度为 1.61mm）等级厚度的非镀锌钢板焊接而成，非镀锌钢板油烟排放风管（厚度等级 G16）采用本工程的机电分包下属单位：Kharafi national fabrication workshop 生产的金属风管及配件产品。CBK 工程中空调送风主管道与送风口处静压箱连接管道采用外带铝箔保温软风管，保温厚度为 25mm，容重为 16kg/m³，材料厂家选用的是沙特阿拉伯的 Sfid，Saudi Arabia 公司。

4.31.2 消防系统管道

消防系统管道的选用同样需要考虑系统耐压强度、工程造价等因素，消防系统管道在合同技术规范推荐的厂家有：Kawaski、日本的 Nippon、日本的 Sumitomo 公司。本工程消防系统材料要求消火栓、喷淋管道公称直径小于（或等于）100mm 的管道使用 SCH40 Class C Heavy 镀锌无缝钢管，公称直径大于 100mm 的管道采用非镀锌无缝钢管，泡沫灭火系统采用非镀锌无缝钢管。消防系统与空调系统一样没有采用合同规范中推荐的厂家，而是通过材料替换选择了合适的管道厂家。公称直径小于（或等于）100mm 镀锌无缝钢管选用泰国公司的钢管产品及配件；公称直径大于 100mm 的非镀锌无缝钢管选用了我国河北迈特有限公司的钢制管道以及相关配件产品。

4.31.3 燃气供应系统管道

由于本工程具有餐饮功能，所以工程设计了燃气供应系统。按照合同规范的要求燃气管道需要满足 ASTM/A53/A106/AP1 5L Gr. B 标准要求，公称直径小于等于 50mm 的采用 SCH80 的无缝钢管，公称直径大于 50mm 的采用 SCH40，技术规范推荐的管道厂家有：日本的 Nippon Corporation、美国的 U. S. Steel Corporation、日本的 Sumitomo Metal Industries。在项目的具体材料提交过程中没有采用规范中要求的厂家，而是替换为我国河北迈特有限公司的钢制管道以及相关配件产品，不分管道尺寸大小，全部采用 SCH80 标准。

4.31.4 生活给排水系统管道

CBK 项目的生活给水系统采用分区供水，设在 1、2 层的厨房和自助餐厅、B3～2 层的卫生间冷热水均采用压力给水系统，这两个系统各自的水泵设置均在 B3 层，热水由设置泵房、水箱间的电加热器统一供应；标准层 3～16 层、17～35 层均采用重力给水系统，各自的水箱分别设置在 21 层和 39M 层，热水由设置在各层的电热水器单独供应；36～40M 层采用压力给水系统，其水泵、水箱设置在 39M 层。

给水系统的管道采用塑料管道产品及配件，合同规范中推荐的厂家有：Tubacex、瑞士的 George Fishers Co.、日本的 Nova-Terrain、西班牙的 Wavin 等四家公司的塑料管道产品。直径小于 110mm 的生活给水管道（冷水、热水的供回水）采用聚丁烯塑料管道（Polybutylene Pipe 简称 PB），在材料提交审批过程中共进行了 7 次才通过审核，最终选用西班牙 Nuvea Terrain 公司的 PB 塑料管道及配件产品（压力等级 PN16）；直径 110mm 的生活给水传输管道选用无规共聚聚丙烯塑料管道（Polypropylene Random，简称 PP-R），在项目实施过程中经过两次的材料提交不能通过，最后经过有效的材料替换，没有采用规范中推荐的厂家，第三次的材料总算审核通过，最终选用了土耳其 Vesbo，Turkey 公司的 PP-R 塑料管道制品以及相关配件（压力等级 PN25Bar）。

本工程的排水系统包括重力排水（污水、废水、雨水）、压力排水。按照合同设计要求，排水系统管道全部使用高密度聚乙烯塑料管道及相关配件产品（High Density Polyethylene，简称为：HDPE）。合同技术规范推荐的 HDPE 厂家有：Geberit、National Industries Co.、YousifKhalid AL-Adasani Co、Coestilen，Italy 等四家产品供应商。项目通过材料提交、审批，最后确定重力排水系统的管道采用规范中推荐的意大利厂商 Coestilen 公司的 HDPE 塑料管道及配件产品；压力排水系统的 HDPE 管道（压力等级 PN10 Bar）采用科威特的 KAI-Kuwait 公司产品，但是管道连接配件选用意大利 Plastitalia-Italy 公司的产品。

由于科威特气候原因，景观种植、绿化必须有健全、有效的灌溉系统。CBK 项目设置了完整的灌溉系统，灌溉系统施工分包选用 Zalzalah Agricultural Co. 公司。灌溉系统管道的压力要求：压力管线 PN16 Bar、非压力管线 PN10 Bar，管道材料采用 UPVC 硬质聚氯乙烯压力给水塑料管道及配件（Unplastisized Polyvinyl Chloride，简称 UPVC），合同规范中推荐的灌溉系统管道及管道配件生产厂家有：Rain Bird、Hunter、Irridelco、Toro、Adasani、National Plastic Pipes、Weathermatic 等 7 家公司的产品，经过材料的提交审核中，最终选用了规范中推荐的科威特当地的厂家 YousefKhalid AL-Adasani Ent.

公司的产品。

本工程的室外喷泉、室内景观水墙给水系统管道同样采用了科威特当地的厂家 Yousef K halid AL-Adasani Ent 公司的 UPVC 压力给水管道（压力等级 PN16 Bar）及相关配件产品。

4.31.5　保温材料

CBK 项目的合同技术规范对于各种机电专业管道的保温材料分别提出不同的要求，推荐的保温材料厂家有：科威特的 KIMMCO 和 ISOFOAM、美国的 Armstrong World Industries，Inc.、沙特阿拉伯的 Saudi Rock wool Factory 和 Arabian Fiber Glass Insulation Owens-Corning Corp. 等五家保温材料供应商。CBK 项目通风、空调系统的空调风管、冷冻水管、厨房排油烟风管的保温材料最后均选用了规范中推荐的科威特 KIMMCO 公司的保温材料产品。

空调风管保温材料使用 4 种规格的铝箔玻璃棉保温材料（板材）产品，容重为 $24kg/m^3$ 和容重 $48kg/m^3$，厚度为 25mm 和 50mm。隐蔽的空调区域送风管保温采用厚度 25mm、容重 $24kg/m^3$ 的保温板；非隐蔽空调区域以及地下金库风管保温采用厚度 25mm、密度 $48kg/m^3$ 的保温板；非空调区域（管井）圆风管保温材料采用厚度 50mm、密度 $24kg/m^3$ 的保温材料；冷冻机房、设备机房、管道井保温材料使用厚度 50mm、密度 $48kg/m^3$ 的保温材料。

空调水管保温材料选用：容重 $96kg/m^3$、导热系数（K-Value）$0.032W/m \cdot ℃$ 的铝箔玻璃棉保温材料（管材）产品。直径为 $20\sim100mm$ 的管道，在空调区域的管道保温厚度为 25mm；在非空调区域（车库、管井）的管道保温厚度为 50mm。除地下室冷冻机房以外的区域，直径为 $125\sim600mm$ 管道的保温厚度为 50mm。冷冻机房内 500mm 和 600mm 直径管道的保温材料采用密度 $45kg/m^3$、厚度 50mm 的带铝箔的聚氨酯保温材料。

空调冷凝水管道、制冷剂管道的保温材料使用闭孔橡塑海绵管（Closed Cell Elastomeric Pipe Insulation Tubes），厚度为 20mm（0.75inch），供应商选用阿联酋的 Rubber World Industries L.L.C 公司。厨房油烟排放风管的保温和空调风管的保温一样采用科威特 KIMMCO 公司的产品，但是材质有区别，油烟排放风管保温使用的是矿岩棉保温材料（Mineral Rockwool Insulation）。

生活热水系统的供、回水管道为防止热量损失，均需要做保温处理，保温材料采用铝箔玻璃棉保温材料，容重 $64kg/m^3$。管道直径为 $20\sim40mm$ 的保温材料厚度为 20mm；管道直径大于等于 50mm 保温厚度为 25mm。热水管道的保温材料选用沙特阿拉伯的 AFICO，KSA 公司的产品。

为了对保温材料进行隔潮、保护处理，裸露在未隐蔽区域的风管和水管外保温采用 0.5mm 厚度的铝板做隔潮保护处理，合同规范中推荐的材料厂商有：美国的 PABCO 和 CHILDERS、阿联酋的 PROFILES 三个公司的产品。在材料提交过程中，本来已经审批通过了美国的 ITW（PABCO-CHILDERS)-USA 的产品提交，后来考虑其他因素又重新提交更换了厂商，采用了印度 ITW（PABCO-CHILDERS）公司的产品，印度的 ITW 公司为美国 ITW 公司的子公司。

4.31.6　小结

在 CBK 工程项目电气专业中电器配管采用了薄壁镀锌钢、PVC 和 U-PVC 塑料管，吊顶内暗配管、明配管使用的是薄壁镀锌钢，管箍连接，配合结构混凝土施工的电气预埋管道基本使用的是 PVC 塑料管道，变电室混凝土内为连接大型电缆预留的管道通道采用的材料是 U-PVC 塑料管。

众所周知，钢管（镀锌、非镀锌）和普通铸铁管由于易锈蚀、自重大、运输施工不便等原因在很多领域正在逐渐被新型材料取而代之。当然，钢管在部分水系统中的使用被别的新型材料的取代，既不意味金属管被取代，也不意味着钢管在整个建筑给水领域被取代。钢管由于价格低廉、性能优越、防火性能好、使用寿命长等优点，还将在空调水系统、消防给水系统广泛使用，尤其是自动喷水灭火系统中的广泛应用。因为，塑料管材在空调水系统、消防给水系统、生活-消防共有、生产-消防共有等系统中，由于自身承压能力的原因，在工程中的应用受到一定的限制。

通过科威特中央银行工程的各种机电专业管道材料和保温材料的选择，可以看出 CBK 项目在材料的选择过程中不但综合考虑到系统耐压强度、热胀冷缩、工程造价、施工工艺等因素，而且考虑到了绿色、环保、节能。在材料的选择使用中，大量使用绿色环保、节能、可回收、可再利用的新型塑料管材（HDPE、PP-R、PB、U-PVC），总共使用以上四种塑料管材合计 36900 余米左右。随着高分子材料科学技术的飞速进步，塑料管材的开发利用的深化，生产工艺的不断改进，使得塑料管道淋漓尽致地展示其卓越性能。

4.32　Master Key System 简介

不同的房屋在使用中对安全和便利的要求不同。例如学校、医院，其对使用中便利性的要求要高于对建筑物安全性的要求；对于仓库、银行，反而更注重建筑物内部的安全特性。高安全性就意味着低便利性，想要找到最佳的平衡点，就必须要使用 Master Key System。

房屋建筑内部的安全特性，一般能通过使用门禁系统来达到目的。较大的房屋建筑内部，往往拥有众多的房间，假如给每个房间都配备不同的锁具，可能就会有成千上万把钥匙。在保证日常使用便利的前提下，如何高效地管理如此庞大的门禁系统？这对业主、对总承包商都是很大的挑战。

Master Key System（万能钥匙管理系统）是目前解决安全特性和便利特性这个矛盾体最有效的方法。

4. 32. 1 CBK Master Key System 简介

CBK（科威特中央银行）总建筑高度 238.475m，塔楼建筑层数 47 层（含夹层），总建筑面积 63464m^2，包含停车场、银行营业厅、办公室、设备房、博物馆、多功能厅等。

CBK 的 Master Key System 覆盖面包含 1500 把普通钥匙（change-key）和 96 把万能钥匙（master-key）。

4. 32. 2 Master Key System 工作原理

1. 万能钥匙的工作原理

一般机械锁原理见图 4.32-1，万能钥匙原理见图 4.32-2。

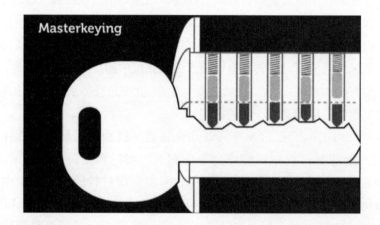

图 4.32-1 一般机械锁原理

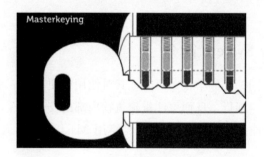 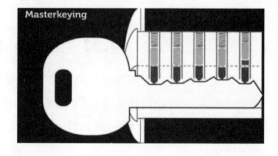

图 4.32-2 万能钥匙原理

对于一般的机械锁具，一把钥匙只能打开一把锁，当钥匙上高低不同的齿与高低不同的锁钉匹配良好时，就可以转动锁芯，打开锁具。

当锁芯中的某一个或者某几个锁钉产生变化时，就会增加另外一种开锁匹配，这就是最简单的万能钥匙——同一个锁具不再被单一的钥匙开启。

除了机械锁芯形成的门禁系统，目前还被广泛采用的是电子门禁。包含电子门禁的 Master Key System 只需在后台给予不同的权限便可以形成 Master Key。

2. Master Key System 工作原理

万能钥匙的出现，使得一把钥匙打开若干把锁具得以实现，也使得人们使用建筑物的各项功能更加便利，而便利性的增加就意味着房屋安全性的降低，为了弥补这个短板，需要设计一个合理的万能钥匙系统。

万能钥匙系统内部有众多不同权限的万能钥匙，简单地说，能打开的锁具越多，权限越高。在日常使用中，根据相关人员的职能发放权限相匹配的万能钥匙，能够很好地平衡便利性和安全性。

当房屋内的设备发生故障时，维修人员需要在不同的楼层、不同的设备房间排查故障，设备维修人员只需要一把设备房的万能钥匙，就能很快到达设备维修地点，同时由于权限的限制，该设备维修人员是无法进入其他区域的，这就在提高便利的同时，保证了房屋内部的安全性。

4.32.3　Master Key System 的设计

1. 结构设计

Master Key System 是一个庞大的系统，设计过程繁杂而漫长。整个设计过程，最重要的就是结构设计，Master Key System 的结构类似组织架构（图 4.32-3）。

在设计初期，没必要把所有的钥匙全部都纳入 Master Key System，只需要确定万能钥匙管理系统的等级和功能区域的划分，一般功能区域的划分包括：楼梯、设备、电力、暖通、办公、核心区等等。每个功能区域就是一个小的万能钥匙系统。若干个简单的系统就可以组成一个较大的系统，二级系统并列就可以组成三级系统，三级系统并列就可以组成四级系统（图 4.32-4、图 4.32-5）。

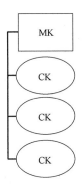

图 4.32-3　最简单的二级 System 结构

一般的万能钥匙系统不会超过四级，超过四级的系统不利于日常使用。等级超过四级的万能钥匙系统结构图会呈现竖向加长的情况，而拥有良好结构的万能钥匙管理系统，其

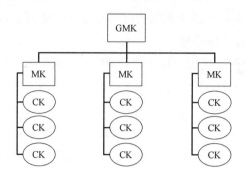

图 4.32-4　三级系统

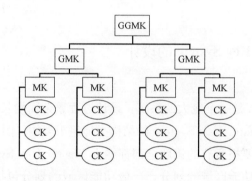

图 4.32-5　四级系统

结构图呈现扁长型，并且同一等级的万能钥匙的覆盖面接近相同。

在结构设计阶段，还应考虑有特殊要求的门锁。在屋内大面积的区域内，可能会分布若干个重要"节点"，这些门锁把大面积区域划分为若干个小区域。一般这类门锁具有防火防烟等功能，类似于屋内交通流要道节点的门锁，其安全性较高，把其纳入钥匙管理系统具有重要的战略意义，当建筑物内部出现火灾时，可把此类门禁的万能钥匙提供给消防人员，以便快速抢险，减少损失。由于此类门禁系统地位特殊，应当在最顶级万能钥匙下直接设置安全部门，把建筑物内部有特殊要求的门锁全部纳入此次级管理系统内，形成相对独立的安全分部管理系统。

2. 钥匙编码设计

就像每个人都有名字一样，每把万能钥匙也都应当有编码，这个编码就是这把钥匙的名字，编码对钥匙的意义如同名字对人的意义，这让万能钥匙有了生命。当拿到一把万能钥匙时，可以通过编码识别出其出自哪里，具有哪些权限等。

万能钥匙的编码一般由字母和数字组成。管理系统最顶端的万能钥匙，具有的权限最大，能开启该系统内所有的门禁，一般该把万能钥匙的编码用其英文名字 Grand Master

Key 的缩写 GMK 表示（图 4.32-6）。GMK 所在等级下，就是各分部万能钥匙系统，各分部万能钥匙受 GMK 的直接管辖，可用 Sub Master Key 的缩写 SMK 来表示，由于各分部部门较多，所以可用 SMK-1，SMK-2，SMK-3... 来表示。SMK 所在等级下，可能又分为若干职能部门，这时不能再使用数字来表示区分。如果 SMK1 下有三个职能部门，那么这三个职能部门的编码，应当遵循"父辈"SMK1 来命名，可分别命名为 SMK1-A，SMK1-B，SMK1-C。SMK1-A 下又可继续命名为 SMK1A-1，SMK1A-2...

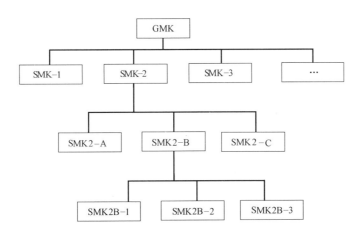

图 4.32-6　Master Key System 命名示例

在对钥匙进行编码设计时，应当避免使用数字 0，字母 Z、I、O 等，以避免混淆。值得一提的是，命名的方法不仅限于上述，只需遵循以下原则即可。

（1）在设计编码阶段，要充分考虑系统的扩充。因为万能钥匙管理系统的设计是动态设计，设计的过程中会不断添加和删除部分万能钥匙。

（2）遵循简单明了的原则。钥匙的编码不宜过长与复杂，万能钥匙的编码会写在钥匙上或者写在钥匙附带的标签上。当拿到钥匙时，可以根据编码清楚迅速地确定其在系统中的位置。

（3）字母与数字应当交叉使用。编码的设计与结构设计一致，编码图与结构图应当配合使用。

总之，编码设计的方法有很多，只要遵循以上原则，并在日常使用中能够便利使用即可。

3. 系统扩充

Master Key System 的设计是一个繁杂而漫长的过程，系统扩充也是设计过程中的一部分，在整个动态设计过程中，需要时时与业主沟通。在设计期间，锁芯的更替、门禁的增减、功能区域的变更等都会引起系统的变化，这些变化要在结构设计初期考虑周全，结构良好的万能钥匙管理系统是富有弹性的。

系统扩充过程是不断尝试的过程，在整个过程中，应当时时考虑以下几个问题。

目前这个系统的容量是多少？前文提到，当一个万能钥匙管理系统超过四级之后，就会存在多种多样的问题。设计初期系统的目标容量最好是当前容量的 1.5 倍左右，以便扩充。

是否所有的门禁全部纳入万能钥匙管理系统？在建筑物内部可能存在一些需要时时保持开启状态的门禁，例如楼层楼梯门、电梯大厅门、大门等，这些门禁是否有必要纳入万能钥匙管理系统？可以明确的是，并不是房屋建筑内所有的门禁系统都有纳入万能钥匙系统的必要性，需要根据业主要求进行适当调整。

在系统扩充中，怎样保证各分部万能钥匙覆盖范围大致相当？一个良好的系统，其结构形式是扁长型的，各个万能钥匙覆盖范围大致相当，在系统扩充中怎样保持这种状态，需要反复调试。

如何避免万能钥匙的覆盖面出现交叉现象？万能钥匙的覆盖面交叉现象是指，其中一把万能钥匙的某项功能被另外一把万能钥匙限制，使用改变钥匙的权限，需要另一把钥匙的批准。

常见的是储藏室中的设备间，按照 Master Key 的设计思路，设备间的万能钥匙能开启所有的设备房间，但是由于此设备间存在储藏室内，而设备间的万能钥匙无法开启储藏室的门禁，如果想要进入此设备间，就需要更高等级的 Master Key——能同时开启储藏室和设备间。这无疑大大减少了安全性，这是与设计的初衷相违背。有效的解决方法是，把该设备房纳入储藏室所在的 Master Key 内。

这种现象，在系统扩充阶段，经常发生，需要设计者反复比对，以减少此类现象的发生。

4. 万能钥匙管理系统设计

万能钥匙管理系统设计的初衷是平衡日常使用建筑时碰到的安全性和便利性矛盾，但通常仅限少数人员拥有使用万能钥匙的权力，这也是为了确保万能钥匙的安全。当一把万能钥匙丢失时，从实际意义上来说，其覆盖面下的门禁系统已经失效。因此很有必要，建立一套完整的万能钥匙管理系统来确保其安全。

（1）万能钥匙的日常储存

万能钥匙应当储存在专门的容器内，并有专门的安全人员看守。不必把所有的万能钥匙都存放于同一个地点，可根据职能区域的划分来存放相关的万能钥匙。万能钥匙的容器应当具有足够的安全特性，并且防火防尘。容器的万能钥匙容量应当充足，不仅能满足目前的存放量，也应当考虑后续容量的扩充。万能钥匙应当具备不可复制性，并且与其相连的标签，应当保证不会从钥匙上脱落。

与万能钥匙相关的借用和归还记录，也应当存放于专门的地方，有专门的安全人员看守。

（2）万能钥匙的借用与归还

应当建立一套完整的借用和归还制度，说明在何种情况下，何人能够借用万能钥匙。

万能钥匙的管理可看作是万能钥匙系统的售后服务，完美发挥万能钥匙系统的作用，需要一个健全的管理制度。在国际工程中，尤其是在所谓的"交钥匙"工程中，提交 Master Key System 和相关的管理制度，具有里程碑意义。

4.32.4 Master Key System 的应用

1. 分包的选择

在实际的工程应用中，Master Key System 的设计会贯穿整个施工过程，设计任务繁杂，绝不可能仅靠单一的分包就能完成。

首先，Master Key System 需要有专业的、具有设计经验的分包来完成。具有设计经验的分包知晓各种结构的利弊，能够针对具体项目在短时间能设计出具有良好结构的万能钥匙系统。除此之外，在钥匙管理制度的设计上，有设计经验的分包要更加全面和安全。

其次，所有纳入万能钥匙系统的锁具最好由同一分包提供。万能钥匙系统的完美发挥，需要软硬件的完美配合，系统层次的可行性必须依靠硬件层次的可行性，最顶级的 Master Key 必须能开启系统内所有的门禁，硬件上的支持必不可少。同一系统下的万能钥匙的工作原理是相同的，如果硬件上不支持万能钥匙，再好的系统也只是个样式，并不能实际应用。

最后，Master Key System 的硬件与软件最好由同一分包提供。一方面，专业分包能针对项目提供独一无二的硬件设施，提升建筑内部安全等级。另一方面，同一分包在设计软件系统时，能够充分运用硬件优势，反之亦然。众所周知，硬件能与软件形成互补，能够利用彼此的优点来弥补自身的缺点。所以，由同一分包提供软硬件，能够设计出软硬件适配最佳的 Master Key System。

2. 分包的协调

对于大型工程来说，建筑面积巨大，房间种类众多，门的种类也众多，很难由单独一家分包来完成所有的门类安装和门锁五金件的安装，往往为了便于协调，安装门类的分包也要负责安装所承包的门类锁具五金件的安装，这样虽然有效避免了门类与锁具五金产生的冲突，但很有可能导致万能钥匙系统下锁具五金件的互相不兼容。

在一个大型工程中，门类的制作与安装、锁具五金件的制作与安装、万能钥匙系统的设计全部都由同一分包完成，往往是不切实际的。在实际工程中，协调不同的分包来完成 Master Key System 是十分有必要的。

CBK 项目中，Master Key System 涉及的分包包括：Sadeer、Alico、KEI、DSC、ICC。其中 Sadeer 负责高档木门的制作与安装，Alico 负责玻璃门的制作与安装，KEI 负责铁门的安装，DSC 负责大部分隔断门类的安装，ICC 负责安全门的安装，同时还牵扯到 HoneyWell 所提供的万能钥匙储存箱（图 4.32-7）。

当开始设计 Master Key System 时，首先要统计所有相关分包采用的锁芯标准，只有采用统一标准制定的锁芯，才能纳入同一 Master Key System。各类门的安全等级不同，对锁芯的安全等级不同，所以在施工初期就应该与业主共同确定锁芯所采用的标准。其次，要统计所有分包承包的门类数目、种类、位置，与相关设计图纸对比，查漏补缺，防

图 4.32-7　万能钥匙储存箱

止错漏。

3. Key cylinder 审批

Master Key System 设计前，各分包必须要做的一件事是提交相关的 Key cylinder（锁芯）供监理审批。当确定各分包的承包范围之后，各分包就要报批承包范围内的硬件设备，包括锁芯在内的五金件等，通过 Key cylinder 的报批，可以确定，哪些门类是没有门禁系统的，在后期的系统扩充中可以明确各级万能钥匙所覆盖的范围（图 4.32-8）。

万能钥匙的设计过程是一个动态过程，Key cylinder 的报批也是一个动态过程，通过报批与监理形成沟通。一方面所有的分包都会提交 Key cylinder 的报批，监理可以根据各分包提供的报表，确认万能钥匙系统下的所有锁具是否采用同一标准，对不同标准会责令更改。另一方面，监理可以通过报表确认所有相关门类分包的承包范围，防止有部分门类不在承包范围内或者出现承包范围内的遗漏。

除此之外，各分包可以根据通过审批的 Keycylinder 报表，开始编制部分万能钥匙系统，可以有效缩短整个系统的设计周期。在 CBK 项目中，安全门的等级较一般的门类安全等级较高，其作为整个万能钥匙系统中的最大分支，由 ICC 编制完成，并提交监理审批。

4. Master Key System 审批

Master Key System 的报批在项目收尾阶段具有里程碑意义，CBK 项目是"交钥匙"工程，提交 Master Key System 可以看作交钥匙的一个重要标志。一旦 Master Key System 通过审批，下一步就是提交真正的钥匙，项目才算完成。但是 Master Key System 的审批是一个漫长的过程，不仅设计本身需要大量的时间去完善，报批之后监理也需要大量的时间去核验。一般来说，报批会经过四到五版的更新才趋于完善，所以万能钥匙系统的设计应当尽早进行。

在 CBK 项目，万能钥匙的报批资料包括：Master Key Plan，Mater Key Chart，Master Key Location。

Master Key Plan 是 MasterKey System 的主题结构（图 4.32-9），根据楼层区域功能

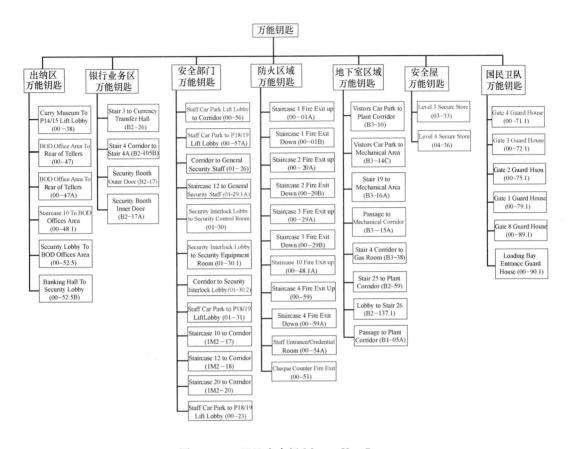

图 4.32-8　CBK 安全门 Master Key System

完成。由于此部分不含普通门禁，只表示各等级万能钥匙的覆盖范围，所以此部分可以较早完成并报监理审批。

Master Key Chart 是整个系统中最直观、最能体现各级万能钥匙覆盖范围的表格（图

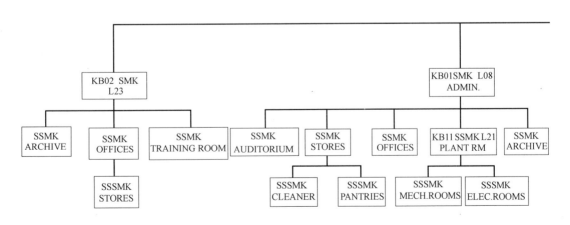

图 4.32-9　Master Key Plan For CBK（部分）

4.32-10)，其在实际应用中具有重要的指导意义。在 Master Key Plan 中划分的功能区域万能钥匙下，把各万能钥匙的覆盖区域用表格的形式来体现，能够较为清晰地表现出其权限的大小。需要指出的是，各万能钥匙"辖区"下的普通钥匙，并不是万能钥匙，在硬件上它们只是普通的钥匙。在日常存储和应用中，与万能钥匙不同，换句话说，它们并不在万能钥匙管理系统的制度内工作。

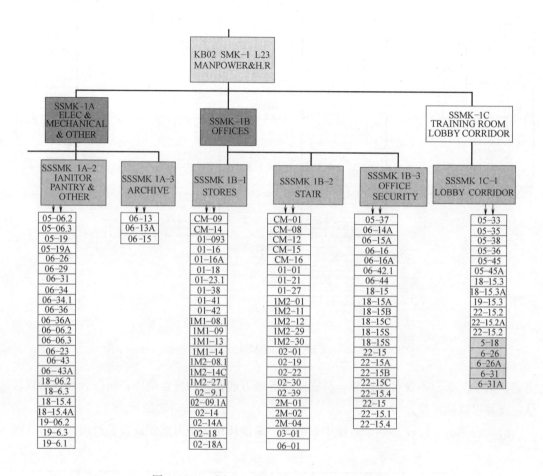

图 4.32-10　Master Key Chart For CBK（部分）

Master Key Location 是用来制作 MasterKey System 的重要工具（图 4.32-11）。可以说在整个万能钥匙系统的动态设计中，一直都是在不断修改和完善 Master Key Location，在提交监理审批的三项资料中，其他两项都是 Master Key System 的具体表现形式，只有 Master Key Location 是制作工具。

5. Masterkey 储存与使用

万能钥匙不同于普通钥匙，在日常使用中，不会轻易使用，只有特殊的人员有特殊要求时才能使用。万能钥匙系统的顶级万能钥匙，覆盖整个系统，权限最大，具有象征意义，一般由建筑物的业主持有，各项分部功能万能钥匙由部门负责人持有。

万能钥匙系统中的万能钥匙由单独的容器存放，与普通钥匙不同。普通房间钥匙由房

CENTRAL BANK OF KUWAIT - MASTERKEY

SUPPLIER	Door	SL No	Key Marking	DOOR LOCATION	GG MK	SMK1							SMK2											SMK3			
						1A			1B			1C	2A	2B			2C		2D			2E	3A			
						1A1	1A2	1A3	1B1	1B2	1B3	1C1	2A1	2B1	2B2	2B3	2C1	2C2	2D1	2D2	2D3	2E1	3A1	3A2	3A3	3A4
		1	B1-05A	PASSAGE	X												X									
		2	B1-08.1	L.V CLOSET	X														X							
		3	B1-08.2	ELEC. CLOSET	X															X						
		4	B1-09.1	FAN ROOM	X														X							
		5	B1-10.1	STORE	X									X												
		6	B1-16	L.V CLOSET	X														X							
		7	B1-17	ELEC.CLOSET	X															X						
		8	B1-18		X										X											
		9	B1-18A		X										X											
		10	B1-18.1	STORE	X									X												
		11	B1-18.2	HVAC F.A SHAFT	X														X							
		12	B1-18.3	HVAC FAN ROOM	X														X							
		13	B1-18.4	ELEC.CLOSET	X															X						
		14	B1-19.1	HVAC F.A SHAFT	X														X							
		15	B1-21	MECHANICAL ROOM	X														X							
		16	B1-22.1	HVAC SHAFT	X														X							
		17	B1-22.1A	HVAC SHAFT	X														X							
		18	B1-23	STORE	X									X												
		19	B1-23.1	MECHANICAL ROOM	X														X							
		20	B1-26	CP BAS. LEVEL1	X										X											
		21	B1-27.1	STORE	X									X												
		22	B1-28	STORE	X									X												
		23	B1-28A		X										X											

图 4.32-11　Master Key Location For CBK（部分）

间使用者持有，使用频率较高，对储存场所无特殊要求，就算丢失也不至于引起大面积的安全危机。万能钥匙不同，使用频率较低，只有在有限的情况下才供有限的人员使用，再加上其安全等级较高，一旦丢失会引起大范围的安全危机，所以万能钥匙在大部分时间会储存在较为安全的容器内。

在使用万能钥匙时，管理万能钥匙的人员应当充分了解各级万能钥匙的覆盖范围，严格遵循万能钥匙使用管理制度，只有使用人员的权限和万能钥匙的等级相匹配时，才能准许其使用万能钥匙。

万能钥匙的管理人员，应当对建筑物内部环境十分了解，熟悉各级万能钥匙的覆盖范围，当不同权限的人员借用不同等级的万能钥匙时，应当做出准确的判断，这需要管理人员仔细研究。只有如此才能保证万能钥匙在使用中的安全。

6. CBK 项目中 Master Key System 设计总结

由于 CBK 项目的特殊性，不仅包括一般的普通办公区、停车区，还包括安全等级较高的银行业务区和核心金库区。因此，CBK 的 Master Key System 也较一般的系统略为复杂。在整个 Master Key System 的设计中也碰到很多问题，引起问题的原因多种多样，这里一一列出，仅供其他工程参考。

分包多、门种类多、五金件标准不一。这是 CBK 项目 Master Key System 滞后的最大原因。究其原因，在项目初期总包方并未针对整个项目对此进行专门的研究，导致后期协调困难。应当注意的是，Master Key System 是一个整体系统，并不能仅靠分包就能完成。由于对此的疏忽，总包负有不可推卸的责任。

部分门丢失，门编号不同。由于 CBK 的门类分包有若干家，总包在各分包的承包范围划分时有误，造成部分门不在各分包范围内，自然也不会纳入万能钥匙系统内。此外，分包也会由于疏忽，遗漏部分门。当上述情况发生时，总包和监理就要花费大量时间，去一一核对。另外一个问题是门编号的不同，这种情况常见于分包所绘 Shopdrawing 和设计图的比对中。如果所有的门类分包全部采用自己的门号编码，那情况会更加混乱。最后一点是设计变更。CBK 项目的工期较长，在施工中经常会因为各种原因发生设计变更，门类的设计变更，未及时在 Master Key System 的设计中体现出来。

Master Key System 制作开始较晚，各分包协调不足。前文提到，Master Key System 是一个动态设计过程，在设计过程中会发生很多变化，因此设计要尽早开始，并且在设计初期就应该考虑到后续的诸多变化。CBK 项目的 Master Key System 较为复杂，应当尽早开始设计。在设计开始之后，应该通知各分包，要求各分包尽快提交相关资料。万能钥匙无论是设计，还是审批都需要大量的时间去一一核对，所以应当尽早开始相关研究。

4.32.5　Master Key System 未来展望

毋庸置疑，随着科技的不断进步，Master Key System 的应用场合会越来越多，其中的科技含量也会越来越高，若干年后的 Master Key System 绝不是现在这个样子。

1. 材料改革

可以预见的一个趋势是，门禁系统的改革正在从机械化转变为智能化。电子门禁的出现大大增加了人们的便利性，而且也比一般的机械门禁安全性更高。这非常符合 Master Key System 的要求，可以说这正是万能钥匙系统的发展趋势。现在已经出现 ID 卡、指纹甚至能识别虹膜的门禁系统，金属钥匙正在逐步淘汰中。底层材料的变革，必然会引起顶层结构的变革，当使用更为科技的门禁系统时，万能钥匙系统的结构也会随之发生变化。

2. 结构变革

未来的 Master Key System 会更加智能化，结构形式会更加多样化。目前的酒店已经开始大规模使用电子门禁系统，不同的人使用不同的 ID 卡，而每张 ID 卡的权限都能在后台计算机上进行设置。在此类万能钥匙系统中，这种权限的发放不仅能在后台人为控制权限的大小，还能控制权限的有效期，这是一般机械原理支撑的万能钥匙系统不能比拟的。如果电子门禁的后台系统更加完善，万能钥匙的管理人员，甚至能在后台时时监控每张 ID 卡所处的位置。

电子系统的另外一个优势是无限扩充性，由电子门禁组成的万能钥匙系统无需担心系统的容量，只要接入后台系统，就纳入了万能钥匙系统。而且，在万能钥匙的管理中，也注定会更加智能化。

4.32.6　结论

目前许多酒店已经在使用万能钥匙系统，其效果已经得到认同。再加上建筑物的趋势也是朝着大型建筑、大型建筑群发展，万能钥匙系统的应用场所肯定会更加多样化。CBK 是一个大型项目，其安全特性和功能特性都是很复杂的，直接导致整个万能钥匙系统也是极其庞大和复杂的，研究 CBK 的 Master Key System 对其他工程的万能钥匙系统具有指导意义。

回看整个研究过程，其中不仅有技术方面的涉猎，对万能钥匙系统的工作原理、设计过程、日常管理等有了进一步的了解；在项目管理上也有不少体会，对总包的职责、分包的选择与协调等也有了贴合实际的看法。

在本次针对 Master Key System 所做的研究中，所用的研究方法、整个研究过程，相信对以后的研究也会有重要的指导意义。

4.33 开放式外墙干挂石材施工

4.33.1 工程概况

科威特中央银行新总部大楼（简称 CBK）位于科威特城海湾大道，北面朝向科威特海湾，与首相府等政府部门以及国家大清真寺为邻，地理位置十分重要。该建筑由 HOK 公司设计，大楼的帆船造型创意来自于科威特传统行业——航运贸易，寓意科威特中央银行所代表的科威特国民经济一帆风顺，蓬勃发展。

CBK 项目塔楼结构高约 239m，地下 3 层，地上 40 层，总建筑面积约 16 万 m^2。北立面结构为斜肋钢管柱，装饰面主要为玻璃幕墙，两边轮廓配以石材装饰。西南及东南立面结构是混凝土剪力墙核心筒，以石材作为饰面。塔楼顶部（Lantern 区域）以钢结构为支撑体系，由玻璃幕墙和透明石材百叶作为饰面。裙楼部分由钢筋混凝土和高大门式桁架组成，装饰面多为石材，配以少量铝合金百叶和格栅。

4.33.2 研究内容

该工程外墙除塔楼北面主要为玻璃幕墙外，塔楼东南面、西南面、报告大厅、停车场、concourse、银行大厅等区域均采用具有阿拉伯风味的米黄色石材 Moca Cream（以下简称：ST4 石材），该石材属于高密度石灰石，由葡萄牙出产，意大利加工而成。总量约 55000m^2。CBK 项目的石材用量大、分布广，且安装方法根据主题结构位置而有所不同。塔楼石材及裙楼石材分布见图 4.33-2 和图 4.33-3。

本文就 ST4 石材部分，对该石材的性能、本工程应用到的四种施工方法及出现的问题进行整体的介绍。

4.33.3 材料选择

1. 石材性能要求

用于外墙的装饰石材，在硬度、密度、石材纹理（水平）、表面加工类型、颜色种类

(a)　　　　　　　　　　　　　　　(b)

图 4.33-1　CBK 塔楼

(a) 北立面；(b) 南立面

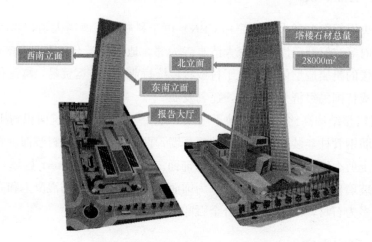

图 4.33-2　塔楼石材分布

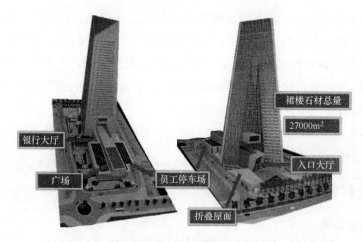

图 4.33-3　裙楼石材分布

及颜色深浅等都符合监理提供的样品的要求。而且所有石材应产自同一矿区，不得有任何影响其强度、耐久性以及外观的缺陷。

根据合同的要求，该外墙石材需满足以下物理和化学特性（表 4.33-1）：

石材特性要求　　　　　　　　　　　　　　　　　　表 4.33-1

石材名称	Moca Cream	
石材类型	高密度石灰石	
物理特性	硬度	3～4 莫氏硬度
	石材密度	2500～2650kg/m³
	抗压强度	1800～2100kg/m²
	吸水率	≤1%
	孔隙率	很小
	耐候性	耐候
化学特性	Lime(CaO)	380%～42%
	Silica(SiO₂)	20%～25%
	Alumina(Al₂O₂)	2%～4%
	其他氮化物(Na、Mg 等)	1.5%～2.5%
	烧失量(LOI)	30%～32%
表面处理工艺	亚光面	—

基于以上要求，CBK 项目外墙石材选择了葡萄牙出产的石灰石 Moca Cream，并由意大利 SAVEMA 公司负责加工成亚光面并符合要求的尺寸。

石材的规格以厚度划分为三类：40mm、80mm 和 120mm。其中 40mm 厚的石材使用最普遍，标准板的尺寸为 40mm×910mm×1490mm；80mm 厚的石材用于景观区；120mm 厚的则是 fins 系统的窗侧板（图 4.33-4）。

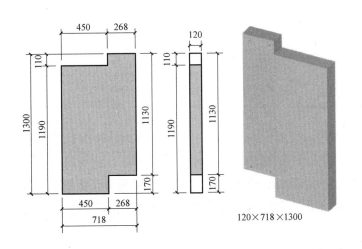

120×718×1300

图 4.33-4　fins 系统窗侧板

2. 石材形状和编号

根据区域划分，每块石材都有对应的编号，以满足石材尺寸、纹理及颜色等排版要求。

除标准石材外，一些非标准石材需根据施工图进行现场切割，以满足实际的需要，如图 4.33-5 所示。相邻石材因各自位置及尺寸不同，交接边的形状也有所不同，如图 4.33-6所示。

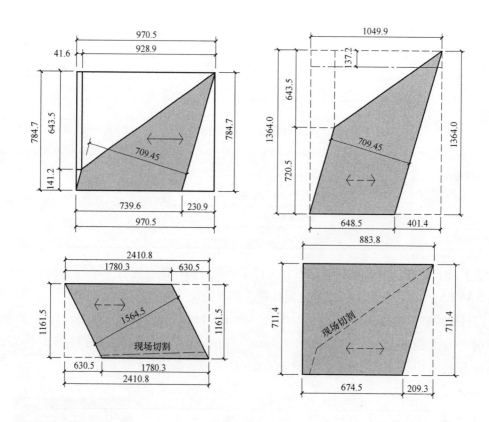

图 4.33-5　非标准板石材

4.33.4　石材的四种施工方法

CBK 项目的外墙石材一共用到四种施工方法，其中有目前较为新颖流行的开放式背栓干挂法，节能环保的石材架空法，传统的插销式干挂法以及湿铺法。在建筑结构的不同位置选择合适的安装方法，既能达到建筑质量和美观的要求，又能提高安装效率，节约成本。下面就根据 CBK 项目的实际情况，介绍这四种石材施工方法。

1. 开放式背栓干挂法

该安装方法主要用于塔楼和裙楼的立面。

（1）受力构件安装

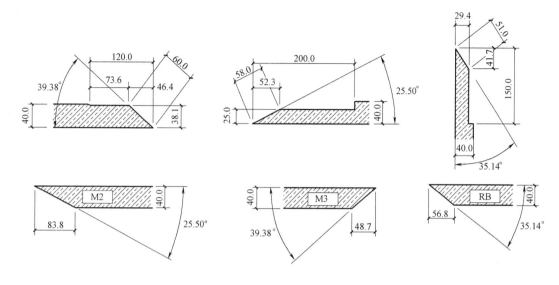

图 4.33-6　不同形状的石材棱边

本工程的挂件系统由 GS Engineering 公司负责设计验算，Facade Solutions 负责挂件系统的材料供应，ISG 公司负责挂件系统图纸提交及现场安装工作。

1）锚栓

背栓石材采用 GSE 锚栓，不同于一般的膨胀螺栓，GSE 植入后，与钻孔有一定的间隙，可以自由旋转，不对孔壁施加预应力，不挤压石材（图 4.33-7）。

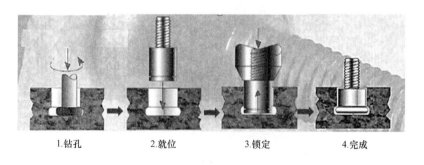

1.钻孔　　　　2.就位　　　　3.锁定　　　　4.完成

图 4.33-7　GSE 锚栓操作步骤

2）背栓构件及龙骨

本工程采用背栓式外挂石材幕墙，即每块石材面板后部安装有 4（或者 8）个背栓与石材相连，再通过挂件与调整好的龙骨相连（图 4.33-8）。

石材接缝处做开缝处理，从石材外表面看不到挂件，使石材表面更加美观。

（2）性能特点

1）节能环保

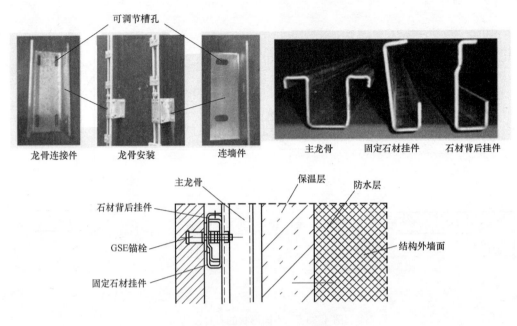

图 4.33-8　背栓构件及龙骨

　　开放式石材干挂法即石材板块之间不打胶勾缝，石板间有一定间隙，且石材板块背后留一定宽度的空隙，保证石材背后的空气能自由流通。CBK 项目的干挂石材，相邻石板间都有 10mm（局部 5mm）的板缝。石板通过背栓构件安装在钢龙骨上，距离结构表面约 100mm，形成一定的气流空间，以满足气流通过（图 4.33-9）。

图 4.33-9　开放式石材干挂法

同时石材也起到了遮阳板的作用，由于石材与隔热层之间的空腔通过板缝与外界相连，这样当太阳照射时，石材面板吸收的热量不会像传统的干挂石材那样集聚在封闭的空腔内向内层传导，而是通过空腔形成的"烟囱"将热量排出去，从而达到节能的作用；另外，由于采用开放的构造，石材背后的潮气可以很快排出，从而减少对保温性能的影响，还可以延长保温层的寿命（图 4.33-10）。

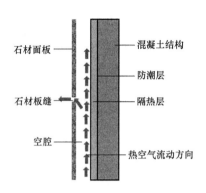

石材面板　混凝土结构　防潮层　石材板缝　隔热层　空腔　热空气流动方向

图 4.33-10　外墙干挂石材构造

2）受力更合理

相对于托板式石材幕墙，背拴式石材幕墙螺栓固定在石材的背面，而不是固定在石材的边沿，减少了侧向受力跨度，从而减小石材支撑点及跨中的弯矩值和产生的应力。

采用背栓式固定受力模型，最大应力可能出现位置如图 4.33-11 所示。

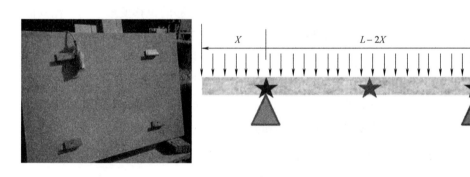

图 4.33-11　采用背栓式固定受力模型

应力计算如下：

$$M_1 = \frac{1}{2}qx^2$$

$$M_2 = \frac{1}{2}qL\left(x - \frac{1}{4}L\right)$$

$M_1 = M_2$，此时石材内产生的应力最小

$$x = 0.21L, M_1 = M_2 = 0.029L^2$$

采用传统托板式受力模型，最大应力可能出现位置如图 4.33-12 所示。

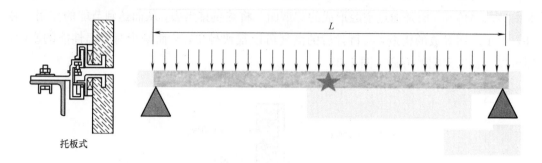

托板式

图 4.33-12　采用传统托板式受力模型

$$M = \frac{1}{8}qL^2$$

两种最大应力对比：$\dfrac{M_1}{M} = 0.16$

在相同建筑要求下，采用背栓式固定受力模型降低了对石材力学性能的要求，使建筑设计人员对材料选择的范围扩大了，或在同样的材质情况下，可以增大板面尺寸，满足建筑设计要求。

3）抗震性能

背栓式结构将石材面板独立分解开，各面板自成独立连接体系，相邻板块间不传递荷载作用，板块与骨架之间仍设计成活动连接，可保证面板有足够的位移变形空间，比其他的结构具备更好的位移变形性能和抗震性能。

4）便于拆卸

石材排版设计时，相邻石板间有 10mm 的接缝。在石板破损维修时，只需将其上块面板上移 5mm 左右，再将破损的板块抬高 10mm 以上即可拆下，安装时也采取同样的方法。这样就能方便石材更换，从而长期保持幕墙的完好，而一般幕墙结构的板块间都通过胶连接，难以独立拆卸，而且接缝打胶处理也会增加工作量。

（3）施工步骤及要点

墙面基层处理→分格放样→预埋件处理→龙骨架安装→验收骨架平整度及牢固性→石材安装→石材修补、清理→检查验收（其间与避雷带设置、雨水板安装、保温板安装等交叉作业，这里不做介绍）。

外墙的不同部位，石材的尺寸有所不同，墙面有变化、窗洞口较多的地方，石材尺寸更是多样。挂件系统的安装位置对石材的安装位置有直接的影响，为确保石板能精确符合施工图的位置要求，首先需要对挂件系统进行准确的放线定位。

横向控制线：用水准仪引测 8m 标高线作为主基准线，然后以楼层为单位设置横向基准线。横向分格由外墙顶面开始，以两块标准石材设计安装高度值作为分格单位，自上而下进行，并利用每层的基准线进行微调，消除误差。

竖向控制线：首先应对原结构偏差进行了一次系统测量，分析了实际尺寸和设计尺寸的偏差值，如果现场实际尺寸偏差比较小，可利用挂件的可调节距离来消除偏差，否则就需要对结构进行处理。通过现场实测发现，混凝土剪力墙向外偏移了15cm，与设计的外墙石材面的净距只有1cm，这样保温板和挂件都无法安装。因此我们将石材外立面向外移8cm，这样净距增加至9cm，然后将挂件尺寸缩小到9cm，这样就能消化结构外墙15cm的偏差。

以标准板石材为例。挂件中龙骨开孔的位置由石材背栓的位置决定，经受力分析，当石材板面开孔的位置横竖向约在0.21L（长或宽）处时，石材内应力最小。石材标准板尺寸为1490mm×910mm×40mm，因此龙骨开孔间距为380mm、530mm，相邻龙骨间距为870mm、620mm。龙骨以3420mm、4360mm两种长度居多。龙骨安装质量直接影响到石材的干挂效果。龙骨安装不牢固容易产生安全隐患，龙骨安装如果不在同一个平面上，容易造成石材表面不平整、石材拼缝不合格等缺陷。所以，我们充分利用了前人的施工经验，建立了从龙骨安装到石材饰面安装质量控制的双级控制网。

一级控制网：确定主龙骨的型号、位置。根据分格来确定主龙骨的型号规格，并给龙骨编号，以保证所加工龙骨使用部位无偏差。安装过程中，严格与分格线相对应并拉线控制，确保安装龙骨在同一平面，安装完成派专人逐层检查，并做好记录。

二级控制网：外饰面石材板的干挂质量控制。本道工序直接影响到以后石材干挂饰面的感观效果。所以，我们采用样板先行的原则，挑选适当位置作为样板，进行部分石材干挂作业，根据样板施工的效果不断改进以提高施工工艺。

（4）安装难点

标准板的尺寸相同，为提高安装效率，安装时没有完全严格按照石材编码进行，导致石材整体纹理及颜色有所偏差，后期调整造成返工。

石材自重大，塔楼高处的操作平台有限，且易受天气影响，安装进度较慢。

2. 石材架空法

该安装方法主要用于塔楼和裙楼的屋面。

（1）材料及结构性能特点

架空屋面的节能原理与上述开放式背栓干挂法基本一样。其气流空间由竖向变为水平向。受力结构变为万能支撑器，该支撑器是可按需求调整高度的，如图4.33-13所示。

石板支撑在基座上，形成通风层，一方面利用石板遮挡阳光，避免太阳辐射直接作用在屋面；另一方面利用风压和热压作用，将石板上下表面的热量随空气带走，减少室外热作用对室内的影响。

（2）优缺点

相比背栓式干挂法，该施工操作极为简单，施工步骤仅为：定位放线，确定基座的位置；根据场地特点，调整基座高度；依次铺垫石板，调节基座高度使石板安放水平，如图4.33-14所示。

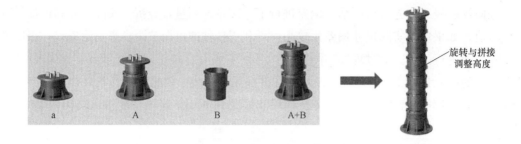

图 4.33-13　万能支座

图 4.33-14　礼堂屋面和种植屋面的石材架空应用

架空结构石板用到的支撑材料只有万能支座，其构件简单，操作容易，经济高效。但是，由于基座底部与屋面、石板与基座顶部的连接力有限，该方法只适用于水平面或坡度较缓的平面（CBK 项目坡度较大的折叠屋面就不适用该方法，依然采用开放式背栓干挂法）。

3. 插销式干挂法

本工程中，该方法多用于高度较低的石材立面。

（1）安装方法

该方法是通过开孔设备，在石板棱边（或石板中部）加工出圆孔，将销针植入孔中，并用干挂胶把挂件包裹。把"L"型板材通过膨胀螺栓固定在墙上，作为石板的支撑结构，如图 4.33-15 所示。

（2）安装特点

该方法对石材的加工损耗较大，基本不再采用。但相比背栓式的安装方法，该方法简便一些，也节省龙骨等构件材料，而且本工程所用石材硬度较大，厚度也达到 40mm，能比较明显地降低石材损耗。所以，在本工程中操作空间较大的低处，仍选用该安装方法。

4. 湿铺法

用于景观区和种植屋面的石材压顶。这里对湿铺法的施工工艺不做论述，主要讨论本工程应用湿铺法出现的问题。

图 4.33-15　插销干挂法的应用

湿铺法作为最常见的石材/瓷砖铺设方法，主要优点是造价低。在景观区，对石材的安装方法没有特别的要求，于是选择最简便与经济的湿铺法。但是由于对水泥砂浆的种类选择上出现失误，且未对石材侧面进行保护（石材原本已在背面涂刷树脂胶，并贴以化纤网格布，形成抗拉防水层），导致石材铺设完后，石材边缘出现泛碱现象。

（1）石材泛碱

泛碱现象是由于施工前没有对石材边缘进行必要的防护处理，石材边缘与水泥直接接触，水泥中的盐碱物质进入石材，并随水一同到达石材表面，水蒸发后盐碱物质停留在石材表面，形成白色粉末（白色粉末的主要成分有 $NaOH$、$Ca(OH)_2$、Na_2O_3、$CaCO_3$、$MgCO_3$ 等），破坏石材表面光泽，影响石材美观，如图 4.33-16 所示。

图 4.33-16　石材泛碱

（2）预防措施

石材一旦出现泛碱现象，由于可溶性盐碱物质已沿毛细孔渗透到石材内部很难清除，故应重点预防。对于本工程的特点，可以选择以下预防措施。

1）使用防碱背涂剂

在石材背面和侧面（本工程主要是石材侧面）背涂专用处理剂，该溶剂将渗入石材堵塞毛细管，使水、盐碱物质等无法侵入，切断泛碱现象的途径。

2）减少盐碱物质的析出

在铺贴用的水泥砂浆中掺入适量减水剂，以减少盐碱物质的析出，粘贴法的砂浆稠度宜为 6～8cm。或者采用水泥基商品胶粘剂（干混料），其良好的保水性能大大减轻水泥凝结泌水。

4.33.5　结论

以上主要介绍了外墙 ST4 石材的性能及四种安装方法，该工程的实践获益匪浅，但这还远远不够。石材的运输管理，到场贮存，商务索赔等方面都是值得研究的。

科威特中央银行新总部大楼作为科威特的新地标建筑，是标准的国际承包项目，不仅建筑设计风格新颖，而且有很高的技术含量。该工程涉及许多专业：斜钢肋柱，透明石材，地面送风系统，门禁系统，盔甲涂层，移动隔断，不断电源系统，监控系统等等。这些都是宝贵的工程实例，而且触手可及，值得我们去学习研究。

4.34　半透明石材在幕墙及天窗施工技术

4.34.1　项目概述

科威特中央银行新总部大楼位于科威特繁华地段，北朝世界闻名的波斯湾。北立面由裸露的斜肋钢管混凝土柱外加单元式封闭玻璃幕墙组成，玻璃幕墙 3 层以下区域用于塔楼首层入口大厅（Entrance Hall）至 2 层自助餐厅（Cafeteria）区域的采光部分，由于当地特有的高温气候，直射的阳光容易对人体造成高温灼伤，于是我们使用半透明石材对幕墙及天窗内侧进行遮阳装修处理，在保护人体的同时营造出高大上的艺术氛围。施工区域如图 4.34-1 所示。

4.34.2　半透明石材在幕墙及天窗中的作用

本项目中，玻璃幕墙具有轻质易施工的特点，同时在功能上便于塔楼的采光，在美学上能够突出北立面结构的强硬肌理，形成独有的结构美学。但是考虑到当地沙漠气候的高温天气，我们需要对玻璃幕墙内侧做进一步的处理。半透明石材安装完成后，不仅能够避免阳光直射、过滤强烈的紫外线以免灼伤人体，同时半透明石材的魅力必须通过光线才能传达出来，所以最终也利用了强光在塔楼内部的入口大厅至自助餐厅区域内形成美轮美奂的艺术效果，可谓一举多得。

4.34.3　施工所用材料

1. 镀锌钢管

钢管主要用于构成幕墙的龙骨部分，壁厚为 3～4mm，长度根据实际情况进行切割。根据粗细程度，钢管材料类型主要分为两种：

（1）$D=140mm$ 的钢制管材，用于拼接幕墙二次龙骨，是幕墙龙骨主要构成部分；

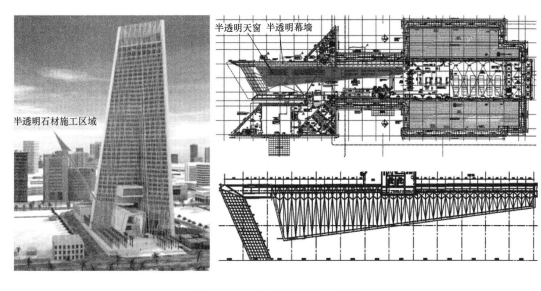

图 4.34-1 半透明石材施工区域

（2）$D=108$mm 的钢制管材，主要用作与二次龙骨连接，为焊接挂件提供传力构件。

2. 石材挂件与螺栓

（1）挂件的类型

材料为镀锌钢管，按应用区域分为两种类型，如表 4.34-1 所示。

挂件的类型 表 4.34-1

图例 描述	类型	应用区域	直径	厚度	长度
	闭口式	天窗	40mm	2～3mm	参照实际需要
	开口式	幕墙	40mm	2～3mm	参照实际需要

（2）螺栓

螺栓与挂件的关系如图 4.34-2 所示。

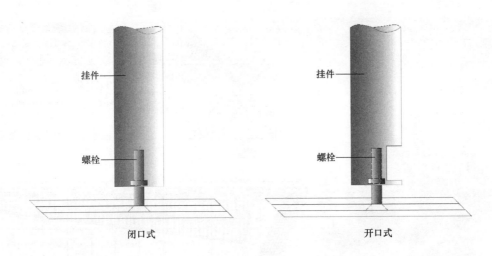

闭口式 开口式

图 4.34-2 螺栓与挂件

3. 半透明石材

板材材料构成如表 4.34-2 所示。

板材材料构成 表 4.34-2

材料图片	名称	材料说明	供应商
	石材	选择土耳其的天然白色玛瑙石（White Onyx Turkey），运至意大利工厂切割加工	SAVEMA
	超白玻璃	选择 SSG Diamant Glass，一种低铁玻璃，透明度高	Seeberger-Teich/ Bivetec
	玻璃胶	选择 Evasafe 专业玻璃胶，提供玻璃与石材的粘结	BRIDGESTONE

（1）石材

石材主要成分-缟玛瑙（ONYX）是混有蛋白石和隐晶质石英的纹带状块体，硬度 7～7.5 度，比重 2.65，色彩相当有层次，多呈现平直排列带状条纹纹路。缟玛瑙因其拥有不同颜色的色层，常用作浮雕，也因其透光性用于高档室内设计材料。作为室内设计材料的半透明缟玛瑙通常会经过高度抛光，使之更为半透明，天然缟玛瑙的颜色主要有白色、黄色（蜂蜜色）、褐色、粉红色。目前最受欢迎的是白色和蜂蜜色，后者添加了铁氧化物，在化学上类似于白色缟玛瑙。经常有半透明或不透明的。常用做饰物或玩赏用。

缟玛瑙作为一种室内设计材料在高档住宅市场上受到消费者的喜爱，原因在于其透光性。相对于其他天然石材来说，缟玛瑙比较罕见，这也是其价格昂贵的原因之一。缟玛瑙通常是高度抛光以提高其天然的半透明性，从而使缟玛瑙成为独特的天然石头和优秀的室内设计材料。缟玛瑙制成的薄面板也曾充当有色玻璃，同样得益于其透光性。

为提高艺术观赏性，本工程采用的是蜂蜜色缟玛瑙，工程前期石材由 Seeberger-Teich 公司提供，后期石材改由 Bivetec 公司提供。

（2）超白玻璃

SGG 钻石牌是一种高透明的超白玻璃（图 4.34-3），只有很少的残余颜色。该种玻璃有独特的外观和特殊的光学特性，其超低的铁氧化物含量赋予其最好的透明特性。

SGG 钻石牌玻璃因其透明外观和光学特性使其可用于：①博物馆：展览和保护展品，几乎不会出现颜色失真。②建筑和家具：具有比 SGG PlUNILUX 玻璃更好的透明度和中性（neutrality）。

图 4.34-3　超白玻璃

SGG 钻石牌玻璃和普通的浮法玻璃相比有以下优点：①极好的透明度。它的透光率比常见的玻璃好，尤其是使用超厚的基底和装配（assemblies）；②高度的透光中性。最佳的色彩表现和对比。保证物体的颜色保持生动自然。这一特性对博物馆展和珠宝店的展览柜等非常重要；③几乎无色：当被用在厚的结构中时（例如 SGG STADIP PROTECT 层压玻璃），超白玻璃会使成品近乎无色；普通浮法玻璃固有淡绿色，并且在更厚的时候更容易显现出来，而超白玻璃大大减少这一现象；④亮度和深度：因为边缘没有绿色反光，当 SGG 钻石牌被用于喷漆或搪瓷的玻璃产品时会呈现特别的亮度和真实色彩，当使用白色喷漆和搪瓷时，这一特性极为明显。

使用厚度范围：SGG 钻石牌在 3～19mm 厚度内可用，如表 4.34-3 所示。

使用厚度范围

表 4.34-3

厚度(mm)	厚度公差(mm)	标准尺寸(mm)
3、4、5、6	±0.2	6000×3210
8、10、12	±0.3	6000×3210
15	±0.5	6000×3210
19	±1	6000×3210

本工程采用双层厚 5mm 超白玻璃作为石材垫层。

(3) 玻璃胶

Brigestone 公司的电器部门为玻璃层压产业提供 EVASAFE 和 EVASKY 两种基准产品。24 年来，EVASKY 已经被用于上亿平方米的光电层压板上并表现出无与伦比的性能。

EVASAFE 是适用于建筑及带花形图案玻璃层压板产业的最万能通用的夹层。它为各部件提供一种特殊的组合。对玻璃和其他材料有很强的粘接性，很高的湿度计温度稳定性，以及许多其他特性，以满足玻璃层压板日益苛求的应用范围的要求。EVASAFE 可以用带真空系统的高压炉和非高压炉加工生产。EVASAFE 符合通常测试标准的要求（例如 EN ISO-12543-4）。

EVASAFE 通过表 4.34-4 所列的性能及保险测试，没有出现可见的破坏。

性能及保险测试

表 4.34-4

实验规范	EN ISO-12543-4	Brigestone Japan
烘烤测试	—	130℃×10h
沸腾(煮沸)测试	100℃×2h	100℃×2h
高温测试	—	85℃×90d
高温＋湿度	50℃×100% r·h×14d 50℃×80% r·h×14d	60℃×95% r·h×90d
温度循环	—	−40℃←→90℃×90d (循环周期 6h)
紫外测试	900W/m²×2000h 包含 11% 紫外线	超强紫外 1000W/m²×100h 包含 100% 紫外线

4.34.4 安装设备

施工过程中用到的装置主要有：玻璃吸盘，枕木，吊装设备，切割机，焊接机（配焊条），如图 4.34-4 所示。

图 4.34-4　安装设备

4.34.5　图纸设计

首先，所有合同图纸审批通过后，由分包商 SAVEMA 公司根据相关的合同图和钢结构专业施工图绘制出半透明幕墙及天窗的平面图、立面图、剖面图、节点图以及三维立体图，用来确定所用复合板材的位置、尺寸、接缝形式以及锚固点，保证整体上的完整性与稳定性。

然后，SAVEMA 公司对图纸中相对独立的每一整块板材进行再分块并编号绘制成切割加工图，并用表格列出所有不同编号的板材的尺寸，用来指导板材加工工作，并且保证施工时每一块板材都能对号入座，同时也方便物流运输过程中的汇总管理。

最后，由 ISG 公司结合相关合同图、SAVEMA 公司的半透明幕墙天窗施工图和钢结构专业施工图为基础，在钢结构与板材之间进行二次结构（钢管龙骨）和挂件的设计，确定出二次结构的准确位置以及所需钢管的尺寸，绘制出龙骨二次结构的专业施工图。

（1）半透明板材施工图

施工图见图 4.34-5 所示。

作用：保证墙面板材的整体性；指导现场板材按照编号完成施工安装。

（2）半透明板材切割加工详图

详图见图 4.34-6。

作用：指导板材加工；当出现石材无法正常安装时，校对板材尺寸。

（3）支撑体系（即幕墙龙骨）施工图

施工图见图 4.34-7。

作用：指导现场对二次龙骨进行定位、安装。

4.34.6　施工安装

1. 支撑体系施工

支撑体系的施工主要分为三个步骤：定点、放线、安装。

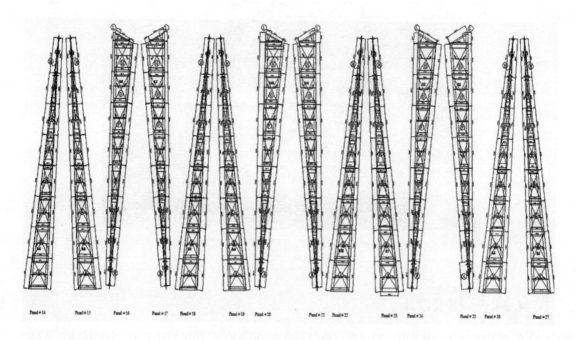

图 4.34-5　半透明板材施工图

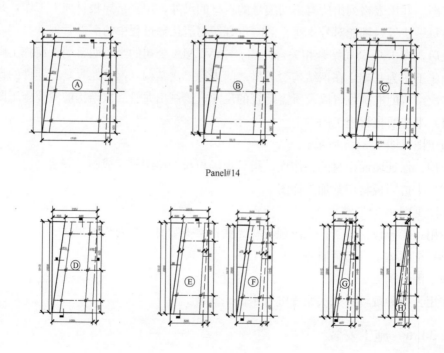

图 4.34-6　半透明板材切割加工详图

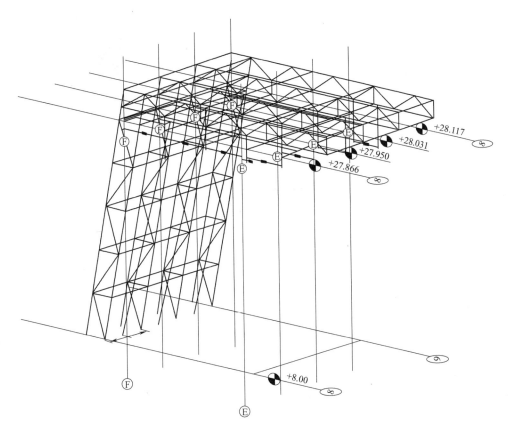

图 4.34-7　支撑体系（即幕墙龙骨）施工图

（1）定点

由于整个支撑体系与地面呈 82° 倾角，所以定位工作相对比较烦琐。在材料到场后，由工程师根据点参考（Point Reference）表格，指导工人到现场确定每一根二次龙骨钢管应在空间位置。

以 8 轴之上的某根钢管为例。在对顶（A）、底（B）两点进行定位过程中，主要涉及 4 个参数，即顶点和所在平面中原钢构构件之间距离，底点与所在平面中与原钢构构件、横纵轴线之间距离。如图 4.34-8 所示，①构件为原有钢构构件，②构件为支撑体系中的二次龙骨构件。

（2）放线

定点完成之后，使用红线连接各点，并用铆钉将线固定在地面或原钢结构构件上，以保证安装过程中管材方向得以及时矫正，最终安在正确的位置。

（3）安装

根据定位放线，初步确定所需管材的长度尺寸，使用切割机进行准确切割。在实际安装过程中，可根据现场情况对管材再切割或再焊接。

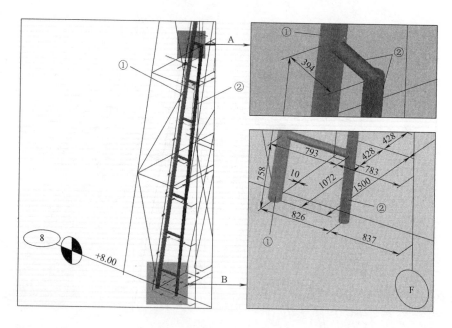

图 4.34-8　定点

2. 石材与挂件安装

石材与挂件的安装是相互交替进行的，往往是先将石材预放置在需要安装的位置，然后根据石材与龙骨之间的距离，预估所需挂件长度及位置，再将石材取下，依次安装挂件、石材。

（1）石材定位

首先，根据石材的点参考（Point Reference）表格，确定石材角点所在位置。根据经验，每一组石材中，只要首、尾两块石材中的 3～4 个角点位置根据其至相应轴线或龙骨的距离确定之后，通过放线的方式就可确定中间部位石材的位置（石材之间的间距根据膨胀冷缩需要，只需预留 7mm 即可）。

（2）安装挂件

在挂件位置、尺寸确定好之后，对原挂件进行适当切割直至符合现场情况需要，然后由熟练的焊接工人将其直焊在龙骨上，焊接方式采用角焊缝形式。挂件的安装，分为两个阶段（图 4.34-9）。

首先是半焊阶段（Half-Wedding Phase），此阶段的设立主要是为了防止由于位置不合适而反复焊接导致对龙骨的破坏。这个阶段对焊工的技术要求往往不是那么高，而且考虑到焊接处的受力，焊接的方位最好选取在焊缝上方。

之后是满焊阶段（Whole-Wedding Phase），这是在石材位置最终确定无误之后进行的，对焊工的要求较高。满焊阶段对于整体安装来说很重要，其决定了后续的验收过程中能否得到监理的认可与通过，如果未能通过，则需要将挂件、石材拆除重新安装，影响项目进程。

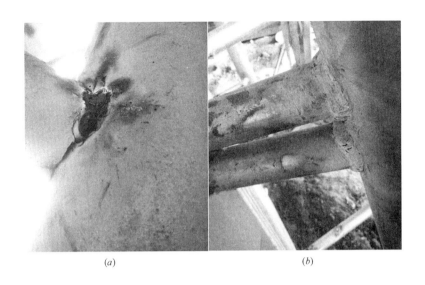

图 4.34-9　焊接

（a）半焊；（b）满焊

（3）安装石材

如图 4.34-10 所示，在石材玻璃面分布有数目不等的下凹螺母（Groove Anchor Bolts），螺栓剖面呈梯形状，旨在增大石材内部受力面积，使得在等矢量力作用下，石材受力均匀、不易受拉力发生破坏，从而起到稳固石材的目的。

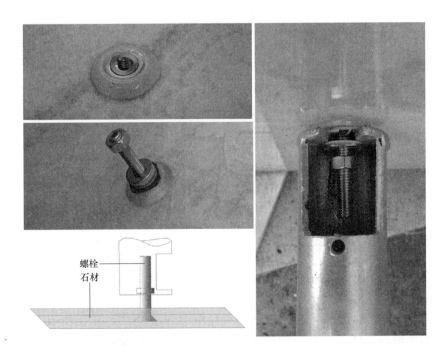

图 4.34-10　安装石材

与螺母相对应的是螺杆，主要作为传力构件将石材自重传给挂件，最终通过龙骨将力传达至地面。

采用这种方式连接的目的在于能够灵活地调节石材与龙骨之间的距离，同时便于拆卸和再安装。

值得注意的是，拧紧螺栓的过程中，要时刻注意石材玻璃面内所有螺栓之间的平衡关系，切勿使它们之间受力不均，导致石材本身失衡，最终发生翘曲甚至破裂。

4.34.7　难点汇总

1. 石材到场

施工过程清晰明了之后，并不意味着工程能够顺利进行。其中石材到场在整个项目进行过程中的作用可用一句话来概括，即"巧妇难为无米之炊"。在此项目中，进展延误往往不是技术层面的问题，而是材料本身的问题。现概括如下。

（1）石材破损（Damaged）

石材自德国启程，经海运或空运抵达科威特码头之后，再经陆运抵达施工现场，在长期的运输过程中，部分石材会因受压或受碰撞发生破坏。破坏方式主要有三种：

1）玻璃面碎裂（Broken）

这种方式破坏的石材已完全失去使用功能，特别是下凹螺母周边玻璃面破碎的，必须尽快以邮件形式与分包联系更换。为避免日后在与分包或保险公司在材料赔偿问题上处于不利地位，在邮件中需附上开箱后发现石材破坏的照片，以表明承包商对石材的破坏无任何责任（图4.34-11）。

2）石材缺口（Chipped）

此种破坏原因与1）相近（图4.34-12），不同之处在于，其仍旧可以使用，但在石材安装完成之后需进一步修缮，修补工作由分包商Savema派驻技术人员现场完成。

3）开胶

开胶是指缟玛瑙石材面层与超白玻璃面层，由于玻璃胶失效而分离的现象（图4.34-13）。这种破坏形式往往发生在石材安装完成之后。开胶的石材再不能继续使用，需尽快联系分包重新制作。

（2）石材弯曲（Bent）

标准的石材表面应为平面，但是由于运输、储存过程中的挤压，有时会导致部分石材表面发生翘曲。翘曲的石材在安装完成后会导致石材之间的缝隙大小不均，影响美观和遮阳效果。变形较小的可以在安装之后进行的打胶（Sealant）填缝工序中进行处理，严重的则必须替换。

（3）尺寸错误（Wrong Dimension）

通常在石材到场之后，需要对其尺寸进行勘测并结合图纸对照，这里需要注意的是，参考的图纸为半透明板材切割加工详图而非半透明板材施工图，这两种图纸由于分包绘图失误及石材之间的缝隙问题导致各自的尺寸标注有差异。实际工作中，因工

图 4.34-11　石材玻璃面碎裂

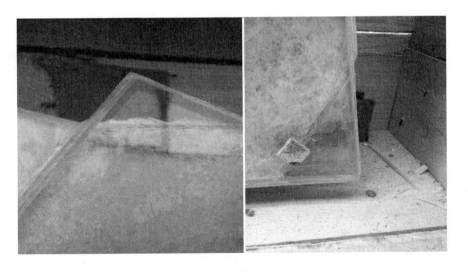

图 4.34-12　石材缺口

人疏忽参考图纸错误，导致石材盲目更换时有发生，不仅延误了工期，而且造成了成本的上升。在与分包 Savema 派驻代表就石材更换问题进行协商期间，双方及时地提出了这个问题，并对部分石材进行再测量，减少了替换的数目，进而节约了施工工期和

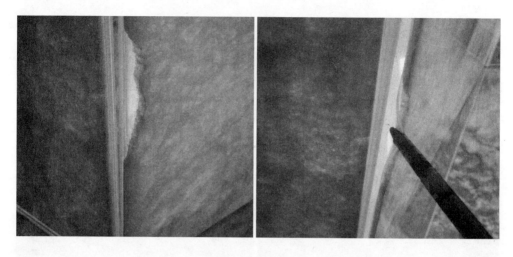

图 4.34-13　开胶

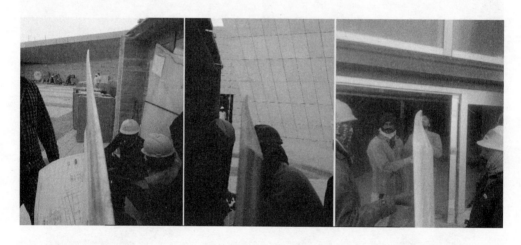

图 4.34-14　石材弯曲

成本。

2. 石材的安装

（1）人员的安排

根据实际情况，我们将工作区域再分成四个工作面，即入口大厅幕墙区、入口大厅天窗区、自助餐厅幕墙区、自助餐厅天窗区，其中所有天窗区域的龙骨、石材工作均需提供脚手架，所以这两个区域的所有工作宜向后安排。

施工初期，我们共调用约 25 人分布在入口大厅幕墙区及自助餐厅幕墙区进行二次龙骨安装工作，与此同时石材陆续到场。这两个区域的支撑体系完成之后，储存石材的仓库空间有限，同时为避免天窗区域工作时脚手架对幕墙工作的影响，幕墙区域的石材安装需提前进行。将所有人员分为两组，分别进行入口大厅幕墙区域石材安装、自助餐厅幕墙龙骨收尾工作。随着工人对工艺的日渐熟稔，施工流程也逐渐步入正轨，依次完成各区域龙骨、石材安装工作。

（2）项目后期的安装

由于实际操作中人为误差的存在，导致最后安装的石材尺寸或大或小不能与已安装石材衔接。在这种情况下，通过与分包派驻代表沟通，工人对所需石材尺寸进行了实地勘测，将勘测结果交付于分包商，待分包重新出图并由监理通过后，重新生产。

4.34.8　结语

在诸多繁杂的工作中，尤以支撑体系安装、半透明石材的到场以及石材安装为重。

无论龙骨安装还是石材安装，对施工工艺及精准度都有很高的要求，误差精度要求到毫米，其中二次龙骨能否准确安装又决定了后续的石材安装工作能否顺利进行。在实际工作中，作为管理人员需频繁地与分包工程师、工人进行有效沟通和交流，及时发现、纠正施工中存在的问题，保证项目的顺利展开。材料的到场则影响着整个项目的进程、工期和成本控制。为保证材料充足，在管理这方面的工作中，与分包和供货商的沟通显得尤为重要。

整个半透明石材项目从开工到完成，历时约一年。回首这一年来的工作，感悟良多。每一天都是新的，每一天也有新的收获，只要留心观察，世间处处皆学问，相信未来这种收获会更多、更大。

第 5 章 项目经济效益与社会效益

5.1 经济效益分析

本项目在实施过程中，通过采用新工艺、新材料、优化设计、合理采购等措施，严格控制成本，开源节流，取得良好的经济效益。

（1）员工车库所有密肋板模板采用快拆体系，减少模板数量，缩短模板周转，节省费用 7.2 万第纳尔，折合 190 万元人民币。

（2）密肋板施工中，采用玻璃钢塑料模壳，脱模后尺寸规则，外形美观，避免了基层抹灰工序，获得效益 3.9 万第纳尔，折合 103.35 万元人民币。

（3）结构图纸深化设计时，合理布置钢筋，钢筋下料符合钢筋原料模数，采用套筒连接，与钢筋搭接相比较，节省费用 14.87 万第纳尔，折合 394 万元人民币。

（4）钢筋采购采用集中一次性低价采购，避免了 2008 年底钢筋涨价，节省费用 62.25 万第纳尔，折合 1649 万元人民币。

（5）严格控制结构工期，充分利用中国劳务高效施工，在中国工人工资大幅涨价之前，完成结构封顶，节省费用 120 万第纳尔，折合 3180 万元人民币。

（6）钢结构选用国内采购，钢管柱在国内加工成型，避免使用无缝钢管，节省费用 10 万第纳尔，折合 265 万人民币。

5.2 社会效益分析

科威特中央银行新办公楼建筑图案已经被印在了科威特国家货币上（图 5.2-1），对中建在中东地区开拓更广阔的市场具有重要的意义。

在项目实施过程中形成了多项世界领先技术，工程多处使用新材料、新工艺，各项施工工法符合英美标准，施工质量和施工水准全部达世界一流水平，在本项目实施过程中不仅解决了工程实际难题，创造出新型的施工方法，而且将全部过程资料积累下来，这对以后类似的工程具有极大的借鉴意义。科威特中央银行项目最终获得了 2015 年中东地区年度工程奖（Big Project ME Award for Project of the Year 2015）（图 5.2-2），这大大提高了中建总公司在科威特的知名度，为科威特建筑市场开拓奠定良好的基础，提高我们的国际项目专业管理能力；为公司能够更好地在科威特站稳脚跟有很大的社会作用。

科威特中央银行新办公楼项目工程建设过程中，先后有当地政府科威特国王及其他政

图 5.2-1　科威特 5KD 纸钞样板

府领导和业主单位领导来工地暗访和考察，他们对我们项目施工现场的项目管理、工程结构、装修水平、机电安装、施工环保、安全文明给予了高度的评价。现在我们又承接了科威特国家银行项目（NBK Project）、科威特国防部子弹厂项目、科威特大学城宿舍楼项目、科威特大学城行政学院项目等项目。为公司在科威特建筑市场开拓起到了"中建品牌"效应，在中东地区树立起了"中国建筑"——"CSCEC"的金字招牌，充分展现了我们作为"国家队"所代表的中国建筑业的综合实力和竞争水平。

图 5.2-2　科威特中央银行项目中东年度工程奖牌

参 考 文 献

[1] 张相庭. 结构风工程：理论·规范·实践 [M]. 北京：中国建筑工业出版社，2006.

[2] 张相庭. 高层建筑抗风抗震设计计算 [M]. 上海：同济大学出版社，1997.

[3] Jerome F Hajijiar. Composite steel and concrete structural systems for seismic engineering [J]. Journal of Constructional Steel Research . 2002 (58).

[4] 施红梅，范懋达. 对建筑钢骨混凝土结构设计、施工的若干建设 [J]. 钢结构，2003 (3)：26-27，19.

[5] YB 9082—2006 钢骨混凝土结构技术规程 [S]. 北京：冶金工业出版社，2007.

[6] 中国建筑科学研究院. GB 50010—2010 混凝土结构设计规范 [S]. 北京：中国建筑工业出版社，2011.

[7] 王建军，吴桂荣. 高层建筑实腹式劲性钢骨混凝土柱施工技术 [J]. 山西建筑，2008，34 (9)：178，230.

[8] 王玮，方忠年，王成华. 提高钢骨混凝土柱施工质量的措施 [J]. 山西建筑，2007，33 (28)：242-243.

[9] 曹志远. 土木工程分析的施工力学与时变力学基础 [J]. 土木工程学报，2001，34 (3)：41-46.

[10] 李惠明. 高层建筑施工过程中的安全分析 [D]. 北京：清华大学，1992.

[11] JGJ 3—2002，高层建筑混凝土结构技术规程 [S].

[12] ANSI—AISC 360—05，Specification for Structural Steel Buildings [S].

[13] ANSI—AISC 360—05，Commentary Specification for Structural Steel Buildings [S].

[14] ACI318—02，Building Code Requirements for structural Concrete [S].

[15] 郭彦林，刘学武. 大型复杂钢结构施工力学问题及分析方法 [J]. 工业建筑，2007，37 (9)：1-8.

[16] 刘学武. 大型复杂钢结构施工力学分析及应用研究 [D]. 北京：清华大学，2008.

[17] ACI 301-99 Specification for structural concrete [S] . 2000

[18] ACI 318-77 Building code requirements for reinforced concrete with design applications [S]. 1978.

[19] BS4449：2005 Hot rolled steel bars for the reinforcement of Concrete [S] . 2005.

[20] 梁艺铭，尹穗，邵泉，等. 广州新电视塔基础底板混凝土无缝施工技术 [J]. 施工技术，2009，38 (4)：33-35.

[21] 刘波，孙雪梅，向晖，等. 11m 超厚底板混凝土测温技术的应用 [J]. 施工技术，2011，40 (S2)：120-122.

[22] 苏成，刘志明. 广州新电视塔工程基础施工技术研究 [D]. 广州：华南理工大学，2011.

[23] 中国建筑科学研究院. JGJ 102—2003 玻璃幕墙工程技术规范 [S]. 北京：中国建筑工业出版社，2003.

[24] 中国建筑科学研究院，中国建筑标准设计研究院. GB/T 21086—2007 建筑幕墙 [S]. 北京：中国标准出版社，2008.

[25] 建筑施工手册（4 版）[M]. 北京：中国建筑工业出版社 2007.

[26] GB 15763.2—2005 建筑用安全玻璃，第 2 部分：钢化玻璃. [S]. 北京：中国标准出版社，2005.

[27] 王力尚，田三川，郭宇等. 迪拜天阁项目玻璃幕墙施工技术 [J]. 施工技术，2012，41 (18)：

81-85.

[28] JGJ/T 139—2001 玻璃幕墙工程质量检验标准 [S]. 北京：中国建筑工业出版社，2005.

[29] ACI Committee 347. ACI 347—04 Guide to formwork for concrete [S]. 2004.

[30] ACI Committee 301. ACI301M—99Specification for structural concrete for buildings [S]. 2004.

[31] ACI Committee 318. ACI 318—89 Building code requirement for reinforced concrete and commenting [S].

[32] British Standards Institution. BS 1881 Method of testing concrete [S].

[33] ACI Committee 207. ACI207 Mass concrete [S]. 1997.

[34] 金德一. 大连世界贸易大厦钢结构设计与施工 [M]. 北京：中国建筑工业出版社，2002.

[35] 王景文. 钢结构工程施工与质量验收实用手册 [M]. 北京：中国建材工业出版社，2003.

[36] 王国凡. 钢结构焊接制造 [M]. 北京：化学工业出版社，2004.

[37] 邱闯. 国际工程原理与实务 [M]. 北京：中国建筑工业出版社，2001.

[38] Davil Bentley，Gary Rafferty. Project management key to success [J]. Civil Engineering，1992 (4).

[39] Charles Y J Cheah，Michael J Garvin，John B Miller. Empirical study of strategic performance of global construction firms [J]. Journal of Construction Engineering and Management，2004 (6).

[40] 蒋雯. 国际工程承包项目的合同管理 [J]. 成都大学学报：社科版，2005 (5)：52-54.

[41] ANSI/AISC 360-05 Specification for structural steel buildings [S]. Chicago：American Institute of Steel Construction，Inc，2005 .

[42] AWS D1. 1/D1. 1 M：2008 Structual welding code steel [S]. 21st ed. Miami：American Welding Society，2008.

[43] BS EN1993-1-8：2005 Eurocode 3：Design of steel structures-Part 1 -8：Design of joints [S]. London：European Committee for Standardization，2005.

[44] 徐鹤山. ANSYS 在建筑工程中的应用 [M]. 北京：机械工业出版社，2005，

[45] BS12：1996 Specification for portland cement [S].

[46] ASTM C 90 —946 Specification for hollow load bearing concrete masonry units [S].

[47] ACI Committee 530. ACI 530. 1—95 Specification for masonry structures [S].

[48] 中国建筑科学研究院. GB 50210—2001 建筑装饰装修工程施工质量验收规范 [S]. 北京：中国建筑工业出版社，2001.

[49] 李青. 清水砖墙勾缝施工. [M]. 北京：中国建筑工业出版社，2007.

[50] 中南地区建筑标准设计协作办公室. 中南地区建筑标准设计建筑图集 05 ZJ203 种植屋面 [S]. 北京：中国建筑工业出版社，2005.

[51] 王天. 《种植屋面工程技术规程》JGJ 155—2007 介绍 [J]. 施工技术，2007，36 (10)：1-3.

[52] 李晓芳. 建筑防水工程施工 [M]. 北京：中国建筑工业出版社，2005.

[53] 姚谨英. 建筑施工技术 [M]. 北京：中国建筑工业出版社，2007.

[54] NRCA. Roofing and waterproofing manual (5th ed.) [S]. 2006.

[55] NRCA. Water proofing and damp roofing manual [S]. 1990.

[56] 李彪. 工程承包联营体组建与管理研究 [D]. 南京：河海大学，2006.

[57] 蒋书义. 国际总承包项目合同管理 [J]. 石油工程建设，2005 (6)：18.

［58］ 丁育南，仇伟. 浅谈 FIDIC 施工合同条件下承包商的一般权利和义务［J］. 建筑管理现代化，2007（1）：50-53.

［59］ Andreas Schneider. Project management in international teams：instruments for improving cooperation［J］. International Journal of Project Management，1995（13）.

［60］ ANSI-AISC360-05 Specification for structural steel buildings［S］. American Institute of Steel Construction，INC，2005.

［61］ ACI318-02 Building code requirements for structural concrete［S］. American Concrete Institute，2004.

［62］ 潘斯勇，罗兴隆，谭金涛等. 科威特中央银行大厦巨型斜肋柱 X 节点设计［C］//2010 全国钢结构学术年会论文集，北京，2010.

［63］ ASCE7-05 Minimum design loads for buildings and other structures［S］. American Society of Civil Engineers，2006.

［64］ 郭彦林，刘学武. 大型复杂钢结构施工力学问题及分析方法［J］. 工业建筑，2007，37（9）：1-8.

［65］ 吴天河，高媛，尉秀霞. 混合结构超高层建筑的施工过程模拟分析［J］. 河北工程大学学报，2012，29（1）：19-22.